"十二五"职业教育国家规划立项教材

多联机空调安装与维修

主　编　赵继洪
副主编　潘　敏
参　编　王　鹏　刘瑞新　曲雪冬
　　　　吴春潮　张亚洲
主　审　刘炽辉

机械工业出版社
CHINA MACHINE PRESS

本书是"十二五"职业教育国家规划立项教材,是根据教育部于2014年公布的《职业院校制冷和空调设备运行与维修专业教学标准》,同时参考制冷设备维修工职业资格标准编写的。

本书主要介绍多联机空调原理与选型设计、多联机空调基本结构、多联机空调系统工程安装、多联机空调故障分析与排除等内容。

本书可作为中等职业学校制冷和空调设备运行与维修专业教材,也可作为制冷设备维修工岗位培训教材。

为便于教学,本书配套有教学资源,选择本书作为教材的教师可来电(010-88379193)索取,或登录 www.cmpedu.com 网站,注册、免费下载。

图书在版编目(CIP)数据

多联机空调安装与维修/赵继洪主编. —北京:机械工业出版社,2017.4(2024.8重印)

"十二五"职业教育国家规划立项教材

ISBN 978-7-111-56190-3

Ⅰ.①多… Ⅱ.①赵… Ⅲ.①空气调节器-安装-高等职业教育-教材②空气调节器-维修-高等职业教育-教材 Ⅳ.①TM925.12

中国版本图书馆 CIP 数据核字(2017)第 039347 号

机械工业出版社(北京市百万庄大街22号 邮政编码100037)
策划编辑:汪光灿 责任编辑:汪光灿 章承林 责任校对:潘 蕊
封面设计:张 静 责任印制:张 博
天津嘉恒印务有限公司印刷
2024年8月第1版·第10次印刷
184mm×260mm·13.75印张·328千字
标准书号:ISBN 978-7-111-56190-3
定价:43.80元

电话服务 网络服务
客服电话:010-88361066 机 工 官 网:www.cmpbook.com
　　　　　010-88379833 机 工 官 博:weibo.com/cmp1952
　　　　　010-68326294 金 书 网:www.golden-book.com
封底无防伪标均为盗版 机工教育服务网:www.cmpedu.com

前 言

本书是由全国机械职业教育教学指导委员会和机械工业出版社联合组织编写的"十二五"职业教育国家规划立项教材,是根据教育部于2014年公布的《职业院校制冷和空调设备运行与维修专业教学标准》,同时参考制冷设备维修工职业资格标准编写的。

本书主要介绍多联机空调原理与选型设计、多联机空调基本结构、多联机空调系统工程安装、多联机空调故障分析与排除等内容。编写过程中力求体现以下的特色:

1. 执行新标准。本书依据最新教学标准和课程大纲要求而编写,对接制冷设备维修工职业标准和岗位需求。

2. 体现新模式。本书采用理实一体化的编写模式,突出"做中教,做中学"的职业教育特色。

3. 在编写过程中吸收企业技术人员参与教材编写,紧密结合工作岗位,与职业岗位对接;案例选取知名品牌设备的典型产品,来自企业生产实际;将创新理念贯彻到内容选取、教材体例等方面。

本书突出能力方面的培养,在保证理论够用的基础上,侧重应用,培养学生适应职业变化的能力,使学生初步具备严谨的思维能力和分析问题的能力。在每一单元教学内容前有内容构架和学习引导,教学内容之后有一定量的习题,每一课题的学习内容按照相关知识、典型实例展开,方便实用。

本书建议学时为72学时,具体学时分配见下表:

单元名称	建议学时	单元名称	建议学时
单元一	12	单元三	30
单元二	10	单元四	20
总计		72	

全书由北京市电气工程学校赵继洪任主编并负责全书的统稿工作。北京森司龙科技有限公司潘敏任副主编,广东技术师范学院刘炽辉任主审。北京盛世欣兴格力商贸有限公司中央空调售后服务部吴春潮和张亚洲、山东省日照市机电工程学校刘瑞新、北京市电气工程学校王鹏和曲雪冬参与了本书的编写。在编写本书过程中,编者参阅了国内出版的有关教材和相关企业的资料,在此表示感谢。

由于编者水平有限,书中错误与不足之处在所难免,恳请读者批评指正。

编 者

目 录

前言
单元一　多联机空调原理与选型设计 1
课题一　制冷原理 2
　　一、制冷循环 2
　　二、制冷过程 2
　　三、制冷循环主要部件的作用 5
　　【实例1】冷媒的种类与特性 5
　　【实例2】制冷循环中温度和压力的变化 6
课题二　多联机空调系统的原理及特点 8
　　一、多联机空调系统的定义 8
　　二、多联机空调系统的工作原理 9
　　三、多联机空调系统的分类 9
　　四、多联机空调系统的特点 10
　　五、多联机空调系统的控制逻辑 11
　　【实例1】数码多联与变频多联 12
　　【实例2】交流变频与直流变频 14
　　【实例3】格力数码多联机组的工作原理 14
　　【实例4】格力变频多联系列机组的工作原理 15
课题三　多联机空调系统选型设计 16
　　一、选型设计流程及注意事项 16
　　二、室内机及室外机容量选型 18
　　三、多联机空调系统管道配置 20
　　四、噪声处理 26
　　【实例1】三菱KX4系列多联机功率计算 27
　　【实例2】小天鹅多联机空调系统选型案例 30
　　【实例3】格力R410A冷媒系统配管设计 31
　　【实例4】相同环境下多个噪声源叠加的声压计算 33
　　习题 33
单元二　多联机空调基本结构 37
课题一　室外机的结构与功能 38
　　一、室外机的外形图 38
　　二、室外机的结构 38
　　三、室外机基本元器件的功能 42
　　【实例1】室外机命名规则 43
　　【实例2】三菱KX4系列室外机的特点 45

【实例3】格力 GMV 系列室外机的特点 ··· 45
　课题二　室内机的类型与结构 ··· 48
　　一、室内机的类型 ··· 48
　　二、各类型室内机的特点 ··· 49
　　三、室内机的结构 ··· 50
　　【实例1】室内机命名规则 ··· 52
　　【实例2】三菱 KX4 系列室内机的运转特性 ··· 54
　　【实例3】格力多联机室内机的特点 ·· 55
　课题三　电气系统简介 ··· 55
　　一、电气配线 ··· 56
　　二、通信控制 ··· 56
　　【实例1】三菱 KX4 多联机电源线规格 ·· 63
　　【实例2】美的制冷管路控制系统 ··· 64
　　【实例3】格力直流变频机组控制系统说明 ·· 64
　习题 ··· 66

单元三　多联机空调系统工程安装 ··· 69
　课题一　安装施工准备 ··· 70
　　一、工具及仪器准备 ··· 70
　　二、施工图样审核 ··· 71
　　三、技术交底 ··· 71
　　四、作业场地布置 ··· 71
　　五、现场勘查与协作 ··· 72
　　【实例1】格力多联机空调安装步骤 ·· 72
　　【实例2】安装施工主要规范文件 ··· 73
　　【实例3】R410A 冷媒系统需要的特殊工具 ··· 73
　　【实例4】施工审图实例 ·· 74
　课题二　室内机安装 ·· 75
　　一、安装流程 ··· 75
　　二、安装位置及空间要求 ··· 75
　　三、安装要点及操作措施 ··· 76
　　四、防尘保护 ··· 77
　　【实例1】三菱四向嵌顶式（FDTA）室内机的安装操作 ······························ 77
　　【实例2】风管的安装 ··· 82
　课题三　室外机安装 ·· 84
　　一、安装流程 ··· 84
　　二、安装要点 ··· 85
　　三、位置选择 ··· 85
　　四、空间要求 ··· 85
　　五、安装操作 ··· 85
　　【实例1】三菱 FDCA140HKXE-N4 的安装操作 ······································· 86
　　【实例2】室外机底座的安装固定操作 ··· 89
　课题四　冷凝水管安装 ··· 90
　　一、安装流程 ··· 90

二、安装要点 90
　　三、安装操作 91
　　四、满水试验及排水试验 92
　　【实例1】冷凝水管安装图例 93
　　【实例2】约克冷凝水排水管安装 94
　　【实例3】三菱四向嵌顶式（FDTA）室内机排水配管安装 98
　课题五　冷媒配管安装 99
　　一、安装流程 99
　　二、安装要点 100
　　三、安装操作 101
　　【实例1】Y型分歧管安装 110
　　【实例2】分歧管安装常见错误 112
　　【实例3】三菱KX4系列多联机系统冷媒配管示例 114
　课题六　电气安装 117
　　一、电气安装要点 117
　　二、电源线及断路器选型 118
　　三、安装操作 118
　　【实例1】电器开关盒配电选择 122
　　一、单相电动机电流计算公式 122
　　二、三相电动机电流计算公式 122
　　三、电流确定 122
　　四、电气开关选择 123
　　五、配线选择 123
　　【实例2】三菱KX4系列多联机信号线连接 123
　　【实例3】三菱KX4系列信号线与电源线混线的判定 125
　课题七　冷媒充注 126
　　一、冷媒追加准备 126
　　二、冷媒追加计算 126
　　三、冷媒追加操作 126
　　【实例1】格力GMV系列多联机冷媒追加量计算方法 127
　　【实例2】格力GMV系列冷媒追加示例 127
　课题八　调试运转与验收 128
　　一、一般规定 128
　　二、调试运转规范 128
　　三、检验规范 129
　　四、验收规范 129
　　【实例1】约克多联机空调系统的调试与验收 138
　　【实例2】志高多联机空调系统的调试 139
　习题 140
单元四　多联机空调故障分析与排除 147
　课题一　常见故障分析 148
　　一、故障分类 148
　　二、常见故障现象 149

三、典型故障现象分析 …………………………………………………………………… 150
　　【实例1】管道内存留空气导致的故障及排除 ………………………………………… 152
　　【实例2】冷媒分配器故障及排除 ……………………………………………………… 153
　　【实例3】四通阀"串气"失灵故障及排除 …………………………………………… 154
　　【实例4】室内机蒸发器和室外机冷凝器"内漏"故障及排除 ……………………… 154
　课题二　主要部件故障及维修 ……………………………………………………………… 155
　　一、压缩机故障及维修 …………………………………………………………………… 155
　　二、四通阀故障及维修 …………………………………………………………………… 157
　　三、电子膨胀阀故障与维修 ……………………………………………………………… 159
　　四、电磁阀故障与维修 …………………………………………………………………… 161
　　五、压力传感器故障与维修 ……………………………………………………………… 163
　　六、多联机冷媒回收操作 ………………………………………………………………… 165
　　【实例1】格力 GMV 数码压缩机的拆装操作 ………………………………………… 166
　　【实例2】格力 GMV 电子膨胀阀的拆装操作 ………………………………………… 168
　课题三　故障显示及维修处理 ……………………………………………………………… 169
　　一、故障信息显示 ………………………………………………………………………… 169
　　二、故障处理 ……………………………………………………………………………… 173
　　三、机组常规使用维护 …………………………………………………………………… 189
　　【实例1】格力 GMV-Pd140W/Na 通信故障维修处理 ……………………………… 190
　　【实例2】格力 GMV-P120W/HS 机组高压保护处理 ………………………………… 192
　习题 …………………………………………………………………………………………… 194

附录

　附录A　习题答案 …………………………………………………………………………… 198
　　单元一　习题答案 ………………………………………………………………………… 198
　　单元二　习题答案 ………………………………………………………………………… 200
　　单元三　习题答案 ………………………………………………………………………… 200
　　单元四　习题答案 ………………………………………………………………………… 203
　附录B　焓湿图 ……………………………………………………………………………… 206
　附录C　R22 p-h 图 ……………………………………………………………………… 207
　附录D　R407C p-h 图 …………………………………………………………………… 208
　附录E　R410A p-h 图 …………………………………………………………………… 209

参考文献 …………………………………………………………………………………… 210

单元一

多联机空调原理与选型设计

内 容 构 架

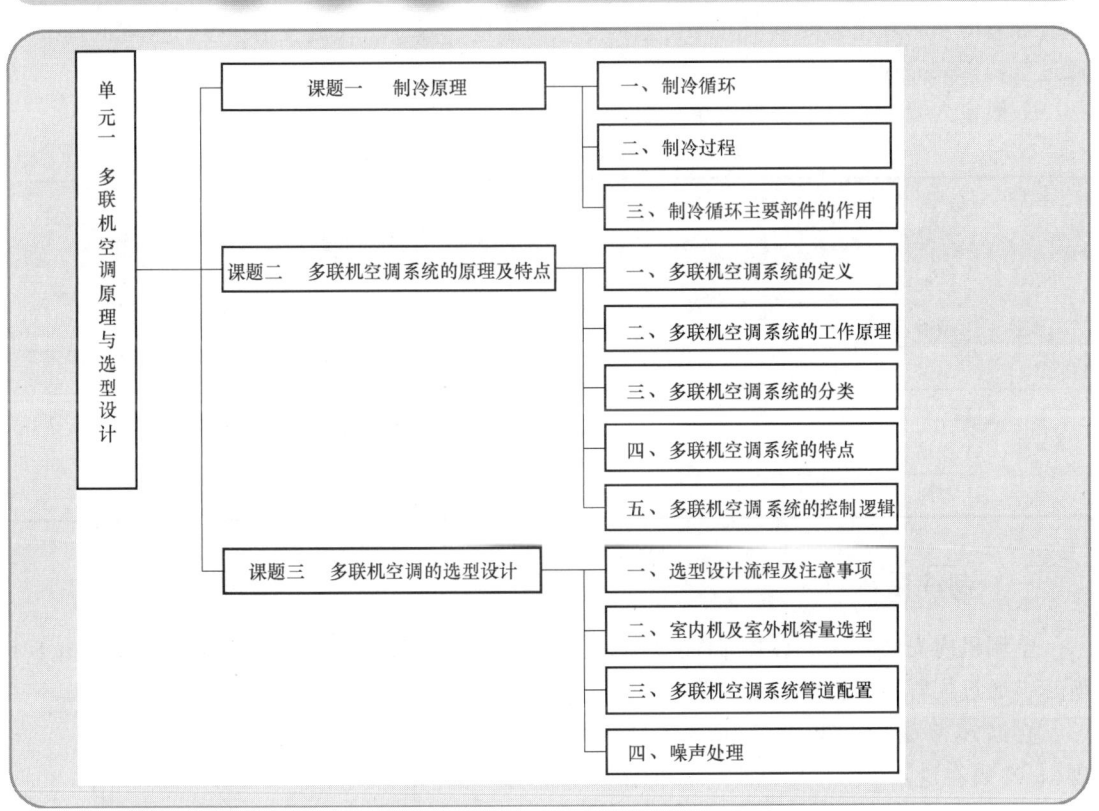

【学习引导】

目的与要求

1. 理解制冷循环的含义，能分析制冷系统四大部件在制冷循环中的作用。

2. 熟悉多联式空调机组的系统工作原理、分类方法，能分析多联机空调系统的工作流程。

3. 熟悉多联机空调选型的流程，能进行多联机室内机及室外机的选型。

4. 掌握多联机空调系统管道配置的要求，能配合主要技术人员进行多联机管道配置设计。

重点与难点

重点：1. 多联机空调系统的工作原理。
　　　2. 多联机空调系统管道的配置及室内、外机的选型。

难点：1. 多联机空调系统的控制逻辑。
　　　2. 多联机空调系统管道的配置及室内、外机的选型。

课题一　制冷原理

【相关知识】

舒适的室内环境需要调节并保持室内空气的温度、湿度、气流及洁净度，空气的调节可通过空调机来完成。

一般室内温度和湿度条件需求见表1-1。

表1-1　典型室内温度和湿度条件需求

		标准条件		容许条件	
		温度/℃	湿度（%）	温度/℃	湿度（%）
夏季	一般场所	25~26	50~60	23~25	40~50
	剧场、饭店			24~26	
	车间	29		25~27	45~50
冬季	一般场所	20~22	40~50	23~25	40~50
	剧场、饭店			22~23	
	车间	18	30~35	20~22	

一、制冷循环

空调机内安装有4个必要部件：压缩机、冷凝器、膨胀阀、蒸发器。这些部件如图1-1所示，通过配管连接构成循环回路。

在循环回路中封装有冷却空气的工质（冷媒），冷媒在这4个部件中循环，这种循环称之为制冷循环。通过了解这4个部件的作用和冷媒的特性，我们就可以理解空调机的结构原理。

二、制冷过程

1. 蒸发器——冷媒汽化吸热制冷

要使空气温度下降，需要从空气中吸收热量。冷媒具有在汽化时吸收周围物质热量的特性，空

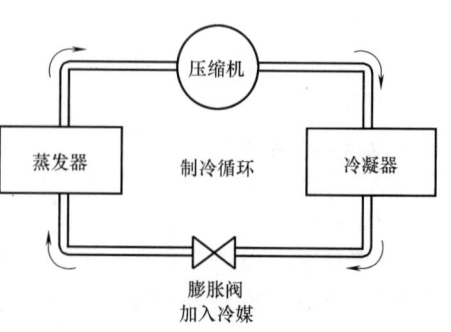

图1-1　制冷循环示意图

调机就是通过利用冷媒的汽化吸热来实现吸收空气中热量这个功能的。这种通过液态冷媒的汽化吸收周围热量的装置叫作蒸发器。

室内的高温气体通过蒸发器时，其热量被冷媒吸收，温度降低，变成低温气体排出。空气冷却后，空气中的水蒸气会变成液态水，滞留在凝接水盘（排水盘）中，如图1-2所示。

2. 冷凝器——冷媒液化放热

释放气态冷媒中的热量后，气态冷媒会变成液态。

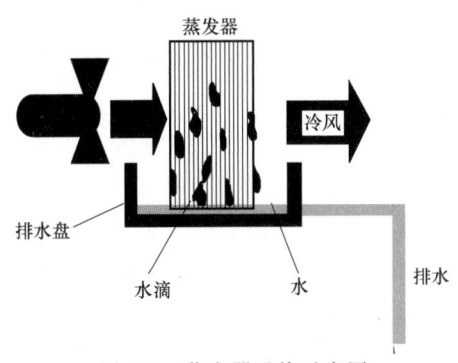

图1-2 蒸发器吸热示意图

在空调系统中，通过释放气态冷媒中的热量将气态冷媒转变成液态冷媒的装置称之为冷凝器，冷凝器又分为风冷式冷凝器和水冷式冷凝器两种。

利用空气使冷媒释放热量的冷凝器叫作风冷式冷凝器，如图1-3所示。

利用冷水使冷媒释放热量的冷凝器叫作水冷式冷凝器，如图1-4所示。

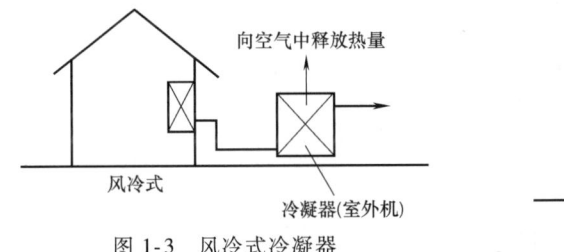

图1-3 风冷式冷凝器

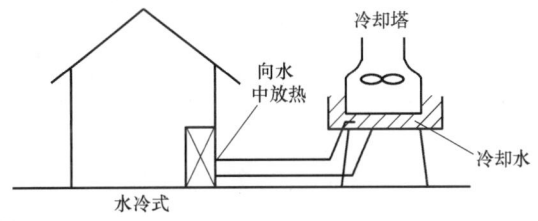

图1-4 水冷式冷凝器

3. 压缩机——冷媒气液转换

在空调系统中，将气态冷媒压缩使其压力与温度上升的装置称之为压缩机。使用压缩机将气态冷媒的温度压力升高到冷媒的饱和压力温度时，可以使冷媒从气态变为液态，如图1-5所示。

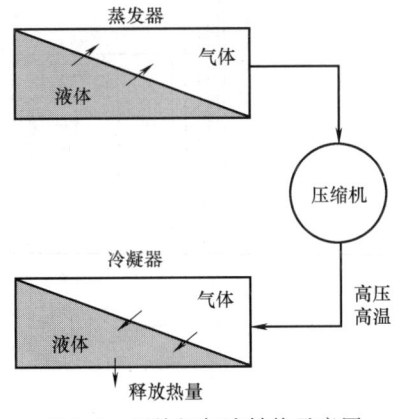

图1-5 压缩机气液转换示意图

4. 膨胀阀——冷媒减压膨胀降温

以R410A冷媒为例，在空调系统中，冷媒从冷凝器流向蒸发器过程中，被压缩机加压为饱和压力的冷媒，会通过减压阀等装置，减压至 0.84MPa 左右压力的气态冷媒，这个装置被称作膨胀阀，也有空调系统使用与膨胀阀功能相同的毛细管装置。膨胀阀的工作原理示意图如图 1-6 所示。

综上所述，冷媒在制冷循环回路中流动，循环往复地发生下列变化：从高温高压气态冷媒变成液态，再变成低温低压的液态，然后变成气态。

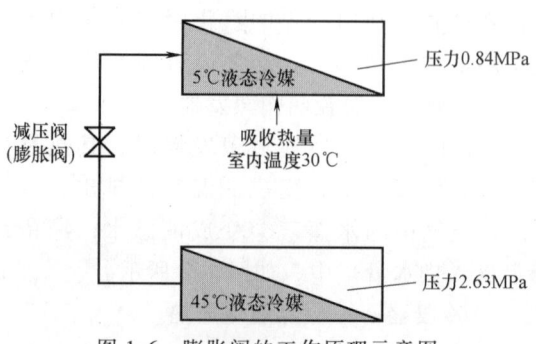

图 1-6　膨胀阀的工作原理示意图

空调机通过冷媒的汽化从室内空气中吸收热量，并将吸收的热量通过凝结过程排放到室外，冷媒即为传递热量的工质。图 1-7 所示为家用空调机制冷时的冷媒循环示意图。

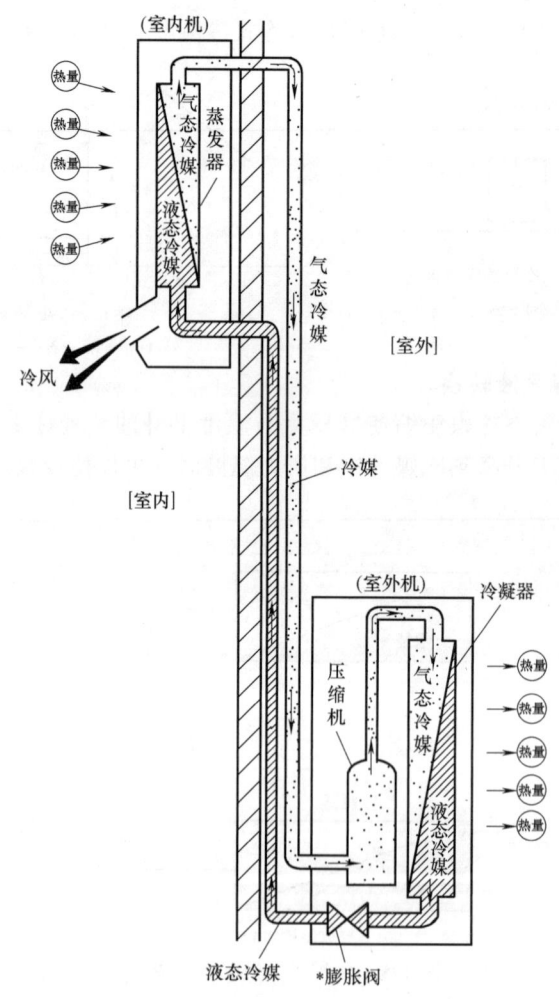

图 1-7　家用空调机制冷时的冷媒循环示意图

三、制冷循环主要部件的作用

制冷循环主要部件的作用如图1-8所示。

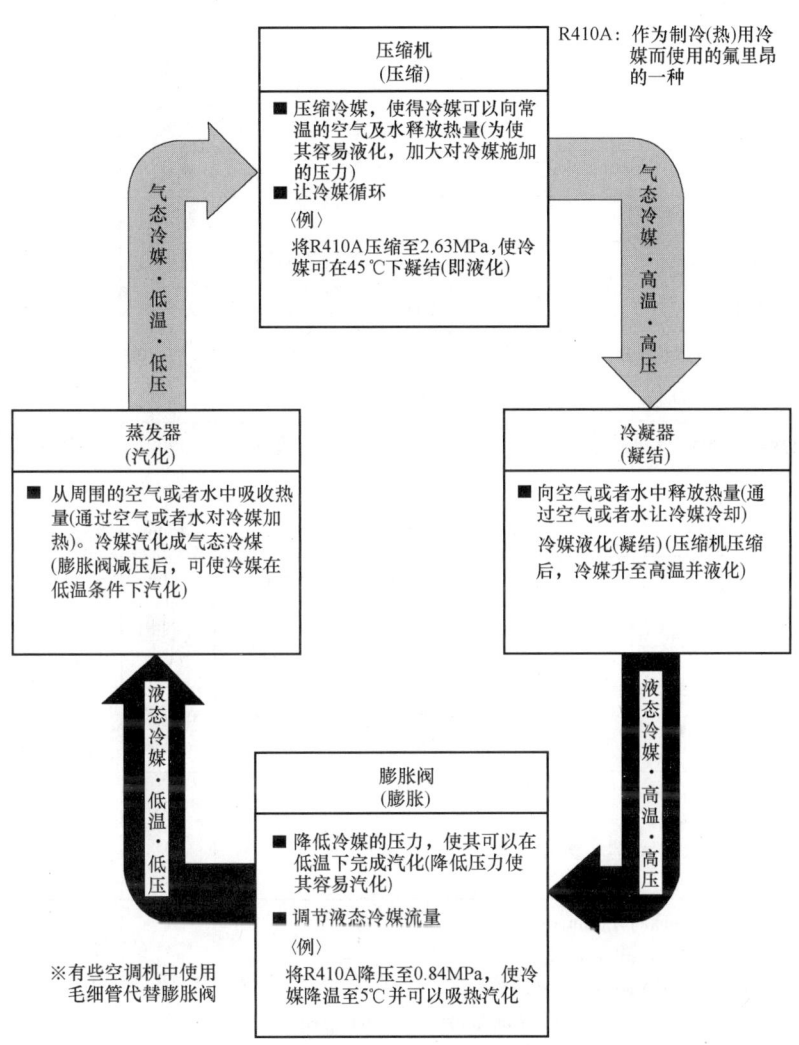

图1-8 制冷循环主要部件的作用

【典型实例】

【实例1】冷媒的种类与特性

空调机中使用的常见冷媒种类有：R22、R407C、R410A、R404A、R134a等。

作为冷媒，必须具备以下特性：能在低温条件下汽化、易汽化成气体、易液化成液体、汽化时所需汽化热较高、不腐蚀金属、无毒性等。常见冷媒的种类与特性见表1-2。

表 1-2　常见冷媒的种类与特性

冷媒名称	R410A	R407C	R22	R404A	R134a
分子式	CH_2F_2/CHF_2CF_3	CH_2F_2/C_2HF_5/CH_2FCF_3	$CHClF_2$	CH_2CF_3/CH_3CF_3/CH_2FCF_3	$CH_2F\text{-}CF_3$
相对分子质量	72.59	86.20	86.47	97.60	102.03
沸点(标准大气压下)/℃	-51.46	-43.57	-40.81	-46.13	-26.18
临界温度/℃	71.99	86.54	96	71.63	101.15
临界压力/kPa 绝对	4952.5	4675.8	4936.7	3690.6	4065
-14℃下的汽化压力/kPa 绝对	499.01	349.55	307.21	380.57	171.30
30℃下的冷凝压力/kPa 绝对	1879.7	1174.0	1192.4	1411.0	770.61
-14℃下的汽化热/(kJ/kg)	243.17	232.08	215.21	176.56	208.41
-14℃下饱和气态冷媒单位体积/(m^3/kg)	0.05247	0.08425	0.074706	0.05259	0.11591
25℃下饱和液态冷媒的单位体积/(m^3/kg)	0.000942	0.000879	0.000840	0.000958	0.000829
25℃下饱和液态冷媒的密度/(kg/m^3)	1061.6	1138.0	1190.7	1043.9	1205.9
臭氧层破坏系数 ODP	0	0	0.055	0	0
地球温室化系数 GWP(100 年)	1730	1530	1700	3260	1300
毒性允许浓度/(mg/m^3)	1000	1000	1000	1000	1000
可燃性	不可燃(A1/A1)	不可燃(A1/A1)	不可燃(A1)	不可燃(A1/A1)	不可燃(A1)
使用的压缩机类型	往复式 回转式	往复式 回转式	往复式 回转式	往复式 回转式	往复式 回转式
用途	空气调节	空气调节	制冷、冷藏、空气调节	制冷、冷藏	制冷、冷藏、空气调节

注：1. ODP——Ozone Depletion Potential。
2. GWP——Global Warning Potential。
3. R134a 冷媒主要用于车辆空调器及冷藏库。
4. R22 虽用作空调机的冷媒，但将逐渐被 R407C、R410A 取代。
5. R407C、R410A 均为非共沸冷媒，具有平衡状态下气相与液相的组分不同的特性。

【实例 2】 制冷循环中温度和压力的变化

以 R410A 冷媒为例，制冷循环中温度和压力的变化情况如图 1-9 所示。

1. 制冷循环中的压力

制冷循环中的压力有以下两种：

1) 高压压力：压缩机出口→膨胀阀入口。
2) 低压压力：膨胀阀出口→压缩机入口。

2. 制冷循环中的温度

（1）饱和温度　以 R410A 冷媒为例，当制冷循环中的高压压力达到 2.63MPa、温度达

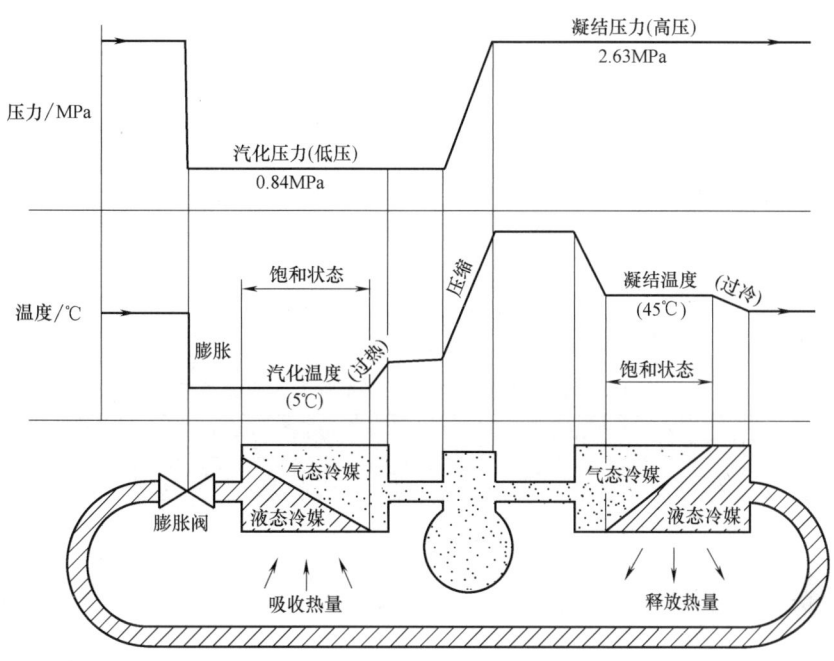

图 1-9 温度和压力的变化情况

到 45℃时，或低压压力达到 0.84MPa、温度为 5℃时，此时冷媒状态为液体与气体的共存状态，称为饱和状态，如图 1-10 所示。

冷媒在一定压力下达到饱和状态时的温度叫作该压力下的饱和温度。

（2）过热与过冷　同一空调系统中的蒸发器和冷凝器中的冷媒，在饱和状态下，温度与压力的关系恒定；在饱和状态以外的状态下，冷媒的温度和压力都一直处于变化之中，其中冷媒的过热和过冷是两个最典型的状态。

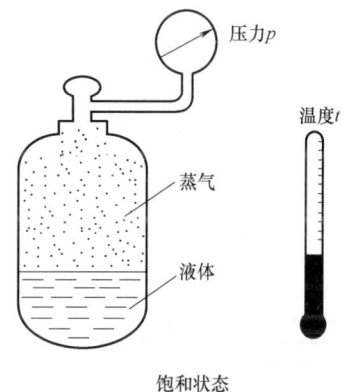

图 1-10 冷媒饱和状态示意图

1）过热。如图 1-11 所示，A 与 B 之间为低压饱和状态，温度为 5℃，为气液共存状态；但 B 与 C 之间冷媒仅为气态，持续与 30℃环境气体换热，使得 B 与 C 之间的冷媒温度上升（显热），例如温度上升至 10℃，蒸发器出口处温度稍微超过了蒸发器内的温度。这种状态称为过热，其温度差称为过热度。

例如：C 的温度为 10℃，B 的温度为 5℃，10℃-5℃=5℃。此时过热度为 5deg。

2）过冷。如图 1-12 所示，A 与 B 之间为高压饱和状态，温度为 45℃，为气液共存状态；而 B 与 C 之间仅为液体，持续向周围释放热量后，温度下降（显热），例如温度下降至 40℃。称这种出口处温度低于冷凝器内温度的状态为过冷，其温度差称为过冷度。

例如：C 的温度为 40℃，B 的温度为 45℃，45℃-40℃=5℃。此时过冷度即为 5deg。

（3）典型冷媒的饱和温度压力关系　典型冷媒的饱和温度和压力之间的关系见表 1-3。

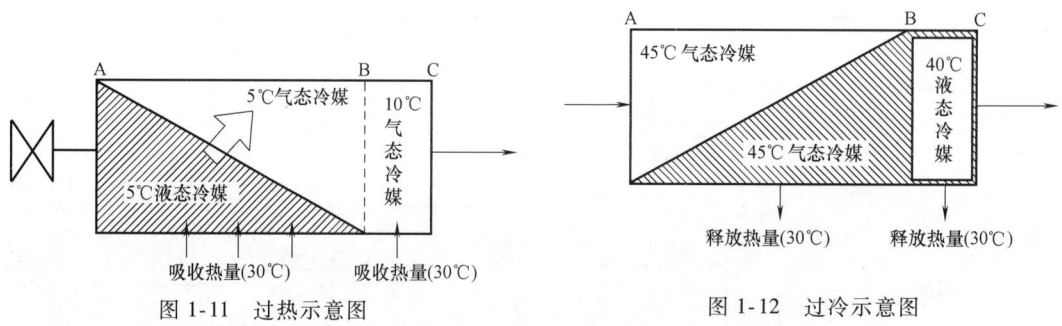

图1-11 过热示意图　　　　图1-12 过冷示意图

表1-3 典型冷媒的饱和温度和压力之间的关系

饱和温度/℃	R410A的饱和压力/MPa		R407C的饱和压力/MPa		R22的饱和压力/MPa
	液体	气体	液体	气体	
+60	3.74	3.73	2.65	2.40	2.35
+55	3.34	3.33	2.37	2.13	2.09
+50	2.97	2.96	2.11	1.87	1.86
+45	2.64	2.63	1.87	1.64	1.64
+40	2.33	2.32	1.64	1.43	1.45
+35	2.05	2.04	1.44	1.34	1.27
+30	1.80	1.79	1.36	1.07	1.10
+25	1.56	1.56	1.09	0.92	0.95
+20	1.35	1.35	0.94	0.78	0.82
+15	1.16	1.16	0.80	0.65	0.69
+10	0.99	0.99	0.68	0.54	0.58
+5	0.84	0.84	0.57	0.44	0.49
0	0.70	0.70	0.47	0.36	0.40
-5	0.58	0.58	0.38	0.28	0.32
-10	0.48	0.48	0.30	0.22	0.25
-15	0.38	0.38	0.24	0.16	0.20
-20	0.30	0.30	0.18	0.11	0.15
-25	0.23	0.23	0.13	0.07	0.10

课题二　多联机空调系统的原理及特点

【相关知识】

一、多联机空调系统的定义

多联机空调系统（Multi-connected split air conditioing system），又称变制冷剂流量直接蒸发式空调系统，是由单台或多台并联室外空气（水）源制冷或热泵机组，连接配置多台相同或不同型式、容量的直接蒸发式室内机，组成单一制冷（或制热）循环系统，并通过改变制冷循环系统中的制冷剂流量，独立控制各空调区负荷变化的直接膨胀式空气调节系统。

该系统是日本大金工业株式会社首先研制推出的，并将这种空调方式注册为VRV（Variable Refrigerant Volume）系统。

该系统由制冷剂管路连接的室外机和室内机组成，如图 1-13 所示。室外机由室外侧换热器、压缩机和其他制冷附件组成；室内机由风机和直接蒸发器等组成。

该系统的每台室内机都可以自由地运转/停止，或群组、或集中控制。

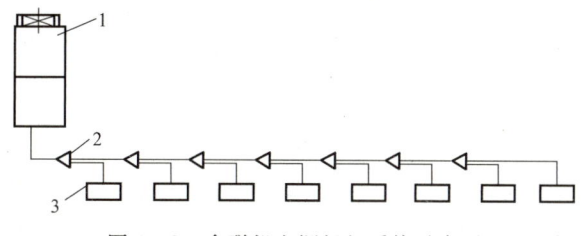

图 1-13 多联机空调机组系统示意图
1—室外机　2—线支管　3—室内机

二、多联机空调系统的工作原理

如图 1-14 所示，多联机空调系统的工作原理是：通过其室内温度传感器，控制室内机制冷剂管道上电子膨胀阀内的制冷剂压力，调节室外机的制冷压缩机，进行变频调速控制或改变压缩机的运行台数、工作气缸数、节流阀开度等，使系统的制冷剂流量发生变化，使得制冷或制热负荷调整，从而达到随负荷变化而改变供冷量或供热量的效果。

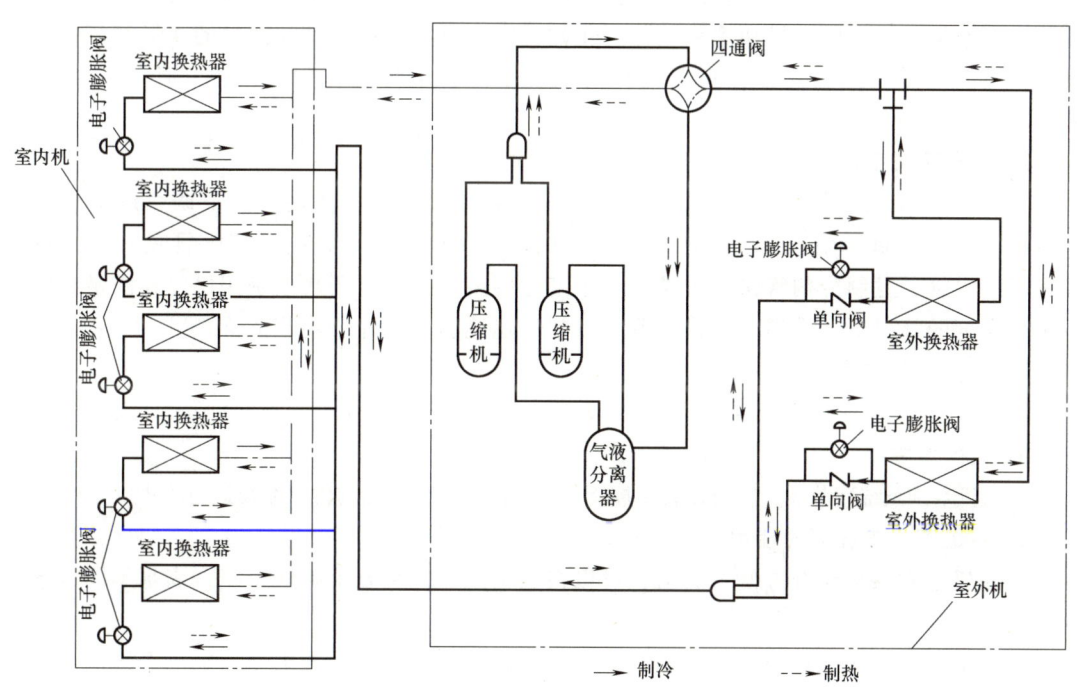

图 1-14 多联机系统工作原理示意图

多联机空调系统中，室内温度的变化是由电子膨胀阀调节的，由于电子膨胀阀的控制精度比较高，一般为 ±0.1℃，所以能很好地控制室内温度场的波动，房间舒适性较高。

目前，国内外市场比较常见的变频多联机厂家品牌主要有：格力、美的、海尔、海信、志高、大金、三菱、日立等。

三、多联机空调系统的分类

多联机空调系统根据不同的分类方式有不同的类型，详见表 1-4。

表 1-4　多联机空调系统的分类

分类标准	多联机型式
按功能分类	单冷型、热泵型(包括辅助电热装置)、热回收型、冰蓄冷型
按室外机构成方式分类	单机型、模块化组合型
按使用气候环境分类	温带气候(最高温度为43℃)、低温气候(最高温度为35℃)、高温气候(最高温度为52℃)
按压缩机类型分类	变速型(交流变频、直流调速)、变容型(数码涡旋)、台数控制(+热气旁通)型等
按室外机冷却方式分类	风冷式、水冷式
按制冷剂种类分	R22冷媒、R410A冷媒、R407C冷媒
按有无蓄能功能分	常规型、蓄热型

四、多联机空调系统的特点

1. 节能

多联机空调系统的室外机，是根据室内的空调负荷变化，自动调节压缩机运行工况，改变制冷剂流量，使得电动机功率和负荷变化相对应，可实现制冷量和能量的线形调节，保证机组以较高的效率运行，部分负荷运行时能耗下降，全年运行费用降低，所以节能效果显著。

2. 节省建筑空间

多联机空调系统采用的风冷式室外机一般设置在屋顶，不像集中式空调系统中冷水机组、冷(热)水循环泵等设备需占用建筑面积。多联机空调系统的连接配管只有制冷剂管道和凝结水管，且制冷剂管路布置灵活、施工方便。与集中空调水系统相比，在满足相同室内吊顶高度的情况下，采用多联机空调可以减小建筑层高，降低建筑造价。

3. 施工安装方便

与集中式空调系统比较，多联机空调系统施工工作量小，施工周期短，尤其适用于改造工程。

4. 运行可靠

多联机空调系统环节少，所有设备及控制装置均由设备供应商提供，系统运行管理安全可靠。

5. 满足不同工况同时使用

多联机空调系统组合方便、灵活，可以根据不同的使用要求组织系统，满足不同工况房间的使用要求。

由于室内机可实现单独运转控制，对于热回收多联机空调系统来说，一个系统内部分室内机在制冷的同时，另一部分室内机可以供热运行。在冬季该系统可以实现内区供冷、外区供热，把内区的热量转移到外区，充分利用能源，降低能耗，满足不同区域空调的要求。

6. 多联机空调系统与传统集中空调系统的比较

多联机空调系统与传统集中空调系统相比时的主要优缺点见表1-5。

表 1-5　多联机空调系统与传统集中空调系统相比时的主要优缺点

优点	节约能源,运行费用低,噪声低 节省空间,使用方便,可靠性高,无需机房等 控制先进,运行可靠,维修方便(基本上是自我调节和诊断) 机组适应性好,制冷制热温度范围宽 设计安装方便,布置灵活多变,室内机独立控制 免费维护,使用寿命长(室外机的使用寿命长达30年),机组故障率极低

(续)

缺点	新风与湿度处理能力相对较差,需特殊处理 室内机匹配有要求限制 制冷剂接头多,易渗漏 设计时必须考虑系统跟建筑相关的安装范围和安装位置 初期投资费用较高

五、多联机空调系统的控制逻辑

1. 控制逻辑图解

多联机空调系统控制逻辑采用积木式设计,其制冷系统的一台室外机(或多台并联室外机)连接多台室内机,各室内机可分别按工况的需要独立操作。数码多联、变频多联空调系统的控制逻辑图解如图1-15所示。

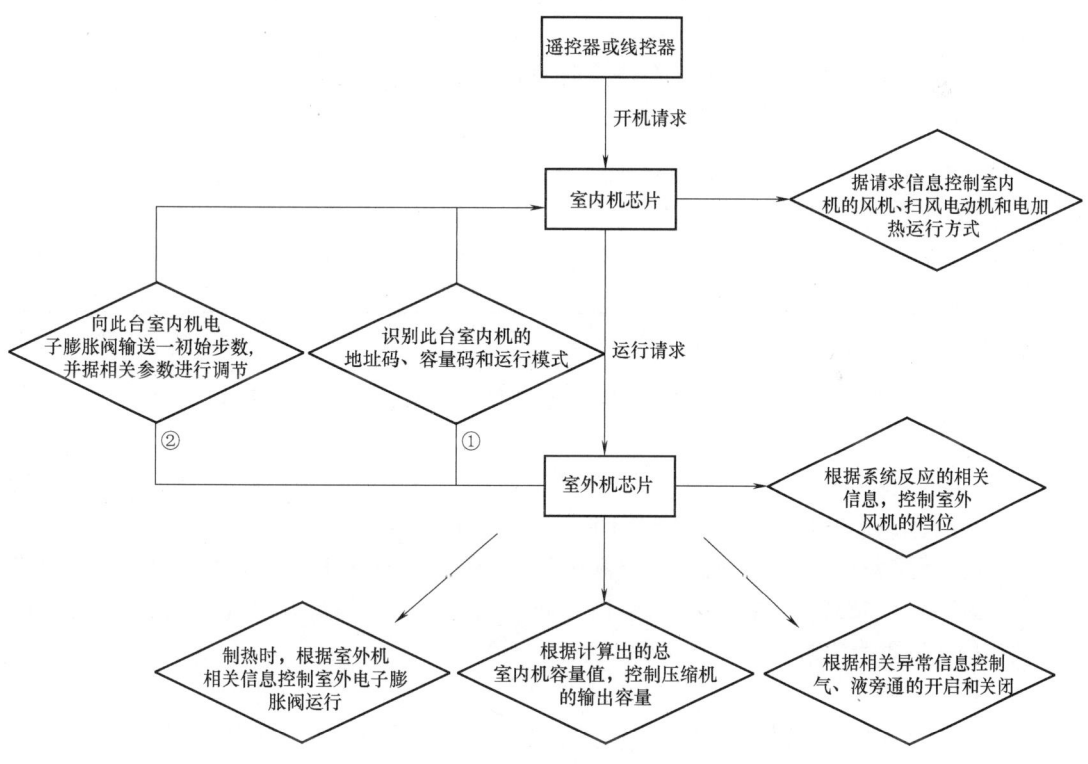

图1-15 数码多联、变频多联空调系统的控制逻辑图解

2. 控制逻辑说明

首先,主芯片根据各台室内机发出的请求信号,识别其地址码、容量码、要求运行的模式;然后根据其传输过来的室内环境温度、设定温度,计算出该台室内机的实际容量需求,再向该台室内机返回一个合适的电子膨胀阀初始参数。

接着,主芯片再根据环境温度和设定温度的变化来进一步调整电子膨胀阀的参数到一恰当数值,从而达到向各台室内机输送合适制冷剂流量的要求。

最后,主芯片根据计算出的各台室内机的实际容量需求总和,即室外机应需输出的容量值,来控制压缩机的实际容量输出。

【典型实例】

【实例1】 数码多联与变频多联

1. 数码多联与变频多联的区别

商用多联机空调系统中,基本可分为数码多联与变频多联两大阵容。

数码多联与变频多联的实质区别是:压缩机调节容量的运转方式不同。数码多联与变频多联的区别见表1-6。

表1-6 数码多联与变频多联的区别

	数码多联	变频多联
运转方式	采用数码涡旋压缩机,通过改变负载时间和空载时间的长短来调节制冷剂流量的大小,容量调节范围为10%~100% 低负荷下吸气压力低,除湿性能好,低温制热能力差,除霜时间长	采用交流变频涡旋压缩机,通过改变压缩的频率来调节制冷剂流量的大小,容量调节范围为28%~133% 低负荷下吸气压力高,制热性能强,除霜时间短,但除湿性能不如数码涡旋
回油	回油较容易,不用油来密封涡旋盘侧面,基本油循环率低,油液仅在负载状态下才离开压缩机,不需要定期使用油回收循环	需要定期的回油运转
管长	室外机与室内机最大落差30m,最大配管长度150m左右	室外机与室内机最大落差可达50m,最大配管长度150m左右

2. 数码压缩机容量调节原理

数码多联空调系统采用数码涡旋压缩机实现容量调节,数码涡旋压缩机属于定频压缩机,压缩机运转时其频率是一致的。

数码多联空调系统,通过压缩机的PWM电磁阀(脉冲宽度调节阀)的开启和关闭时间,控制数码涡旋压缩机的空载/负载时间,调节压缩机的输出能力。

PWM电磁阀安装在固定涡盘的上部和吸气管之间。在PWM电磁阀关闭时,固定涡盘与轨道涡盘贴紧(负载)。在电磁阀开启时,固定涡盘与轨道涡盘分离(空载)。室外机根据室内机的实际能力需求自动调整输出能力。

举例说明如下:

数码涡旋压缩机的总能力为10匹(1匹=1马力=735W),控制工作周期为20s。若要输出5匹的能力(总能力的50%),则负载时间占用控制工作周期时间的50%,即负载10s,卸载10s即可;若要输出2匹的能力(总能力的20%),则负载时间占用周期时间的20%,即负载4s,空载16s;依此类推。

数码多联压缩机容量调节如图1-16所示,列举了输出能力分别为10%、50%和100%时的原理图。

3. 变频压缩机容量调节原理

变频多联空调机组使用变频压缩机,通过压缩机变速调节来实现容量输出的调节。

$$n=\frac{60f(1-s)}{p}$$

单元一　多联机空调原理与选型设计

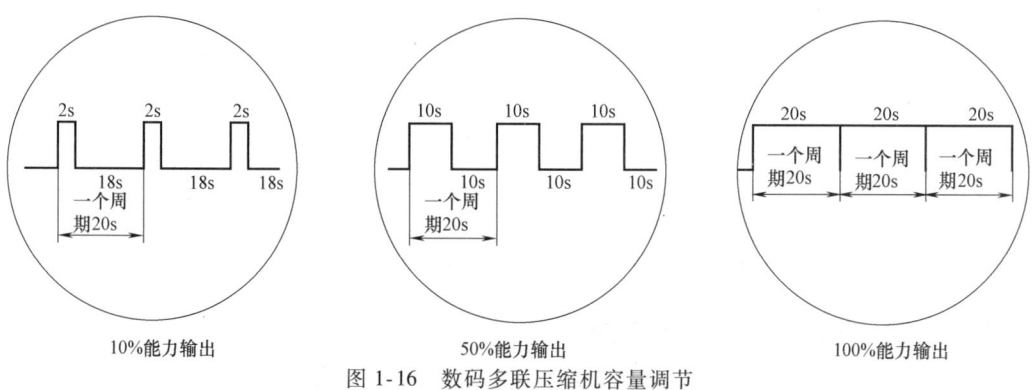

图 1-16　数码多联压缩机容量调节

式中，n 为电动机转速；f 为进入压缩机电动机的电源频率；s 为感应电动机的转差率；p 为电动机的极对数。

由此可见，压缩机的转速与频率是一次线性关系，通过改变进入压缩机的电源频率就可以改变压缩机的转速，从而调节压缩机的排气量。而为实现进入压缩机的电源频率可变，需要一套变频器来实现，如图 1-17 所示。

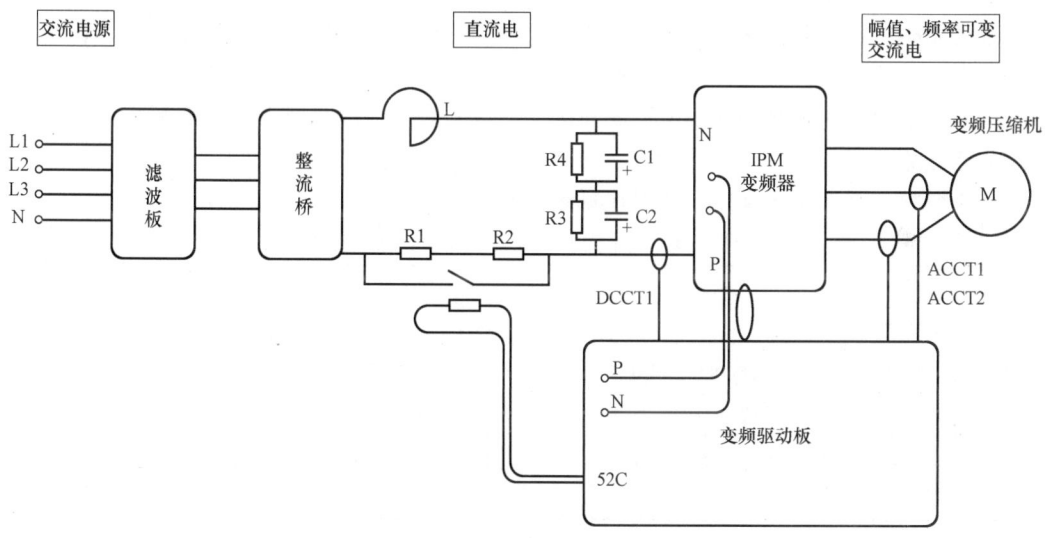

图 1-17　变频多联机压缩机容量调节示意图

4. 数码多联与变频多联优缺点的对比

数码多联与变频多联优缺点的对比见表 1-7。

表 1-7　数码多联与变频多联优缺点的对比

项目	数码多联	变频多联
稳定性	稳定可靠，控制简单	技术先进、控制复杂、调节精确
输出调节	数码压缩机 100% 输出时类似于定频压缩机，10%~100% 间输出时，伴随着卸/负载有一定的波动	运行频率可在 15~130Hz 间调节，输出平稳，波动小
电控	所需电控元器件少，仅比普通定频空调多一个卸载电磁阀	增加了变频驱动系统，如滤波器、电抗器、大电容等电器元件

(续)

项目	数码多联	变频多联
节能	数码压缩机100%输出时效率等同于定频压缩机；10%～100%间输出时，因空载运转同样消耗功率，效率会有所下降，且容量输出越小效率越低	交流变频电动机效率接近于定频压缩机；直流变频电动机效率要高于交流变频、定频机、数码机。但变频压缩机并不是每个频率点运行的效率都一致，一般中间频段运行的效率会更高
干扰	电磁干扰少	由于变频器的存在，有一定电磁干扰

【实例2】 交流变频与直流变频

交流变频、直流变频同属于变频，但压缩机的原理并不一致。

交流变频压缩机与定频压缩机的转子是相似的，都属于感应电动机。

直流变频压缩机采用的是无刷直流电动机，其转子材质是由含有稀土材料的永久磁钢加工而成的，定子采用整距集中绕组。简单来说，就是把普通直流电动机由永久磁铁组成的定子变成转子，把普通直流电动机需要换向器和电刷提供电源的线圈绕组转子变成定子。这样，就可以省却普通直流电动机的电刷，而且其调速性能与普通的直流电动机相似，所以把这种电动机称为直流无刷电动机。

直流无刷电动机既消除了传统直流电动机的一些弊病，如电磁干扰、噪声、火花、可靠性差、寿命短等，又具有交流电动机所不具有的优点，如运行效率高、调速性能好、无涡流损失；再加上永磁转子是无感应电流导通的，所以，直流变频相对于交流变频而言，具有更大的节能优势。

交流变频、直流变频优缺点的对比见表1-8。

表1-8 交流变频、直流变频优缺点的对比

项目	交流变频	直流变频
稳定性	输出平稳	闭环控制，输出更平稳
电动机	转子为导体，属感应电动机，有感应电流	转子为永磁体，无感应电流
电控	有整套变频驱动系统	有整套变频驱动系统，同时还有电流互感器
节能	比定频机多两次电源转换，但能输出精确调节，效率与定频相当	比交流变频少一次电流转换，且没有涡流损耗，节能优势明显

【实例3】 格力数码多联机组的工作原理

1. 数码多联机组（R22和R410A）

（1）数码多联机组（R22和R410A）的工作原理 如图1-18所示。

（2）工作原理说明 制冷运行时，来自各个室内机换热器的低温、低压冷媒气体汇合后，被压缩机吸入，压缩成高温、高压气体，排入室外机换热器，与室外侧空气进行热交换，冷凝成为冷媒液体；经过Y型分歧管分流至各个室内机，再经室内机节流元件节流降压、降温后进入室内机换热器，与室内空气进行热交换蒸发为低温、低压制冷剂气体，如此周而复始地循环，达到制冷的目的。

制热运行时，四通阀动作换向，使制冷剂按制冷过程的逆方向进行循环，制冷剂先经室

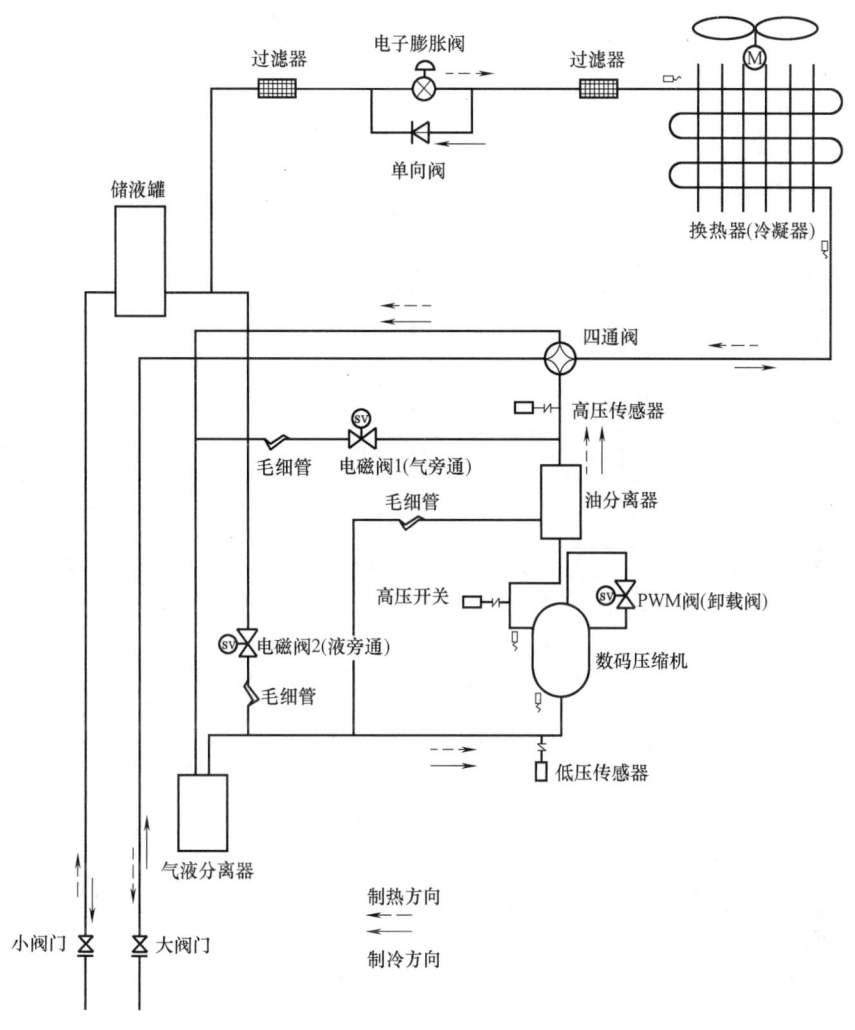

图 1-18 数码多联机组（R22 和 R410A）的工作原理

内机换热器，放出热量，再经室外机换热器中吸收热量进行热泵制热循环，达到制热的目的。

2. 模块化数码多联机组

（1）模块化数码多联机组的工作原理　如图 1-19 所示。

（2）工作原理说明　相对于数码多联机组（R22 和 R410A），模块化数码多联机组实际上就是将多个数码多联机组（R22 或 R410A）并联起来，也就是将它们各自的室外机换热器和室内机换热器分别并联起来。整个模块化系统制冷、制热运行的工作原理与单个数码多联机组（R22 和 R410A）制冷、制热运行的工作原理相同。

【实例4】格力变频多联系列机组的工作原理

1. 交流变频机组

交流变频机组的工作原理与数码多联的单机机组（如 GMV-R300W2/B）工作原理基本

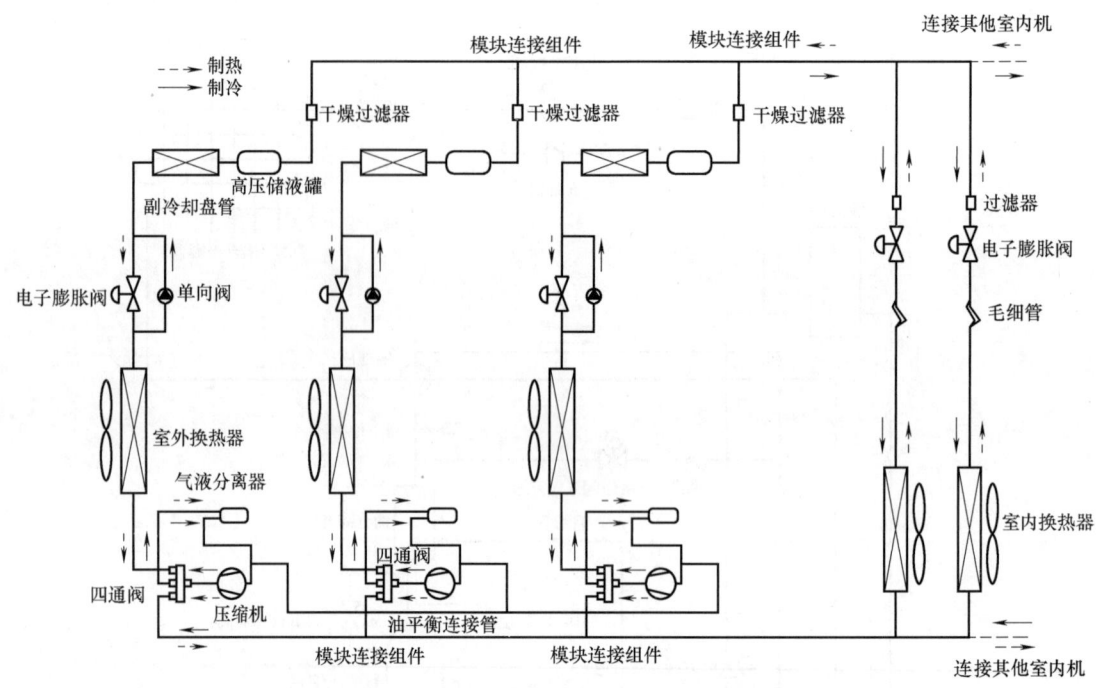

图 1-19 模块化数码多联机组的工作原理

一致，主要区别在于两种系统的压缩机调节输出能力的方式不同：交流变频机组是一个定频压缩机＋一个交流变频压缩机；数码多联机组（GMV-R300W2/B）是一个定频压缩机＋一个数码压缩机。

2. 模块化直流变频机组

模块化直流变频机组和模块化数码多联机组的工作原理基本一致，主要区别在于两种系统的压缩机调节输出能力的方式不同。

外机模块设计采用三管制，有气管、液管、油平衡管，保证合理的循环制冷剂容量及运行模块有足够的压缩机油。

对于模块化多联机组，当室内机总能力需求小于单个主模块的一定能力区间时，只起动主模块室外机；当室内机总能力需求大于一定的能力区间，依次起动子模块室外机。随着室内机总能力需求的增加，室外机的输出能力也增加。室外机的输出能力始终与室内机总能力需求保持匹配。

课题三　多联机空调系统选型设计

【相关知识】

一、选型设计流程及注意事项

1. 选型设计流程

多联机空调系统的设计，首先应确定室外机系统的功能型式，如：

单元一 多联机空调原理与选型设计

1) 对于只需供冷而不需要供热的建筑,可采用单冷型多联机空调系统。
2) 对于既需要供冷又需要供热且冷热使用要求相同的建筑可采用热泵型多联机空调系统。
3) 对于分内、外区且各房间空调工况不同的建筑可采用热回收型多联机空调系统。

多联机空调系统选型流程如图 1-20 所示。

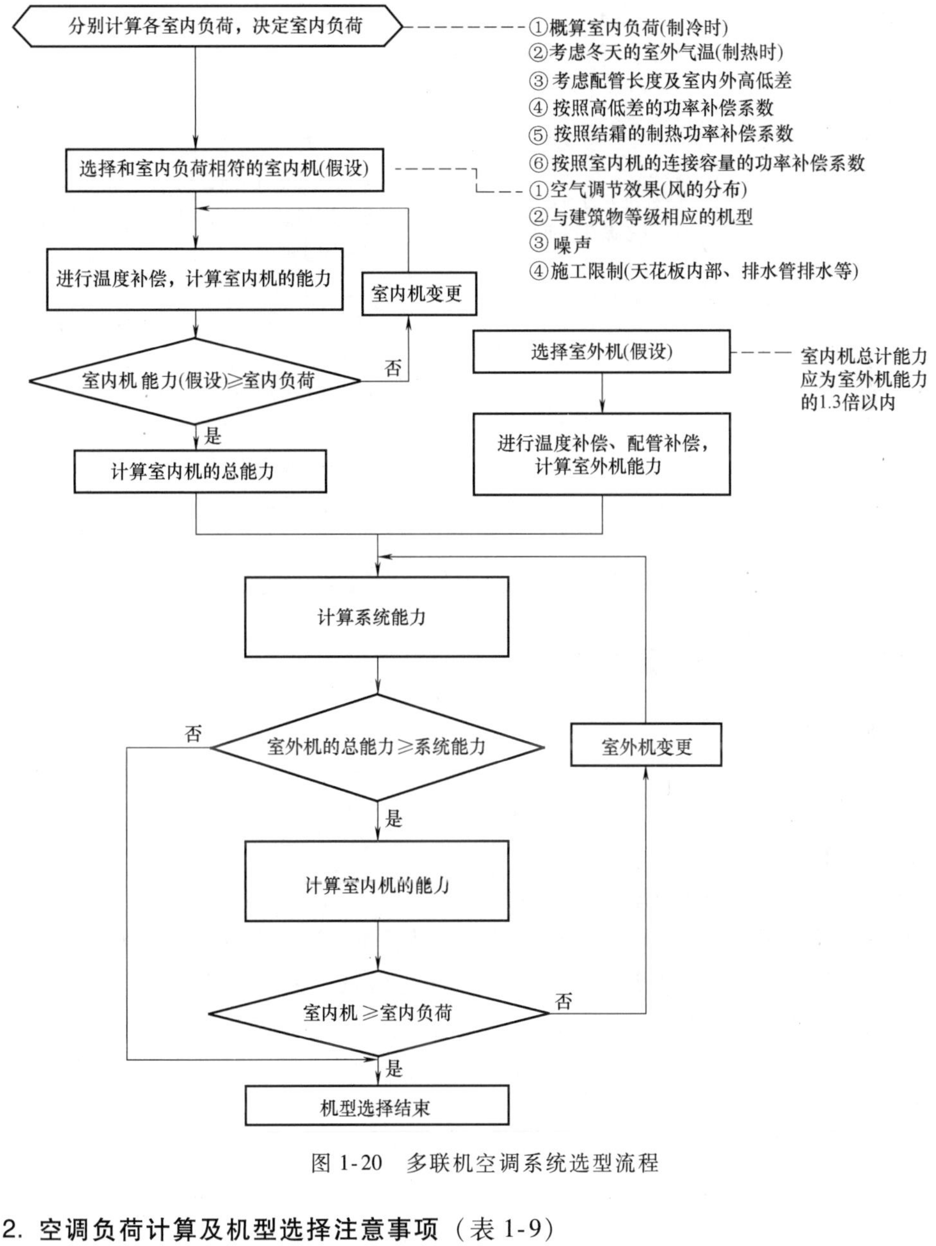

图 1-20 多联机空调系统选型流程

2. 空调负荷计算及机型选择注意事项 (表 1-9)

表 1-9 空调负荷计算及机型选择注意事项

检查项目	参考标准	备注(不合格时的影响)
负荷计算是否是在制冷和制热两种条件下进行的	必须选择与较大负荷相匹配的机型	制热负荷大时,须讨论使用辅助热源(如加热器等)

(续)

检查项目	参考标准	备注(不合格时的影响)
多联机的选型是否进行了各种能力补正	根据冷媒配管长度进行的补正;根据室内、外机高差进行补正;根据设计室温进行的补正;根据设计外气温度进行的补正;根据室内机连接容量(>100%)进行的补正	忽视了能力补正,必定会发生制冷或制热效果不佳的投诉
内/外机组合是否考虑以下要素: 1. 室内机连接容量的平衡 2. 制冷与制热的平衡	室外机能力为最大 必须考虑日照负荷、内部发热	连接容量超过100%时,必须对室内机能力进行容量补正后选择机型。如不进行容量补正,则会造成能力不足
室内机连接台数、容量是否在限制范围内	如超出限制范围,则会发生问题	容量超标:导致能力不足(不冷、不热),吹出温度异常等 台数超标:导致异常
是否有少数几台小型室内机进行24h运行	如果可能,则将室内机从机组中分离开	如将夜班室、小规模电算室分开较为经济、合理
所选机型是否考虑了室内容许噪声值	安装于旅馆客厅、卧室、接待室等处时须注意	如不预先进行讨论,事后可能发生投诉,解决起来很困难

二、室内机及室外机容量选型

1. 负荷计算与室内机选型

（1）负荷计算　对于某个特定的房间,安装多大（功率）的空调才合适,这需要计算该房间的热负荷（制冷负荷及制热负荷）,据此选择功率与之相匹配的空调。这种热负荷的计算称作负荷计算。

负荷计算的方法包括详细计算和简易计算。

详细计算,是指根据特定房间室内要求的空气计算干、湿球温度,室外空气计算干、湿球温度等资料,以及房间不同建筑材料、不同厚度的热侵入量,并考虑方位、时刻（日照变化及由于墙体的蓄热而引起的热侵入延缓）等因素,详细计算该房间的热负荷。

简易计算,一般是根据厂家提供的快速概算表格和计算公式,计算出一般房间的最大热负荷。这种计算方法适用于小型空调与中型空调的选型。

通过热负荷计算,分别算出各空调房间的热负荷结果。

（2）室内机选型　在确定多联机空调系统组成形式,特别是室内机功能样式的前提下,在厂家提供的室内机额定制冷（热）容量表中,选出最接近或大于房间冷（热）负荷的室内机机型。

（3）室外机选型

1）初步估算所连室内机实际总容量对应的室外机额定制冷容量。

根据室内、外机的容量配比系数,上述热负荷计算结果,以及上述室内机选型容量,初

步估算出热负荷总容量。在厂家提供的室外机额定制冷容量表中，查出最接近的额定制冷容量的室外机型。

2）尽量把经常使用的房间和不经常使用的房间组合在一个系统，系统同时使用率最好能控制在50%~80%，此时系统的能效比较高。如系统同时使用率低于30%，则系统能效比较低、设备利用率低，系统经济性较差。

3）室内、外机的容量配比系数是一个系统内所有室内机额定制冷容量之和与室外机额定制冷容量之比。尽管室外机可以在容量配比系数130%以内运行，但在设计选型时应根据系统的具体使用情况来决定，也可参考表1-10选择。需要注意的是，对制热有特殊要求的场合不适合超配。

4）室内机数量不能超过室外机容许连接的数量，即不能超配。

5）选定机型时，因温度条件、配管距离、内外机高差等不同工况，需要加上适当的负荷修正系数。

表1-10 室内外机的容量配比系数选择参考表

同时使用率	最大容量配比系数	同时使用率	最大容量配比系数
≤70%	125%~135%	>80%,≤90%	100%~110%
>70%,≤80%	110%~125%	>90%	100%

2. 功率计算与修正

多联机空调机组的额定制冷（热）容量是在标准空调工况时的制冷（热）量，选定机型时，需将对应空调的功率与实际功率（温度条件、配管距离等引起的实际功率与商品目录中记载功率的偏差）进行对比，如果误差过大，就要更改机组的选型。

（1）室内机的功率补偿计算

室内机的功率（制冷、制热）= 室内机的总额定功率（产品目录规格值）×
按照温度条件的功率补偿系数

有关按照温度条件的功率补偿系数，请参照各厂家手册中对应机型的功率补偿系数。

（2）室外机的功率补偿计算

室外机的功率（制冷、制热）
= 室外机的额定功率（产品手册规格值:100%连接时的额定功率）×
按照室内、外机温度条件的功率补偿系数×
按照配管长度的功率补偿系数×
按照室内、外机高差的功率补偿系数×
按照结霜的制热功率补偿系数×
按照室内机的连接容量的功率补偿系数

1）有关按照温度条件的功率补偿系数，请参照各厂家手册中对应机型功率补偿系数。

2）有关按照配管长度的功率补偿系数，请参照各厂家手册中对应机型功率补偿系数。制冷功率补偿时，如果配管长度超过90m，补偿系数因配管尺寸不同而异。制热功率补偿与机型无关，为相同的补偿系数。

3）有关按照高差的功率补偿系数，请参照各厂家手册中对应机型功率补偿系数。此处补偿计算时请注意：制冷时，室外机在下方；制热时，室外机在上方。

4）有关按照结霜的功率补偿系数，请参照各厂家手册中对应机型功率补偿系数。此处，补偿计算请仅在制热功率计算出后进行。

5）有关按照室内机的连接容量的功率补偿系数，请参照各厂家手册中对应机型功率补偿系数。此处，补偿计算仅在室内机总功率为100%以上时进行。

(3) 系统功率计算　对通过上述(1)项和(2)项求得的功率进行比较，较小的值为系统功率(制冷、制热)。

1）室内机总功率(制冷、制热)>室外机的功率时

$$系统功率(制冷、制热) = 室外机的功率$$

2）室内机总功率(制冷、制热)<室外机的功率时

$$系统功率(制冷、制热) = 室内机的功率$$

(4) 室内机的实际功率计算　室内机的实际功率，在"室内机总功率(制冷、制热)>室外机功率"的情况下，会小于额定功率，计算公式为

$$室内机的实际功率(制冷、制热) = 系统功率(制冷、制热) \times [(室内机额定容量)/(室内机总功率)]$$

三、多联机空调系统管道配置

多联机空调系统中，配管的设计和安装非常重要。多联机空调系统的配管主要包括冷媒配管和冷凝水排水配管。配管设计的总体原则就是长度尽可能短。配管管道越长，系统能力衰减就越大。

1. 冷媒配管

(1) 冷媒配管说明　冷媒配管是关系冷媒能否在多联机空调系统中正常循环、达到制冷(热)效果的最重要的环节，而分歧管及集流管的正确使用和安装是冷媒配管的关键。

分歧管(集流管)的作用是将管道中的制冷剂(冷媒)分流到各室内机中，起到分流的作用。按其内部流动介质的状态可分为气管分歧管和液管分歧管。一般来说，每个厂家都有自己的配套分歧管、集流管以及自己的选配原则。在工程安装中，分歧管、集流管的安装也有很严格的安装工艺要求。

多联机空调系统室内、外机之间的冷媒配管如图1-21所示。

(2) 冷媒配管材质要求　多联机冷媒配管铜管的材质及壁厚选择非常重要，这不仅与造价有关，更与系统的安全运行有关。冷媒配管铜管应采用磷脱氧无缝纯铜管，其材质、规格应满足现行国家标准GB/T 1527—2006《铜及铜合金拉制管》和GB/T 17791—2007《空调与制冷设备用无缝铜管》的要求。

根据不同制冷剂类别，冷媒配管材质和壁厚的选择不同，一般要求见表1-11。

(3) 冷媒配管管径选择　冷媒配管管径选择，主要是根据系统各管段下游流经的制冷剂容量确定的。但R22、R407C与R410A因设计压力差异是有区别的。同时，各制造商提供的安装技术手册推荐的管径也不相同，有的甚至差异还较大。表1-12~表1-15提供的配管管径仅供参考。

1）R22和R407C系统管径选择。R22和R407C系统冷媒配管管径选择见表1-12。

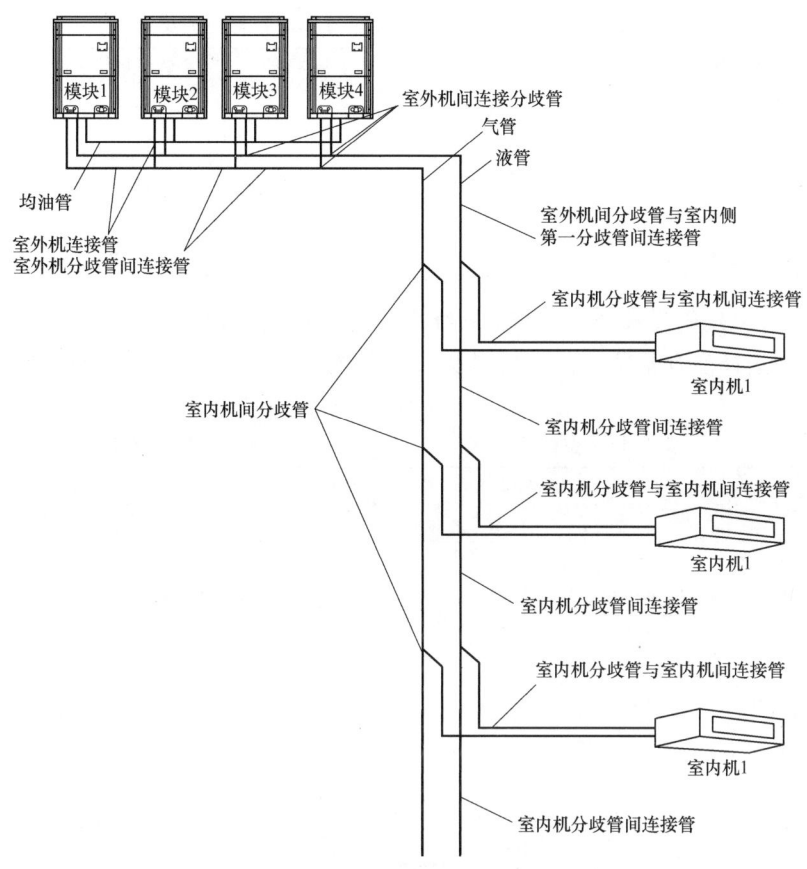

图1-21 多联机空调系统室内、外机之间的冷媒配管

表1-11 不同制冷剂冷媒配管壁厚及材质选用

序号	铜管外径/mm	铜管壁厚/mm 及材质				
		R22	R407C	材质	R410A	材质
1	φ6.35	0.80	0.80	O 材[3]	0.80	O 材[3]
2	φ9.52	0.80	1.00		0.80	
3	φ12.70	1.00	1.20		0.80/1.00[1]	
4	φ15.88	1.00	1.20		1.00	
5	φ19.05	1.20	1.40		1.00/1.20[2]	
6	φ22.22	1.20	1.40		1.00	
7	φ25.40	1.40	1.60		1.00	1/2H 或 H 材[4]
8	φ28.58	1.40	1.60		1.00	
9	φ31.80	1.60	1.80		1.10	
10	φ35.00	1.60	1.80		1.30	
11	φ38.10	1.80	2.00		1.40	
12	φ41.30	1.80	2.00		1.50	
13	φ44.50	2.00	2.20			
14	φ50.80	2.20	2.40			

① 室内侧第1分歧-室内侧分歧间气管壁厚为1.0mm。
② 当φ19.05mm 无缝铜管使用盘管时,壁厚为1.2mm。
③ O 材为 JISH3300 CL220 的 O 材,相当于 GB/T 17791 TP2 的 M 材。
④ 1/2H 或 H 材为 JISH3300 CL220 的 1/2H 或 H 材,相当于 GB/T 17791 TP2 的 Y2 或 Y 材。

表 1-12 R22、R407C 系统冷媒配管管径选择

冷媒配管类别	下游室内机总容量 A/匹	气管管径/mm	液管管径/mm
主配管（室外机-第一分歧管；分歧管-室内机分歧管）	$A \leq 10$	$\phi 28.58$	$\phi 12.70$
	$10 < A \leq 20$	$\phi 38.10$	$\phi 19.05$
	$20 < A \leq 30$	$\phi 44.50$	$\phi 22.22$
	$30 < A \leq 48$		
支配管（室内机分歧管-室内机）		$\phi 19.05$	$\phi 9.52$

2）R410A 系统管径选择。R410A 系统冷媒配管管径选择详见表 1-13～表 1-15。考虑各制造商提供的选择值有差异，表 1-13、表 1-14 均推荐了某两个制造商提供的选择数值，供设计参考。

表 1-13 主配管（室外机-室内侧第一分歧管）管径选择

室外机容量/匹	主配管管径/mm		加大尺寸后的主配管管径/mm	
	气管	液管	气管	液管
（一）				
8	$\phi 19.05$	$\phi 9.52$	$\phi 22.22$	$\phi 12.70$
10	$\phi 22.22$		$\phi 25.40$	
12	$\phi 25.40$	$\phi 12.70$	$\phi 25.40$	$\phi 12.70$
14			$\phi 28.58$	
16	$\phi 28.58$		$\phi 31.80$	
18～24				$\phi 15.88$
26～34	$\phi 38.10$	$\phi 15.88$	$\phi 38.10$	$\phi 19.05$
36				
38～48		$\phi 19.05$		$\phi 22.22$
（二）				
8	$\phi 19.05$	$\phi 9.52$	$\phi 22.22$	$\phi 12.70$
10	$\phi 22.22$		$\phi 25.40$	
12～16	$\phi 28.58$	$\phi 12.70$	—	$\phi 15.88$
20～22		$\phi 15.88$	$\phi 31.80$	$\phi 19.05$
24	$\phi 35.00$		—	
26～34		$\phi 19.05$	$\phi 38.10$	$\phi 22.22$
36～48	$\phi 41.30$		—	

表 1-14 主配管（室内机侧第一分歧管-各室内机分歧管）管径选择

室内机容量 A/×100W	气管管径/mm	液管管径/mm
（一）		
$A \leq 101$	$\phi 12.70$	$\phi 9.52$
$101 < A \leq 180$	$\phi 15.88$	
$180 < A \leq 371$	$\phi 19.05$	$\phi 12.70$
$371 < A \leq 540$	$\phi 25.40$	$\phi 15.88$
$540 < A \leq 700$	$\phi 28.58$	
$700 < A \leq 1100$	$\phi 31.80$	$\phi 19.05$
$1100 < A$	$\phi 38.10$	

(续)

室内机容量 $A/\times 100W$	气管管径/mm	液管管径/mm
(二)		
$A<200$	$\phi15.88$	$\phi9.52$
$200\leqslant A<290$	$\phi22.22$	
$290\leqslant A<420$	$\phi28.58$	$\phi12.70$
$420\leqslant A<640$		$\phi15.88$
$640\leqslant A<920$	$\phi34.90$	$\phi19.05$
$920\leqslant A$	$\phi41.30$	

注：按本表选择的管径不要超出表1-15相应管径尺寸。

表1-15 室内机侧配管（室内机分歧管-室内机）

室内机的总容量/匹	气管管径/mm	液管管径/mm
22、28	$\phi9.52\times t0.8$	$\phi6.35\times t0.8$
36、45、56	$\phi12.7\times t0.8$	
71、80、90、112、140、160	$\phi15.88\times t1.0$	$\phi9.52\times t0.8$
224	$\phi19.05\times t1.0$	
280	$\phi22.22\times t1.0$	

注：t 为管壁厚度。

（4）冷媒配管长度和落差范围限定 冷媒配管长度和落差范围限定示意图如图1-22所示。

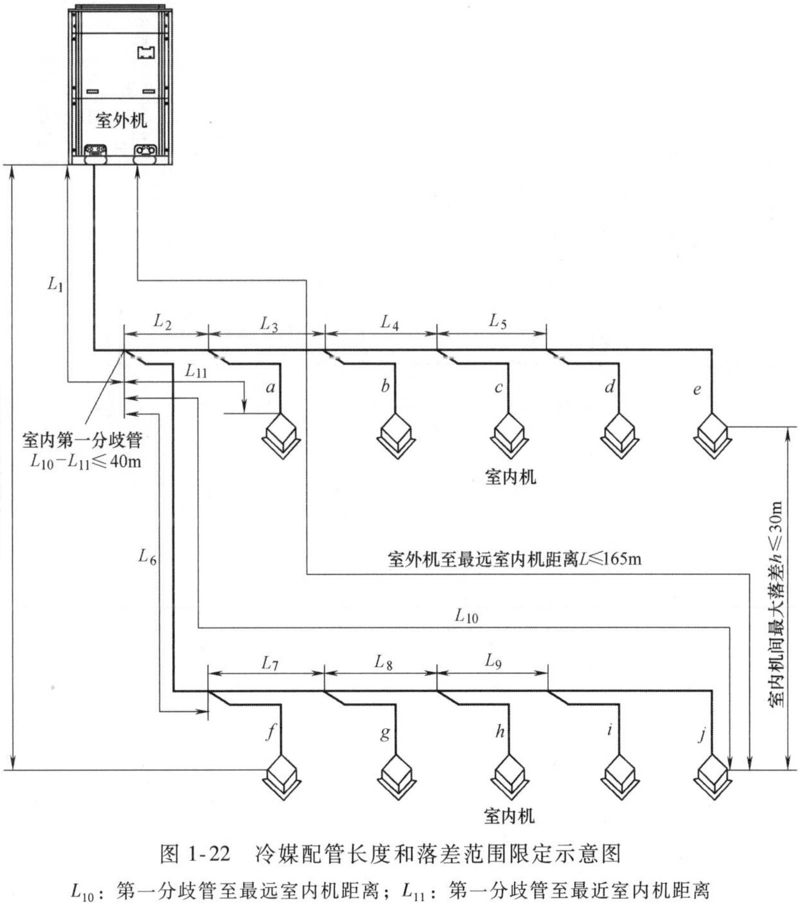

图1-22 冷媒配管长度和落差范围限定示意图

L_{10}：第一分歧管至最远室内机距离；L_{11}：第一分歧管至最近室内机距离

(5) 室外模块间连接配管要求

1) 室外机之间不能有落差,如图 1-23 所示。

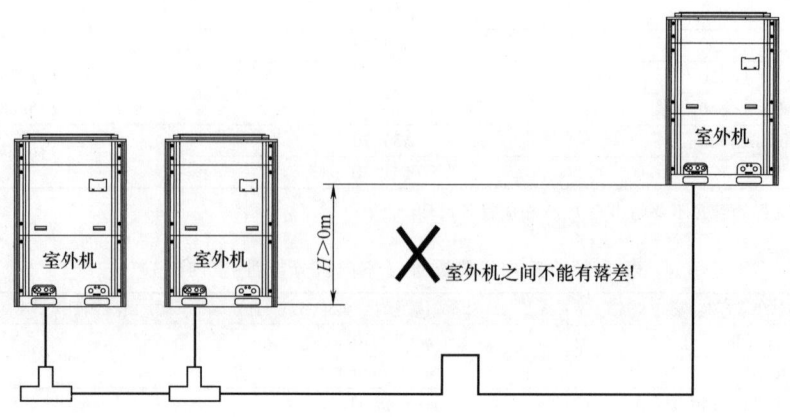

图 1-23　室外机之间不能有落差

2) 当室外模块间的距离超过 2m 时,应该在系统的低压气管追加倒"U"形的粗油弯,如图 1-24 所示,$A+B \leqslant 10$m。

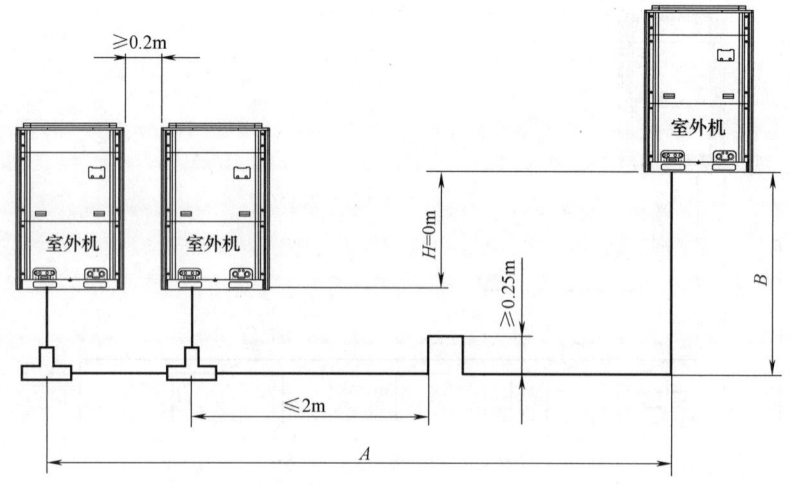

图 1-24　当室外模块间粗油弯示意图

(6) 冷媒配管长度计算公式

等效配管长度=实际气管长度+回油弯个数×回油弯管等效长度+气侧分歧管(分歧集管)的数量×分歧管(分歧集管)的等效配管长度

分歧管的等效长度按 Y 型分歧管 0.5m 一个、分歧集管 1.0m 一个计算。

2. 冷凝排水配管

(1) 冷凝排水配管说明　多联机空调系统制冷时空气中的水分在蒸发器的表面会冷凝成水,必须将这些冷凝水排出机外,排水管对空调机组能否充分发挥功能起着重要作用。

冷凝水排水系统,一般由镀锌钢管、PPR 或 PC 管道连接而成,如图 1-25 所示。

(2) 冷凝排水配管管径选择

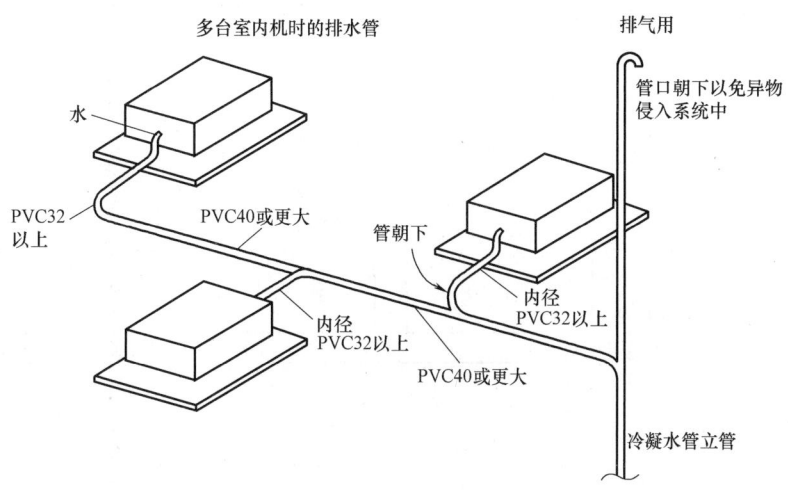

图 1-25 冷凝水排水系统示意图

1）排水管管径计算依据。多联机空调系统的冷凝排水配管，至少应满足室内机的冷凝水流量。冷凝水排放量的计算一般按照 1 匹的室内机主机 2L/h 的冷凝水排水量计算。例如：3 台 2 匹的室内机和 2 台 1.5 匹的室内机，排水量合并计算如下：

$$2\times3\times2L/h+1.5\times2\times2L/h=12L/h+6L/h=18L/h$$

2）水平配管管径与允许冷凝水排量的关系见表 1-16。

表 1-16 水平配管管径与允许冷凝水排量的关系

PVC 配管	配管参考内径/mm	配管内径/mm	允许流量/(L/h) 斜度 1:50	允许流量/(L/h) 斜度 1:100	备注
PVC25	19	20	39	27	（参考值）不能用于汇流管
PVC32	27	25	70	50	不能用于汇流管
PVC40	34	31	125	88	能用于汇流管
PVC50	44	40	247	175	能用于汇流管
PVC63	56	51	473	334	能用于汇流管

注：汇流点之后需用 PVC40 或更大的管子。

3）垂直配管竖管管径和冷凝水排量的关系见表 1-17。

表 1-17 垂直配管竖管管径和冷凝水排量的关系

PVC 配管	配管参考内径/mm	配管内径/mm	允许流量/(L/h)	备注
PVC25	19	20	220	（参考值）不能用于汇流管
PVC32	27	25	410	不能用于汇流管
PVC40	34	31	730	能用于汇流管
PVC50	44	40	1440	能用于汇流管
PVC63	56	51	2760	能用于汇流管
PVC75	66	67	5710	能用于汇流管
PVC90	79	77	8280	能用于汇流管

注：汇流点之后需用 PVC40 或更大管子。

（3）冷凝排水配管注意事项

1）设计安装存水弯头。静压比较大，自然排水（例如高静压风管机）的室内机，排水配管必须设计安装存水弯头，如图1-26所示。

存水弯头的作用：避免室内机运行时产生的负压导致排水不畅或者把水吹出风口。

2）设计安装排水管道排气口，如图1-27所示。

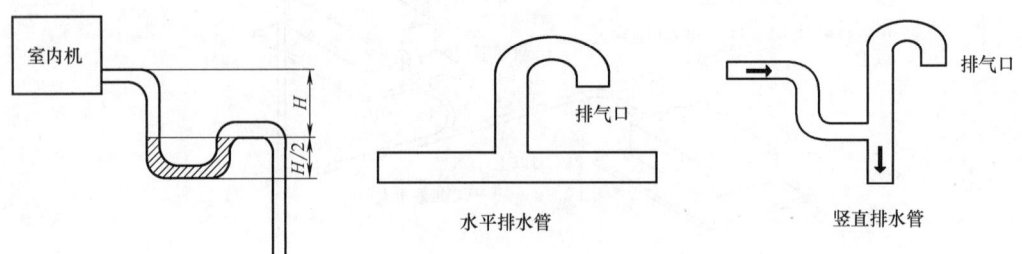

图1-26　排水管存水弯头　　　　　图1-27　冷凝水管道排气口

（4）冷凝排水管保温要求　冷凝排水管保温层厚度要求见表1-18。

表1-18　冷凝排水管保温层厚度要求

连接管（外径/mm）×（厚度/mm）	保温材料厚度/mm
$\phi 6 \times 0.5$	≥10
$\phi 9.52 \times 0.71$	≥10
$\phi 12 \times 1$	≥15
$\phi 16 \times 1$	≥15
$\phi 19 \times 1$	≥15
$\phi 22 \times 1.5$	≥20
$\phi 25 \times 1.5$	≥20
$\phi 28 \times 1.5$	≥20
$\phi 35 \times 1.5$	≥20

四、噪声处理

1. 噪声计算公式

（1）噪声的计算　一般情况下，噪声因声源的形状、周围的障碍物条件等而各不相同。当为点状声源时，噪声与距离衰减值（ΔL_p）之间的关系，可以用下面的公式表达：

$$\Delta L_p = 20 \lg \frac{r_2}{r_1}$$

式中，r_1、r_2分别表示与声源的距离。

（2）噪声声压和的计算　在同一个环境中，如果存在两种以上的噪声源，其中两个噪声（$L_1 > L_2$）叠加的声压变化关系见表1-19。

通过表1-19可求出两个噪声的声压和；声压超过两个以上时，以两个为一组依次求和即可。L_1与L_2（$L_1 > L_2$）声压和的计算公式为

$$声压和 = L_1 + \Delta L$$

表 1-19　两个噪声（$L_1 > L_2$）叠加的声压变化关系　　　　（单位：dB）

声压差 L_1-L_2	0	0.2	0.4	0.6	0.8	1.0	1.5	2	3	4	5
叠加值 ΔL	3.0	2.9	2.8	2.7	2.6	2.5	2.3	2.1	1.8	1.5	1.2
声压差 L_1-L_2	6	7	8	9	10	11	12	13	14	15	16
叠加值 ΔL	1.0	0.8	0.6	0.5	0.4	0.3	0.25	0.2	0.17	0.14	0.11

2. 噪声对机型选择的影响

对于噪声比较敏感的区域，要求正确选择室内机。

例如：卧室、图书馆、广播室、私人办公室、医院等房间，宜选择 4.5kW 以下的室内机，当一台 4.5kW 以下的室内机不能满足负荷要求时，选择两台或者多台 4.5kW 以下的室内机。

实际需要零静压（直吹）的场所，不允许选择带静压的风管机。

对于高静压风管机必须采用后回风方式，不能采用下回风方式，下回风噪声比后回风噪声高 6dB 以上。

制作风管管道时，保证送风风量与室内机设计风量偏差在 ±5% 以内，防止风量过大造成噪声，风量过小又达不到制冷（热）效果。

室内机后回风示意图如图 1-28 所示。

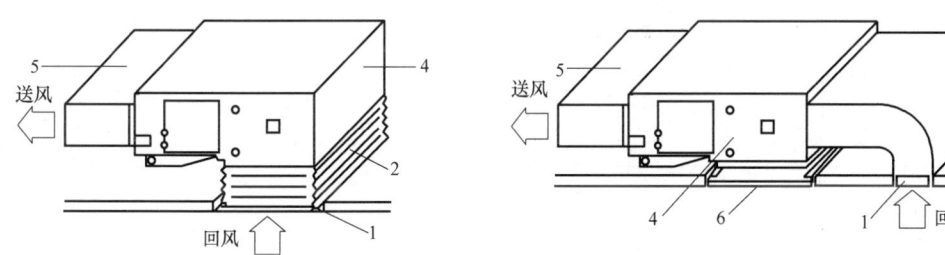

图 1-28　室内机后回风示意图

1—回风口（带过滤网）　2—帆布风管　3—回风管　4—室内机　5—送风管　6—检修格栅

【典型实例】

【实例1】三菱 KX4 系列多联机功率计算

1. 制冷

当室内机连接总容量不满 100% 时，其配置条件、室内机总制冷功率、室外机最大制冷功率分别见表 1-20、表 1-21、表 1-22。

表 1-20　配置条件

室外机 FDCA450HKXE4	1台
室内机 FDTA71KXE4A	5台
配管长度	60m(适合长度)
室内机和室外机的高差	15m(室外机在下方)
温度条件(室外)	外界温度:33℃ DB
温度条件(室内)	室内温度:19℃ WB

室内机总制冷功率见表1-21。

表1-21 室内机总制冷功率

计算说明	计算结果	备注
室内机额定制冷功率	7.1kW	查询产品目录规格值
按照温度条件的功率补偿系数	1.0	根据内19℃ WB/外33℃ DB
室内机制冷功率	7.1kW×1.0=7.1kW	计算得出
室内机总制冷功率	7.1kW×5=35.5kW	

表1-22 室外机最大制冷功率

计算说明	计算结果	备注
室外机额定制冷功率	45.0kW	查询产品目录规格值
按照温度条件的功率补偿系数	1.0	根据内19℃ WB/外33℃ DB
室外机制冷功率	45.0kW×1.0=45.0kW	计算得出
按照配管长度的功率补偿系数	0.94	查询产品手册
计算得出	45.0kW×0.94=42.3kW	
按照高低差的功率补偿系数	0.97	查询产品手册
计算得出	42.3kW×0.97≈41.0kW	
按照室内机的连接容量的功率补偿系数	1.0	(7.1×5)/45<100%，无补偿

对室内机总制冷功率和室外机最大制冷功率进行比较，较小的值为实际系统制冷功率，见表1-23。

表1-23 系统制冷功率

室内机总制冷功率	35.5kW
室外机最大制冷功率	41.0kW
系统制冷功率	35.5kW

室内机的制冷功率计算见表1-24。

表1-24 室内机的制冷功率计算

室内机的制冷功率计算	7.1kW	无补偿

2. 制冷

当室内机连接总容量在100%以上时，其配置条件、室内机总制冷功率、室外机最大制冷功率分别见表1-25、表1-26、表1-27。

表1-25 配置条件

室外机 FDCA450HKXE4	1台
室内机 FDTA71KXE4A	7台
配管长度	120m（适合长度）
室内机和室外机的高差	15m（室外机在上方）
温度条件（室外）	外界温度:35℃ DB
温度条件（室内）	室内温度:18℃ WB

表1-26 室内机总制冷功率

计算说明	计算结果	备注
室内机额定制冷功率	7.1kW	查询产品目录规格值
按照温度条件的功率补偿系数	0.97	根据内18℃ WB/外35℃ DB
室内机制冷功率	7.1kW×0.97=6.89kW	计算得出
室内机总制冷功率	6.89kW×7=48.2kW	

表 1-27 室外机最大制冷功率

计算说明	计算结果	备注
室外机额定制冷功率	45.0kW	查询产品目录规格值
按照温度条件的功率补偿系数	0.97	根据内 19℃ WB/ 外 33℃ DB
室外机制冷功率	45.0kW×0.97 = 43.7kW	计算得出
按照配管长度的功率补偿系数	0.94	查询产品手册
计算得出	43.7kW×0.94 = 41.0kW	增加了配管尺寸
按照高低差的功率补偿系数	1.0	由于制冷时室外机在上方无补偿
计算得出	41.0kW	
按照室内机的连接容量的功率补偿系数	1.1	(7.1×7)/45<110%
室外机最大制冷功率	41.0kW×1.1≈45.1kW	

对室内机总制冷功率和室外机最大制冷功率进行比较，较小的值为实际系统制冷功率，见表 1-28。

表 1-28 系统制冷功率

室内机总制冷功率	48.2kW
室外机最大制冷功率	45.1kW
系统制冷功率	45.1kW

室内机的制冷功率计算见表 1-29。

表 1-29 室内机的制冷功率计算

室内机的制冷功率计算	(45.1×7.1)kW/ 48.2≈6.4kW

3. 制热

室内机连接总容量在 100%以上，其配置条件、室内机总制热功率、室外机最大制热功率分别见表 1-30、表 1-31、表 1-32。

表 1-30 配置条件

室外机 FDCA450HKXE4	1 台
室内机 FDTA71KXE4A	7 台
配管长	60m(适合长度)
室内机和室外机的高低差	20m(室外机在上方)
温度条件	外界温度:6℃ WB
温度条件	室内温度:19℃ DB

表 1-31 室内机总制热功率

计算说明	计算结果	备注
室内机总额定制热功率	8.0kW	产品目录规格值
按照温度条件的功率补偿系数	1.0	根据外 6℃ WB/ 内 19℃ DB
室内机制冷功率	8.0kW×1.0 = 8.0kW	计算得出
室内机总制冷功率	8.0kW×7 = 56.0kW	

表 1-32 室外机最大制热功率

计算说明	计算结果	备注
室外机额定制热功率	50.0kW	产品目录规格值
按照温度条件的功率补偿系数	1.0	根据外 6℃ WB/ 内 19℃ DB

(续)

计算说明	计算结果	备注
室外机制热功率	50.0kW×1.0=50.0kW	计算得出
按照配管长度的功率补偿系数	0.94	根据60m
	50.0kW×0.94=47.0kW	计算得出
按照高低差的功率补偿系数	0.96	根据20m
	47.0kW×0.96=45.1kW	计算得出
按照结霜的制热功率补偿系数	0.92	
	45.1kW×0.92=41.5kW	
按照室内机的连接容量的功率补偿系数	1.13	(7.1×7)/45<110%
室外机最大制热功率	41.5kW×1.13=46.9kW	

对室内机总制热功率和室外机最大制热功率进行比较，较小的值为实际系统制热功率，见表1-33。

表1-33 系统制热功率

室内机总制热功率	56.0kW
室外机最大制热功率	46.9kW
系统制热功率	46.9kW

室内机的制热功率计算见表1-34。

表1-34 室内机的制热功率计算

室内机的制热功率计算	(46.9×8.0)kW/56.0≈6.7kW

【实例2】 小天鹅多联机空调系统选型案例

由于各空调房间内冷、热负荷存在差异，即冷负荷接近的房间其热负荷可能相差很大，可以满足冷负荷要求的机组不一定能满足热负荷的要求，所以按冷负荷选择机组后，还应对机组的制热能力进行校核。如果计算出的室内机的实际制热量小于该室内机服务房间的热负荷，则应重新选择室内机或加辅助电热器。以下举例说明。

某建筑物所在地有关气象参数（33℃ DB）室内空气计算温度（26℃ DB，18℃ WB），各房间的冷负荷条件见表1-35，试确定室内机和室外机型号。

表1-35 各房间的冷负荷条件

房号	R1	R2	R3	R4	R5	R6	R7	R8
负荷/kW	3.0	2.9	3.8	4.2	4.0	4.8	6.1	5.8

1. 室内机初步选型

根据建筑物所在地气象参数和室内空气计算温度，在室内机的实际制冷容量表中选择接近或大于房间冷负荷的室内机型号，选择结果见表1-36。

表1-36 室内机的额定制冷容量与实际制冷容量

房号	R1	R2	R3	R4	R5	R6	R7	R8
型号	DZR-36	DZR-36	DZR-45	DZR-45	DZR-45	DZR-56	DZR-71	DZR-71
额定制冷容量/kW	3.6	3.6	4.5	4.5	4.5	5.6	7.1	7.1
实际制冷容量/kW	3.4	3.4	4.2	4.2	4.2	5.3	6.7	6.7

所选择的室内机如下：2台DZR-36，3台DZR-45，1台DZR-56，2台DZR-71。室内机额定制冷总容量为40.5kW。

2. 室外机初步选型

根据室内机额定制冷总容量，选择额定容量为39.2kW的DZR-392W/BP室外机。室内、外机容量配比系数为40.5/39.2＝103%。R1～R4室内机与室外机高差为10m，配管等效长度约为40 m；R5～R8室内机与室外机高差为5m，配管等效长度约为30m，室外机在室内机上方。

3. 室外机实际制冷容量计算

根据建筑物所在地气象参数（33℃ DB）、室内设计温度（26℃ DB，18℃ WB）以及室内外机容量配比系数103%，通过差值法，在室外机的制冷容量表中最终查出室外机设计工况下的实际制冷量为38.6kW。

4. 室内机实际制冷容量计算

根据室内、外机的位置，查取R1～R4室内机配管长度及高差修正系数为0.94，R5～R8室内机配管长度及高差修正系数为0.958。每台室内机的最终实际制冷容量见表1-37。

表1-37 室内机的最终实际制冷容量

房号	R1	R2	R3	R4	R5	R6	R7	R8
制冷量/kW	3.22	3.22	4.03	4.03	4.11	5.11	6.48	6.48

5. 室内机更改选型

比较表1-37与表1-35发现，R4房间室内机的最终实际制冷容量小于房间冷负荷，将R4的室内机由DZR-45改为DZR-56，重新计算。

室内机额定制冷总容量为41.6kW。

室内外机容量配比系数为41.6/39.2＝106%。

室外机的实际制冷容量为39.38kW。

每台室内机的最终实际制冷容量见表1-38。

表1-38 室内机的最终实际制冷容量

房号	R1	R2	R3	R4	R5	R6	R7	R8
制冷量/kW	3.20	3.20	4.00	4.98	4.08	5.08	6.44	6.44

6. 室内机最终选型

最终每个房间的室内机型号见表1-39。

表1-39 最终每个房间的室内机型号

房号	R1	R2	R3	R4	R5	R6	R7	R8
型号	DZR-36	DZR-36	DZR-45	DZR-56	DZR-45	DZR-56	DZR-71	DZR-71

7. 室外机最终选型

最终室外机型号为DZR392W/BP。

【实例3】格力R410A冷媒系统配管设计

Y型分歧管如图1-29所示。

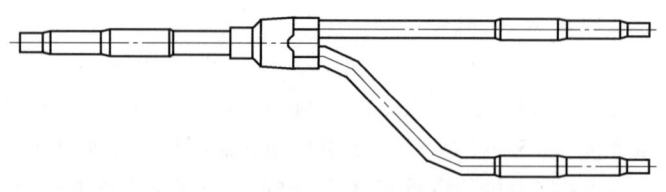

图 1-29　Y 型分歧管

1. Y 型分歧管选型要求（表 1-40）

表 1-40　Y 型分歧管选型要求

	下游室内机容量合计 X/kW	型号
Y 型分歧管	$X \leqslant 200$	FQ01A
	$200 < X \leqslant 300$	FQ01B
	$300 < X \leqslant 700$	FQ02
	$700 < X \leqslant 1350$	FQ03
	$1350 < X$	FQ04

当下游室内机容量之和大于室外机容量时，分歧管以室外机容量进行选取。

对于 FQ03 或 FQ04 分歧管，分歧后两个支路对应的下游容量之比不能超过 3∶1。

举例说明：如需对下游室内机总容量为 1000kW 的管路进行分流，则分流后任何一侧的下游室内机容量之和不能小于 250kW。

2. 室内外机制冷剂配管允许长度和落差（表 1-41～表 1-43）

表 1-41　室内外机容量大于或等于 60kW 机组配管允许范围

		允许值	配管部分（可参考图 1-22）
配管总长（实际长）		500m	$L_1+L_2+L_3+L_4+L_5+L_6+a+b+\cdots+i+j$
最远配管长	实际长度	150m	$L_1+L_3+L_4+L_5+L_6+j$
	相当长度	175m	
第一分歧到最远室内机配管		40m	$L_3+L_4+L_5+L_6+j$
室内机与室外机落差	室外机在上	50m	—
	室外机在下	40m	—
室内机与室内机落差		15m	—

表 1-42　室内外机容量大于或等于 20kW 且小于 60kW 机组配管允许范围

		允许值	配管部分（可参考图 1-22）
配管总长（实际长）		300m	$L_1+L_2+L_3+L_4+L_5+L_6+a+b+\cdots+i+j$
最远配管长	实际长度	100m	$L_1+L_3+L_4+L_5+L_6+j$
	相当长度	125m	

(续)

		允许值	配管部分（可参考图 1-22）
第一分歧到最远室内机配管		40m	$L_3+L_4+L_5+L_6+j$
室内机与室外机落差	室外机在上	50m	—
	室外机在下	40m	—
室内机与室内机落差		15m	—

表 1-43　室内外机容量小于 20kW 机组配管允许范围

		允许值	配管部分（可参考图 1-22）
配管总长（实际长）		150m	$L_1+L_2+L_3+a+b+c+d$
最远配管长	实际长度	70m	$L_1+L_2+L_3+d$
	相当长度	80m	
第一分歧到最远室内机配管			L_2+L_3+d
室内机与室外机落差	室外机在上	30m	—
	室外机在下	25m	—
室内机与室内机落差		10m	—

【实例 4】 相同环境下多个噪声源叠加的声压计算

1. 两个噪声叠加计算

计算两个 60dB 的噪声叠加后的声压值。

计算如下：
$$L_1=L_2=60\text{dB}, \quad L_1-L_2=0$$

查询表 1-19，$\Delta(L_1-L_2)=3\text{dB}$；故声压和
$$L=L_1+\Delta(L_1-L_2)=63\text{dB}$$

所以这两个噪声源叠加后的声压值等于 63dB，与一个噪声源相比，噪声增加了 3dB。

2. 四个噪声叠加计算

计算噪声声压分别为 54 dB、52 dB、39 dB、46 dB 四个噪声叠加后的声压值。

计算如下：

先把四个噪声分两组：$(L_1=54\text{dB}, L_2=52\text{dB})$，$(L_3=39\text{dB}, L_4=46\text{dB})$；

查询表 1-19，$\Delta(L_1-L_2)=2.1\text{dB}$，第一组叠加 $L_{1'}=L_1+\Delta(L_1-L_2)=56.1\text{dB}$；

$\Delta(L_4-L_3)=0.8\text{dB}$，第二组叠加 $L_{2'}=L_4+\Delta(L_4-L_3)=46.8\text{dB}$；

$\Delta(L_{1'}-L_{2'})=0.5\text{dB}$

四个噪声叠加后，声压和
$$L=L_{1'}+\Delta(L_{1'}-L_{2'})=56.6\text{dB}$$

【习题】

一、填空

1. 空调机内安装有 4 个必要部件：压缩机、_____、膨胀阀、_____，它们之间

通过配管连接构成循环回路。

2. 在循环回路中封装有冷却空气的工质（冷媒），冷媒在其中流动循环，这种循环称之为_____。

3. 在空调系统中，通过液态冷媒的汽化吸收周围热量的装置叫作_____。

4. 在空调系统中，通过释放气体中的热量将气体转变成液体的装置称之为_____。

5. 在某些空调系统中，可以用毛细管装置代替_____的功能。

6. 以 R410A 冷媒为例，当制冷循环中的高压压力达到 2.63MPa、温度达到 45℃ 时，或低压压力达到 0.84MPa、温度为 5℃ 时，此时冷媒状态为液体与气体的共存状态，称为_____。

7. 冷媒在一定压力下达到饱和状态时的温度叫作该压力下的_____。

8. 变速型压缩机主要包含交流变频调速和_____两种类型。

9. 数码多联与变频多联的实质区别是：压缩机_____的运转方式不同。

10. 数码多联空调系统，通过压缩机的 PWM 电磁阀（脉冲宽度调节阀）的_____时间，控制数码涡旋压缩机的_____时间，调节压缩机的输出能力。

11. 变频多联空调机组使用变频压缩机，通过压缩机_____来实现容量输出的调节。

12. 交流变频压缩机与定频压缩机的转子是相似的，都属于_____。

13. 直流变频压缩机采用的是_____。

14. 多联机空调系统的配管主要包括_____和冷凝水排水配管。

15. 分歧管的作用是将管道中的_____分流到各个室内机中。按其内部流动介质的状态可分为气管分歧管和液管分歧管。

16. 冷媒配管铜管应采用_____。

二、选择

1. 在多联机空调系统中，冷凝器主要又分为风冷式冷凝器和_____式冷凝器两种。
   A. 冰冷　　　B. 水冷　　　C. 冷媒　　　D. 电热

2. 在空调系统中，将气态冷媒压缩使其压力与温度上升的装置称之为_____。
   A. 压缩机　　B. 蒸发器　　C. 膨胀阀　　D. 冷凝器

3. 以 R410A 冷媒为例，空调系统中，冷媒从冷凝器流向蒸发器过程中，被压缩机加压为饱和压力的冷媒，会通过减压阀等装置，减压至 0.84MPa 左右压力的气态冷媒，这个装置被称作_____。
   A. 压缩机　　B. 蒸发器　　C. 膨胀阀　　D. 冷凝器

4. 空调机中使用的常见冷媒种类有 R22、R407C、_____、R404A、R134a 等。
   A. R400A　　B. R410A　　C. R420A　　D. R430A

5. 制冷循环中的压力有两种。高压压力：压缩机出口→膨胀阀入口，低压压力：_____。
   A. 压缩机出口→膨胀阀入口　　B. 冷凝器出口→蒸发器入口
   C. 蒸发器出口→冷凝器入口　　D. 膨胀阀出口→压缩机入口

6. 在饱和状态以外的状态下，冷媒的温度和压力都一直处于变化之中，其中冷媒的过热和_____是两个最典型的状态。

A. 过高 B. 过低 C. 过冷 D. 过热
7. 数码涡旋类型多联机空调，按压缩机类型分类是_____。
A. 变速型 B. 变容型 C. 热泵型 D. 热气旁通型
8. 格力 GMV 交流变频机组的组成：一个定频压缩机 + 一个_____。
A. 定频压缩机 B. 交流变频压缩机 C. 直流变频压缩机 D. 数码涡旋压缩机
9. 格力 GMV 数码多联机组的组成：一个定频压缩机 + 一个_____。
A. 定频压缩机 B. 交流变频压缩机 C. 直流变频压缩机 D. 数码涡旋压缩机
10. 多联机空调系统按照空气调节需求选型时，对于只需供冷而不需要供热的建筑，可采用_____多联机空调系统。
A. 单冷型 B. 冷热型 C. 热泵型 D. 热回收型
11. 多联机空调系统按照空气调节需求选型时，对于既需要供冷又需要供热且冷热使用要求相同的建筑，可采用_____多联机空调系统。
A. 单冷型 B. 冷热型 C. 热泵型 D. 热回收型
12. 多联机空调系统按照空气调节需求选型时，对于分内、外区且各房间空调工况不同的建筑，可采用_____多联机空调系统。
A. 单冷型 B. 冷热型 C. 热泵型 D. 热回收型
13. 分歧管的等效长度按 Y 型分歧管_____一个、分歧集管_____一个计算。
A. 0.5m B. 0.8m C. 1.0m D. 1.5m
14. 冷凝水排放量的计算一般按照 1 匹的室内机主机_____的冷凝水排水量计算。
A. 1L/h B. 2L/h C. 3L/h D. 4L/h

三、判断

1. 利用空气使冷媒释放热量的冷凝器叫作水冷式冷凝器。（ ）
2. 利用冷水使冷媒释放热量的冷凝器叫作水冷式冷凝器。（ ）
3. 使用压缩机将气态冷媒的温度压力升高到冷媒的饱和压力温度时，可以使冷媒从气态变为液态。（ ）
4. 冷媒在制冷循环回路中流动，循环发生下列变化：从高温高压气态冷媒变成液态，再变成低温低压的液态，然后变成气态。（ ）
5. 空调机通过冷媒的汽化从室外空气中吸收热量，并将吸收的热量通过凝结过程排放到室内。（ ）
6. 作为冷媒，必须具备以下特性：能在低温条件下汽化、易汽化成气体、易液化成液体、汽化时所需汽化热较高、不腐蚀金属、无毒性等。（ ）
7. R407C、R410A 均为非共沸冷媒，具有平衡状态下气相与液相的组分不同的特性。
（ ）
8. 同一空调系统内，蒸发器和冷凝器中的冷媒，在饱和状态下，温度与压力的关系不恒定。（ ）
9. 多联机空调系统控制逻辑采用积木式设计，其制冷系统的一台室外机（或多台并联室外机）连接多台室内机，各室内机不能分别按工况的需要独立操作。（ ）
10. 数码多联空调系统采用数码涡旋压缩机实现容量调节，数码涡旋压缩机属于定频压

缩机，压缩机运转时其频率是一致的。（　　）

11. 模块化数码多联机组，模块化数码多联机组实际上就是将多个数码多联机组串联起来，也就是将它们各自的室外机换热器和室内机换热器分别串联起来。（　　）

12. 室内机的实际功率，在"室内机总功率（制冷、制热）大于室外机功率"的情况下，会大于额定功率。（　　）

13. 配管设计的总体原则就是长度尽可能短。配管管道越长，系统能力衰减就越大。（　　）

14. 静压比较大，自然排水（例如高静压风管机）的室内机，排水配管必须设计安装存水弯头。（　　）

15. 实际需要零静压（直吹）的场所，允许选择带静压的风管机。（　　）

16. 对于高静压风管机必须采用后回风方式，不能采用下回风方式，下回风噪声比后回风噪声高6dB以上。（　　）

四、简答

1. 多联机空调系统（Multi-connected split air conditioing system）的定义。
2. 简述多联机空调系统的工作原理。
3. 简述多联机空调的控制逻辑过程。
4. 数码涡旋压缩机的总能力为10匹，控制工作周期为20s。若要输出5匹的能力，怎么调整负载时间才能输出2匹的能力？
5. 简述多联机的选型计算时要进行哪些负荷能力补正。
6. 请给出室内机选型时的功率补偿计算公式。
7. 请给出室外机选型时的功率补偿计算公式。
8. 请给出冷媒配管长度的计算公式。
9. 某项目室内机选型设计如下：3台2匹的室内机，2台1.5匹的室内机。请计算其合并排水量。
10. 简述排水配管中存水弯头的作用。
11. 计算两个60dB的噪声叠加后的声压值。

单元二

多联机空调基本结构

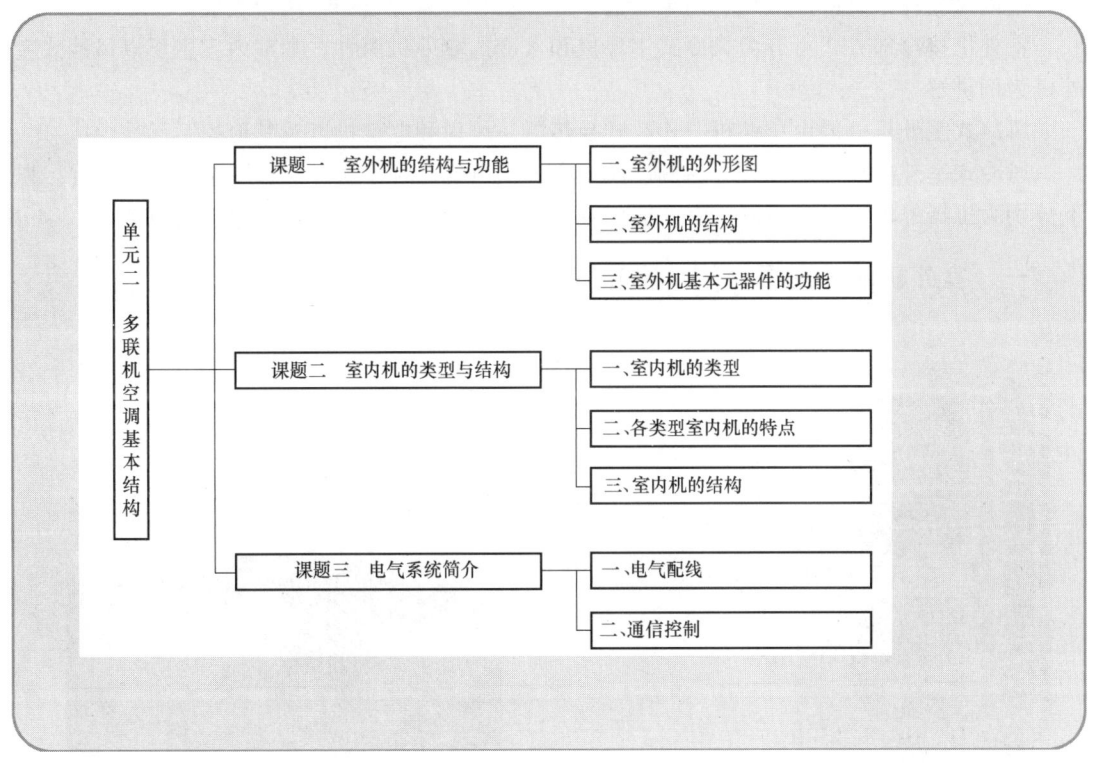

【学习引导】

目的与要求

1. 熟悉常见的多联机室外机的类型和应用特点。
2. 熟悉多联机室外机的结构,能正确识别室外机的主要部件并叙述其主要功能。
3. 熟悉多联机室内机的类型和结构特点,能正确识别室内机的类型和主要部件并叙述其主要功能。

4. 掌握多联机电气配线的组成，熟悉多联机通信控制的原理，能理清其控制方式及过程。

重点与难点

重点：1. 室内机的结构及主要部件的作用。
　　　2. 室外机的结构及主要部件的作用。
　　　3. 多联机的通信控制。

难点：1. 多联机的通信控制。
　　　2. 室外机和室内机的结构组成。

课题一　室外机的结构与功能

【相关知识】

多联机空调系统主要由室外机、室内机、连接管路以及控制系统组成。

室内风循环系统由回风口、回风管道、静压箱、送风管道和送风口组成。

室外机按冷却方式可分为风冷式室外机和水冷式室外机两种，本节内容主要以风冷式室外机为例讲解。

风冷式室外机一般由压缩机、翅片式换热器、风扇和电动机以及其他控制元件组成。

风冷式室外机按出风方式分为侧出风式和上出风式两种，各厂家机型结构大同小异，以下分别为机器外形图、内视图、爆炸图以及主要零部件安装位置及基本用途示意图。

一、室外机的外形图（图2-1和图2-2）

图2-1　侧出风多联机外形图

图2-2　上出风多联机外形图

二、室外机的结构

1. 室外机内视图（图2-3~图2-5）

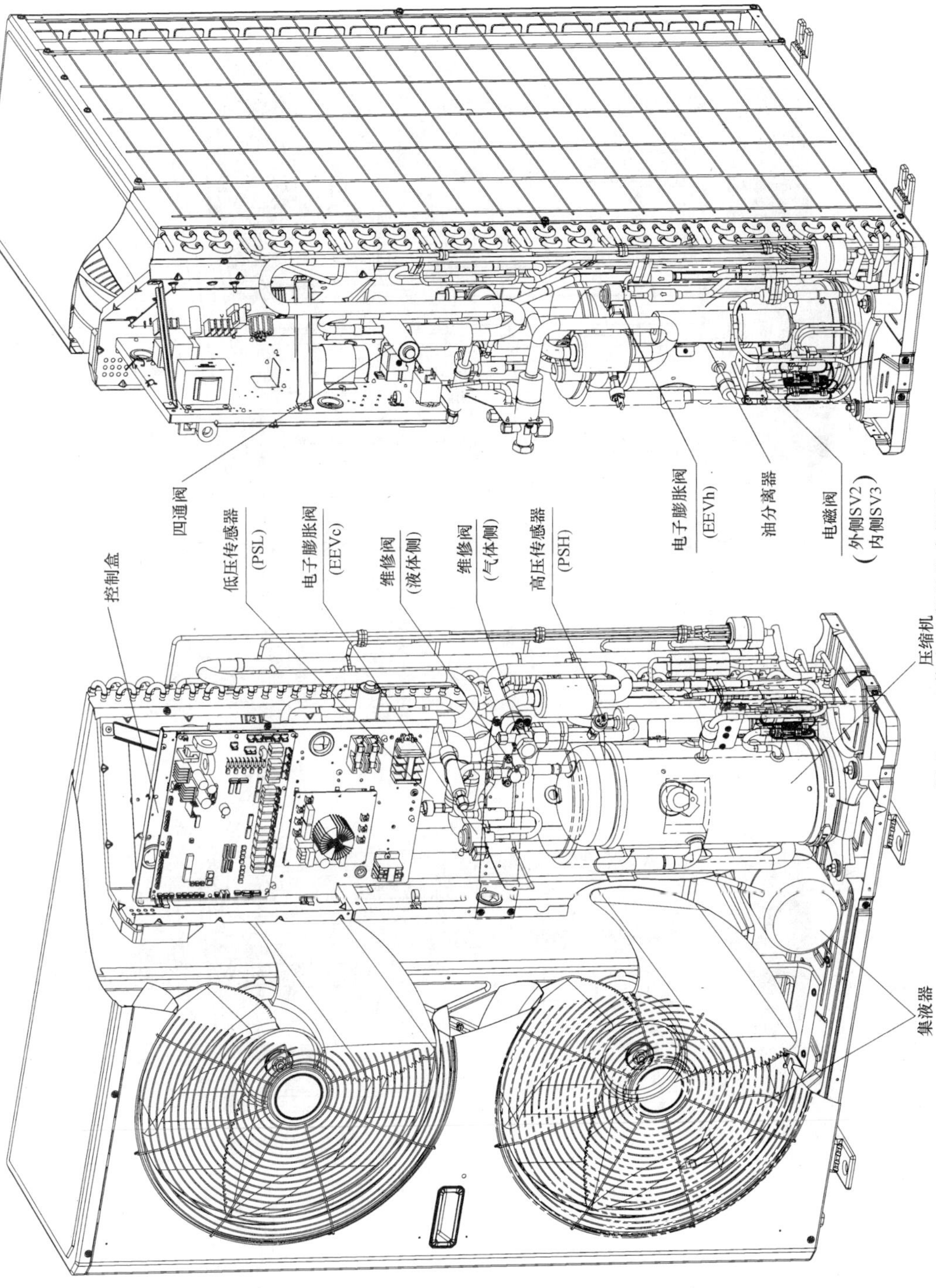

单元二 多联机空调基本结构

图 2-3 三菱小型多联机内视图

控制盒
四通阀
低压传感器（PSL）
电子膨胀阀（EEVc）
维修阀（液体侧）
维修阀（气体侧）
高压传感器（PSH）
电子膨胀阀（EEVh）
油分离器
电磁阀（外侧SV2）（内侧SV3）
压缩机
集液器

39

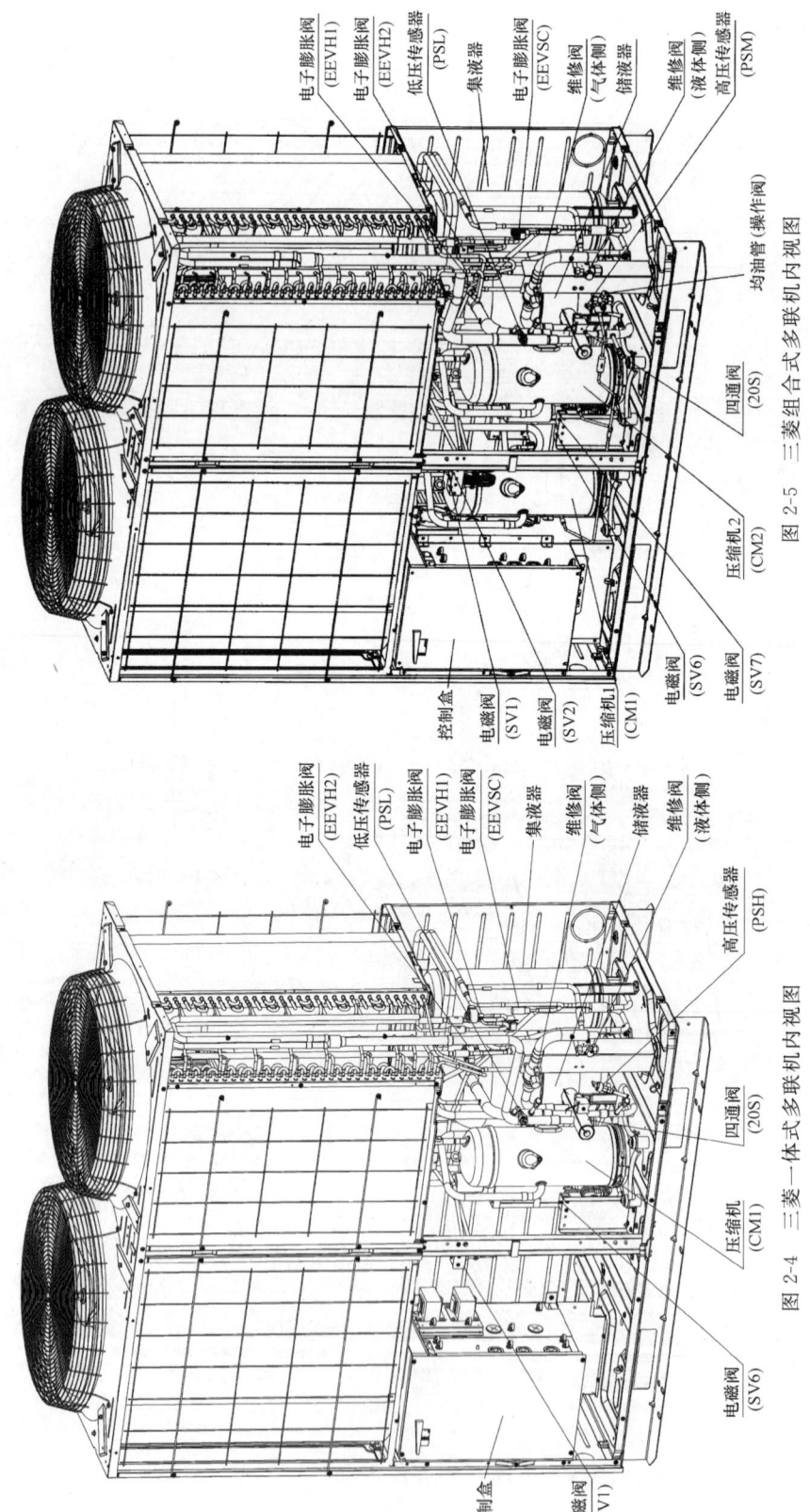

图 2-5 三菱组合式多联机内视图

图 2-4 三菱一体式多联机内视图

2. 室外机爆炸图（图 2-6 和表 2-1）

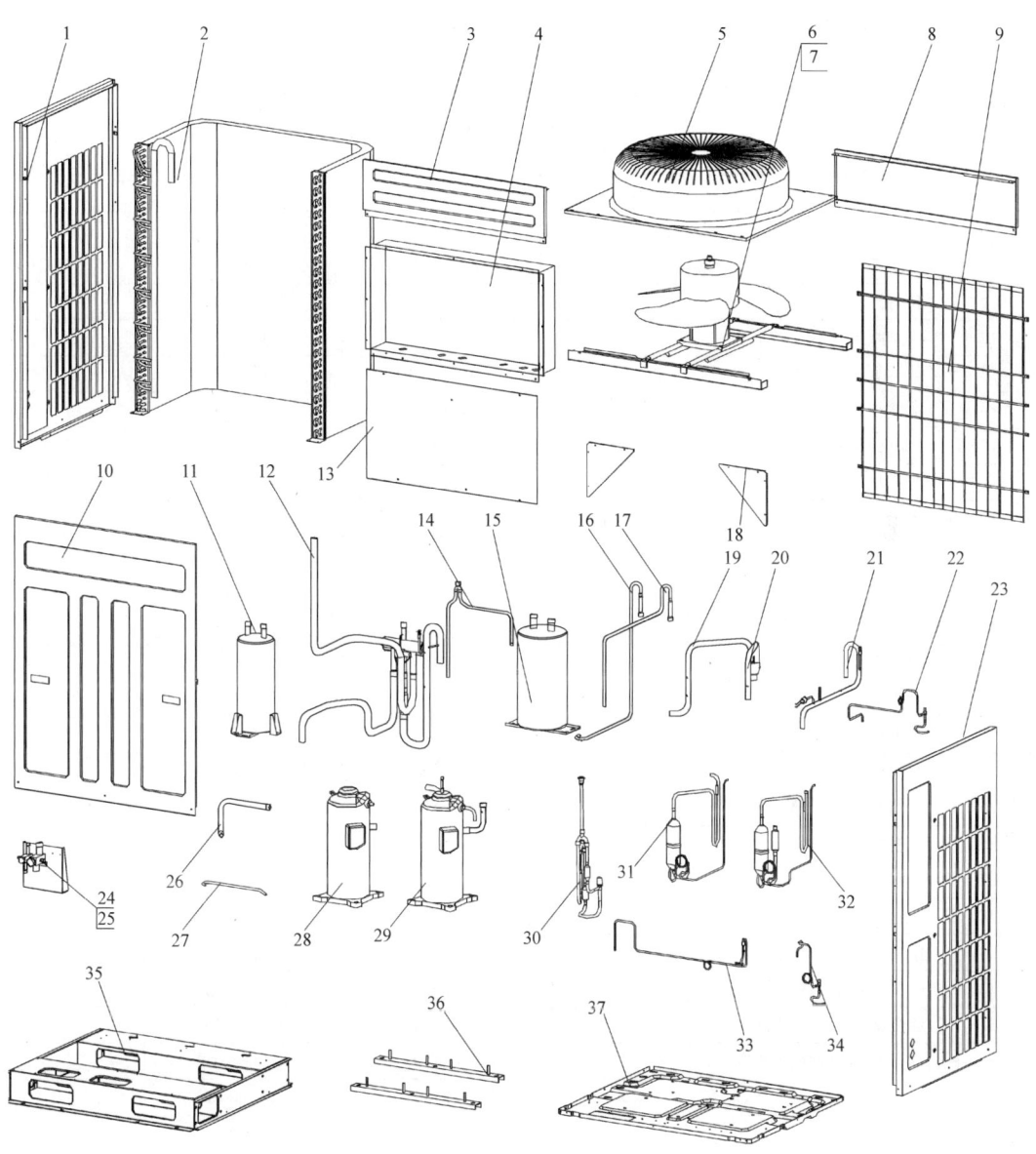

图 2-6　格力 GMV-R300W2/B 室外机爆炸图

表 2-1　格力 GMV-R300W 零部件清单

序号	名称	GMVL-R300W2/B 编码	GMV-R300W2/B 编码	数量
1	左侧板组件	01314301P	01314301P	1
2	冷凝器部件	01124615	01124605	1
3	前面板 1	01538736	01538736	1
4	电器盒组件	01394671P	01394671P	1

(续)

序号	名称	GMVL-R300W2/B 编码	GMV-R300W2/B 编码	数量
5	导流罩（灰色）	22265801	22265801	1
6	风叶（黑色）	10355801	10355801	1
7	电动机部件	15404601	15404601	1
8	后盖板	01258737	01258737	1
9	后隔栅	01238740	01238740	1
10	前面板 2	01538734	01538734	1
11	双向储液罐	07228765	07228765	1
12	四通阀组件	—	04144602	1
13	电器盒盖	01414309	01414309	1
14	排气管组件	04634135	04634135	1
15	汽液分离器	07228768	07228768	1
16	副冷却出管	04614621	04614621	1
17	连接管（小阀门）	05034602	05034602	1
18	支撑三角	01794701	01794701	2
19	吸气管（定容压缩机）	04654160	04654160	1
20	吸气管	04654149	04654149	1
21	连接管组件	04634108	05024125	1
22	液旁通组件 2	07138831	07138831	1
23	右侧板	01318759	01318759	1
24	大阀门组件	07109067	07109067	1
25	小阀门组件 1	07304102	07304102	1
26	气平衡管 2	06114113	06114113	1
27	油平衡管	06114115	06114115	1
28	压缩机及其配件 ZR72KC-TFD-420	00108705	00108705	1
29	压缩机部件（数码）	00234101	00234101	1
30	电子膨胀阀组件	—	07138830	1
31	油分离器组件（定频）	07424109	07424109	1
32	油分离器组件（数码）	07424108	07424108	1
33	液旁通阀组件 1	07138841	07138841	1
34	气旁通阀组件	07139070	07138819	1
35	底座组件	01284609	01284609	1
36	压缩机安装梁组件	01324129P	01324129P	2
37	底盘组件	0128460201	0128460201	1

三、室外机基本元器件的功能（表 2-2）

表 2-2　室外机基本元器件的功能

名称	主要功能
压缩机	变频压缩机通过变频器输入各种频率而变速运行，定频压缩机只能在固定电源下固定转速工作

（续）

名称	主 要 功 能
油气分离器	进行油气分离，保证压缩机回油正常充足
高压储液罐	存储系统中多余的冷媒，调节冷媒循环量
气液分离器	进行气液分离，保证压缩机正常工作，防止压缩机液击
四通阀	系统制冷制热时，冷媒流向的切换
单向阀	为冷媒提供单向流通路径，同时阻止制冷剂反向流动
高压开关	防止压缩机排气压力过高，损坏压缩机，动作压力为 4.2MPa，恢复压力为 3.0 MPa
低压开关	对压机进行低压保护，动作压力为 0.08 MPa，恢复压力为 0.15 MPa
高压压力传感器	用来实时检测系统工作压力，调节风机转速，控制室外机液旁通等流路的开关
低压压力传感器	用来实时检测系统工作压力，调节风机转速，同时控制室外机液旁通等流路的开关
室外电子膨胀阀	室外机有两个并列的一模一样的电子膨胀阀，在系统制冷、制热运行时调节系统冷媒循环量
模块电磁阀	用于截止模块冷媒
液旁通电磁阀	用于防止压缩机排气温度过高
变频压缩机卸荷电磁阀	用于保护变频压缩机
回油电磁阀	用于对模块的回油流路进行控制
均油电磁阀	用于平衡系统中各运行模块的压缩机润滑油
压缩机排气温度传感器	用于对压缩机的排气温度进行实时检测，对压缩机进行保护
环境温度传感器	实时检测环境温度，为系统运行控制提供依据
冷凝器温度传感器	实时检测系统冷凝器温度，并提供相应的保护
扇叶、电动机	通风

【典型实例】

【实例1】 室外机命名规则

各厂家多联机空调系统室外机命名规则各不相同，本实例以格力、三菱及志高为例说明。

1. 三菱 KX4 系列多联机室外机命名规则（图 2-7）

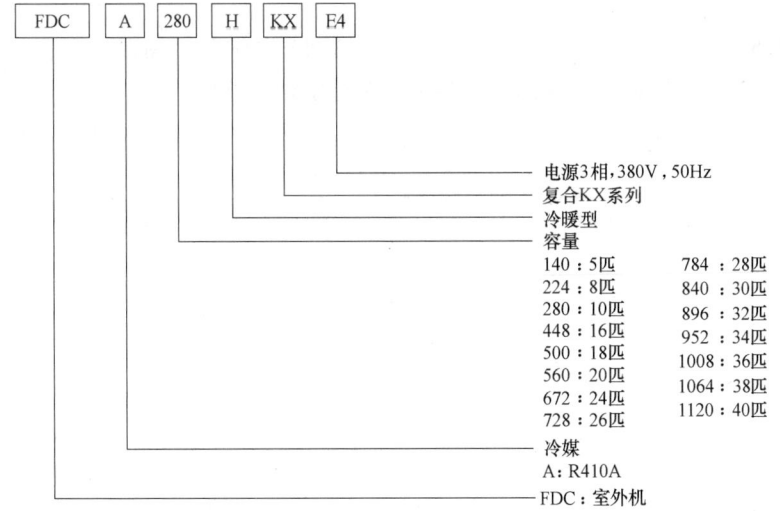

图 2-7　三菱 KX4 系列多联机室外机命名规则

2. 格力多 GMV 系列多联机室外机命名规则（图 2-8）

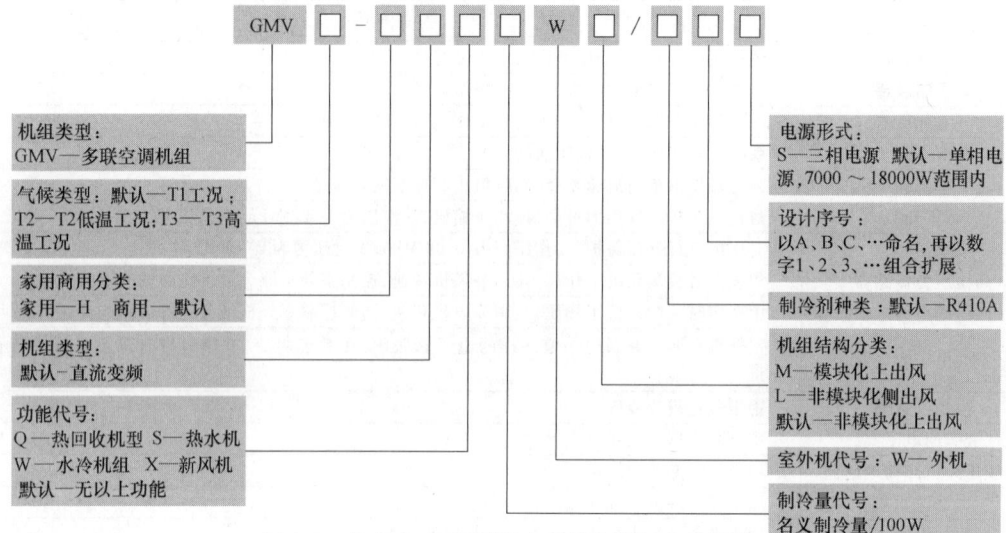

图 2-8　格力多 GMV 系列多联机室外机命名规则

型号示例：

GMV-R300W2/B：表示有两个压缩机名义制冷量为 30kW 的 B 系列数码多联热泵型空调室外机。

GMV-RM900W3/D：表示有三个室外机模块名义制冷量为 90kW 的 D 系列模块化数码多联热泵型空调室外机。

GMV-PdM280W/Na：表示机组名义制冷量为 28kW 的模块化直流变频多联 R410A 工质热泵型空调室外机。

GMV-R100W/H：表示名义制冷量为 10kW 的 H 系列数码多联热泵型空调室外机。

GMV-Re150W/S：表示名义制冷量为 15kW 的三相电低温热泵数码多联空调室外机。

GMV-Pd160W/NaS：表示名义制冷量为 16kW 的 R410A 工质三相电直流变频多联热泵型空调室外机。

GMVL-P125W2/J：表示双压缩机名义制冷量为 12.5kW 的智能变频多联单冷型空调室外机。

3. 志高 CMV-[V] 直流变频模块式多联机室外机命名规则

以型号 CMV-V280WSAM 和 CMV-V280WSA 为例，从左至右各字母和数字的意义见表 2-3。

表 2-3　从左至右各字母和数字的意义

代码	代码意义
CMV	志高多联机品牌标志
V	直流变频（A 为交流变频）
280	×100W = 室外机标称能力，280 表示室外机标称制冷量为 28kW
W	表示为室外机
S	表示电源规格代号，S 表示 380V 三相交流电，默认表示 220V 单相交流电
A	冷媒代号，A 代表 R410A 冷媒，C 代表 R407C 冷媒，E 表示 R134A 冷媒；R22 省略不写
M	表示模块化多联机，以区分单机式机型和模块式机型；不带"M"表示为单机式机型，不可多台并联；带"M"表示为模块式机型，可以多台室外机并联

【实例 2】 三菱 KX4 系列室外机的特点

以三菱 FDCA140HKXEN4 室外机为例说明。

1. 采用新冷媒 R410A

采用使臭氧层破坏系数为零的新型冷媒 R410A。R410A 属于模拟共沸型冷媒，所以它的气液二相的成分变化小，可以在现场添加冷媒。

2. 节能性

户式环保中央空调通过采用配有直流电动机的高效率压缩机以及直流变频器技术，与传统机型相比，COP（能效比）从 2.43 提高到 3.60，提高 48%（5 匹机型比较），如图 2-9 所示。

3. 紧凑性

以崭新的设计，使风扇的送风方向从斜向改为横向送风，机体体积减小 22%。特别是机体的进深尺寸从传统机型的 600mm 大幅减小为 370mm，实现了超薄化。在公寓阳台等较小的地方也能容易施工安装。

质量大幅减小。由传统机型的 150kg 降低至现在的 125kg，配合尺寸面的减小，使得机体的放置与安装时的搬运变得更加容易。

三菱 KX4 系列室外机结构紧凑示意图如图 2-10 所示。

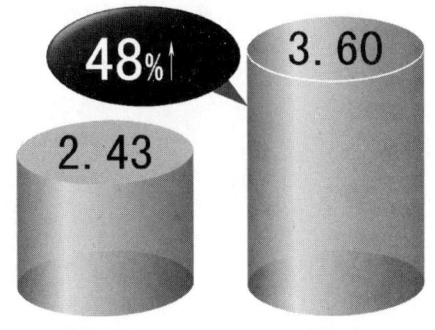

图 2-9 三菱 COP 比较示意图

4. 高效率性

通过涡壳的最优化设计，可降低泄漏损失以及推力轴承传动损失，提高支持效率和机械效率，如图 2-11 所示。

另外，在电动机转子的铁心内部埋入了钕磁石，通过框架力+磁阻扭矩的复合效果，在低速摆动区域也可提高效率。而且，通过采用高效率 IPM 电动机+电动机的高电压驱动，即使在变频器中也能把损失控制在最小范围内。

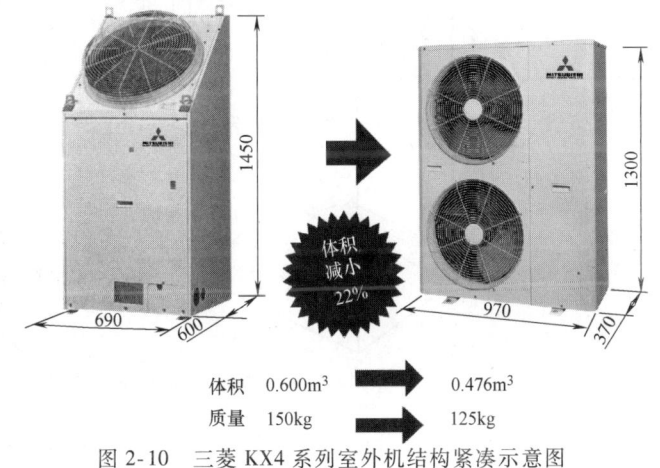

图 2-10 三菱 KX4 系列室外机结构紧凑示意图

5. 冷媒免充与长配管设计

户式环保型中央空调实现了在施工时无需填充冷媒的系统。降低了冷媒费用和冷媒填充作业时的人工费用，可防止因冷媒不足引起的故障发生，实现了空调的高可靠性。三菱 KX4 系列室外机长配管设计示意图如图 2-12 所示。

【实例 3】 格力 GMV 系列室外机的特点

1. 数码多联机组

（1）先进的 PWM 容量可调压缩机技术

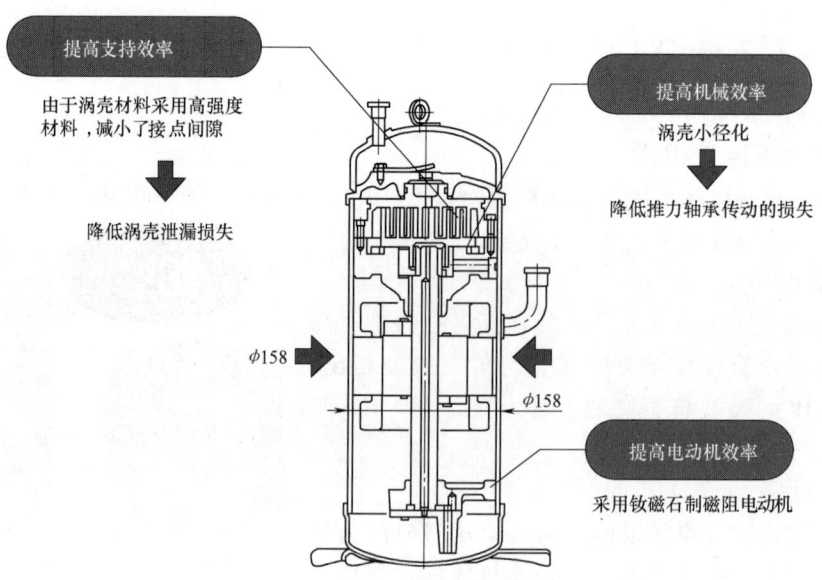

图 2-11 三菱 KX4 系列室外机高效示意图

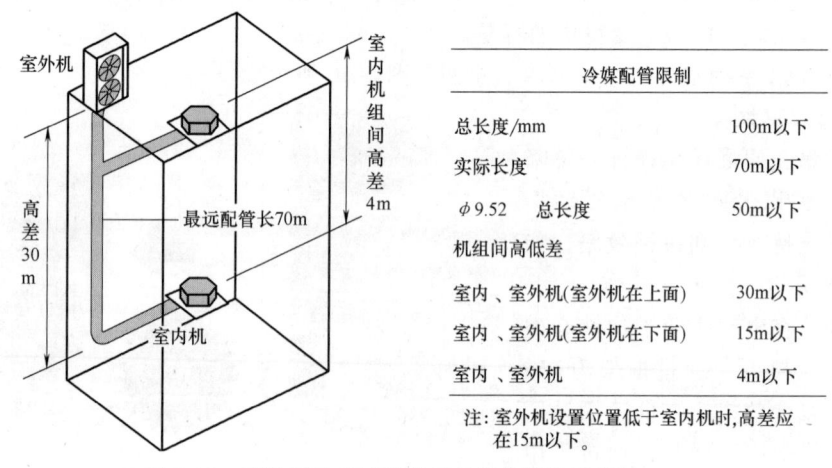

图 2-12 三菱 KX4 系列室外机长配管设计示意图

1）GMV 系统的容量调节采用新型数码涡旋压缩机技术，通过改变压缩机卸载/负载比率，实现从 10%～100% 范围内的容量无级调节。

2）PWM（Pulse-Width Modulation）数码容量调节电磁阀通过压力控制压缩机轨道涡旋盘和固定涡旋盘的离合，从而实现卸载/负载的目的。

（2）高效节能

1）数码多联机组在部分负荷运行时保持较高的能效比，并引入 PID（比例-积分-微分）自适应调节控制方式，在满足环境温度调节的需求并且保证系统稳定性的基础上找到最适合的压缩机能力输出。

2）室外机的负荷率按运行中的室内机的数量和容量来自动控制，采用先进的高灵敏度温压网络控制系统结合智能化温度控制技术，使系统能够感应室内冷、热负荷的变化而及时精准地控温,使室内温度场分布均匀并避免了室内温度的波动。

(3) 稳定可靠

1) 在负载10%的情况下数码多联系统仍然可以长时间连续稳定运行,确保机组适应任何的室内负荷需求。

2) GR系列数码多联机组所采用的数码压缩机具有更好的电磁兼容性,没有EMC/EMI(电磁兼容)问题。

3) 通过使用气旁通和液旁通确保压缩机始终处于最佳的运行状态,保证了压缩机及机组运行的可靠性。

(4) 小型化壳体,安装方便 家用一拖多H系列机型的小壳体化设计(宽950mm×深340mm×高1250mm)则更有利于机组安装,受安装场所空间限制更小;家用一拖多H系列机型考虑主要应用在家居场所,考虑长连管时的冷媒追加操作不便,因此在设计上考虑了在系统制冷液侧配管总长度小于30m时,系统无需额外追加冷媒。

(5) 家用设计,成本低廉 针对家居环境设计,机组可在一定温度范围(室外温度:制冷为10~48℃;制热为-15~27℃)连续可靠运行,可最大范围满足家用性能需求,另外采用优化设计室外机风叶使得机组振动更小、噪声更低,对周围噪声环境影响更小,采用先进的高压计算方法替代压力传感器大大降低了成本。

2. 智能变频机组

智能变频空调机组是格力专门针对家庭用户设计的家用中央空调机组,是根据当今的主要户型:两室一厅(两室两厅),三室一厅(三室两厅)和四室两厅等进行设计的,能够适应各房间的不同使用特性。机组分为变频系统和定频系统:变频系统则主要用于冷(热)负荷变化较大的卧室等空间;定频系统主要用于冷(热)负荷变化不大的客厅等空间。该系列机组集智能化、人性化和经济性为一体,不仅能够实现各房间单独设定、精确控制,使用户在家里同样享受中央空调的舒适、高档,而且相较于中央空调其经济性显而易见,安装也更为方便。智能变频空调机组室内机与格力智能变频多联空调机组室内机配合使用,各种产品型号、各式大小的室内机齐全,因此用户可以根据不同房间的用途及装修风格选择不同形式的室内机。

GMV智能变频多联空调机组是为高级时尚用户精心打造的一款家用中央空调产品,它具有以下特点:

(1) 性价比高 该产品将定频系统和变频系统有机地结合在一起,既解决了机组低负荷运行时变频机能效比低的问题,又提高了产品的可靠性,同时又可降低机组成本。

(2) 智能控制、方便舒适 能够精确控制每个房间的温度,保持房间温度在设定温度±0.5℃范围内波动。传统的家用空调房间温度无法精确控制,房间温度波动很大。

(3) 可根据实际需求快速制冷、制热 起动时,压缩机根据室内机开机情况高频运转,迅速达到设定温度。到达设定温度后,系统会灵敏地根据环境变化自动调节压缩机的频率和能量输出,更省电节能。

(4) 空间矢量脉宽调制(SVPWM) 首次将空间矢量脉宽调制应用在空调器的驱动上,根据电压空间矢量在圆形旋转磁场中的位置来计算脉冲系列的脉宽。

(5) 高效率的空间利用和安装 与传统的家用空调相比,可节省多个室外机,与传统的家用户式中央空调相比,无需安装复杂的水管路系统、无需二次换热,安装简单、维修方便,换热效率高。

（6）精确的冷媒分配控制系统　GMV 的微型计算机控制系统可通过对每个室内机电子膨胀阀的精密控制达到科学冷媒分配效果，在保证高效节能的前提下能同时满足所有室内机的不同需要，真正实现了各台室内机在 GMV 大家庭里的"各尽所能，按需分配"。

课题二　室内机的类型与结构

【相关知识】

一、室内机的类型

多联机空调系统的室内机型式较多，常见型式有嵌顶式室内机、风管式室内机、壁挂式室内机、吊顶式室内机等，如图 2-13~图 2-20 所示。

图 2-13　四向嵌顶式室内机

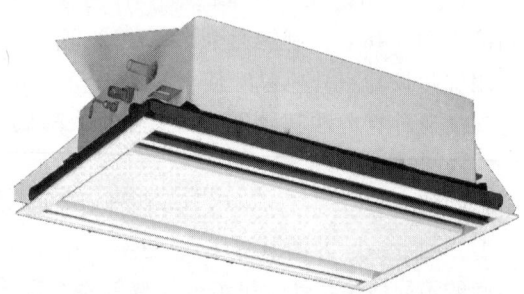

图 2-14　双向嵌顶式室内机

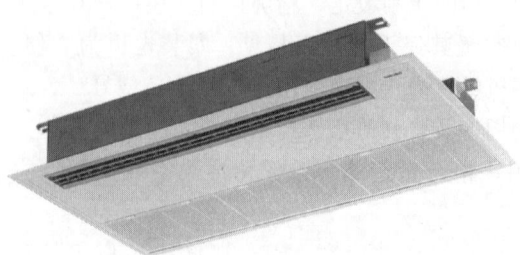

图 2-15　单向嵌顶式室内机

图 2-16　超薄型、低静压风管式室内机

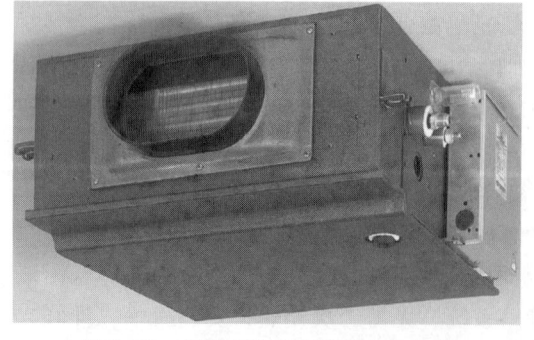

图 2-17　小型中等静压风管式室内机

图 2-18　高静压大容量风管式室内机

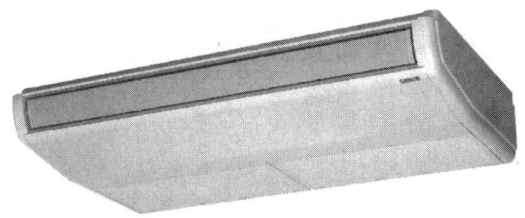

图 2-19　吊顶式室内机

图 2-20　壁挂式室内机

二、各类型室内机的特点

以三菱 KX4 多联机系列室内机为例，其特点及选择要点见表 2-4。

表 2-4　三菱 KX4 系列各类型室内机的特点及选择要点

系列	优点	缺点	处理办法
四向嵌顶式（FDTA）	1. 可设置在房间的中央位置，可获得较好的空气调节效果。 2. 4 方向吹风，风的分布很好	需要注意天花板部分，不要短路（天花板超过 3m 时）	设置循环器
双向嵌顶式（FDTWA）	1. 可设置在房间的中央位置，可获得较好的空气调节效果。 2. 比 4 方向吹风速度快，因此风的到达距离较远（天花板最高可为 5m）	对于小型机器，与 4 方向吹风相比，噪声稍大	尽量避免在卧室使用
小型单向嵌顶式（FDTQA）	1. 主机较为紧凑，即使小房间也可顺利安装 2. 弱模式下较 FDTSJ 安静 3. 吹风根据面板的变更，可选择直吹或者管道中的任一种	1. 天花板内部较 FDTSJ 稍大（250mm 以上） 2. 无大容量系列	
单向嵌顶式（FDTSA）	1. 可设置在房间的中央位置，可获得较好的空气调节效果。 2. 比 4 方向吹风速度快，因此风的到达距离较远（天花板最高可为 7m） 3. 也可在天花板内部较为狭窄的地方使用（200mm 以上）	1. 设置在房间中央时风的分布不佳 2. 天花板内部为 200mm 时，上行排水管的最大高度为 200mm	1. 尽量避免在卧室使用 2. 建议装在角落 3. 须考虑排水管配管施工
嵌顶风管式（FDRA）(8mmAq)	可直接安装吸气面板，施工简单	比 FDUMJ 噪声大	噪声较大时，可切换到低速模式使用
小型中等静压风管式（FDQMA）(3mmAq)	1. 可在中小空间使用，噪声低（最适合卧室等使用） 2. 天花板内部需要 250mm 以上的空间方可安装	机型仅为 3.6kW 级（仅在 36m² 以下的空间使用）	须考虑排水配管施工
超薄型、低静压风管式（FDQMA-Q）	薄型、机箱高度为 180mm，适用于天花板空间小的住宅大楼	与 FDQMA 相比出风量多，需要调整机外静压来抑制噪声	在通风管道中设置消声器
高静压大容量风管式（FDUA）(20mmAq)	1. 适用于大空间，为高级空调 2. 风量调节可根据管道的长度，持续可变 3. 容易吸入外部空气	天花板内部尺寸较其他的系列要高。未安装上行排水装置	
中静压风管式（FDUMA）(9mmAq)	适用于中小空间，为高级空调	1. 难以提供较低风量 2. 天花板内部需要 360mm 以上	最好避免在卧室设置短导管

（续）

系列	优点	缺点	处理办法
嵌顶、暗装两用风管式（FDURA）（13mmAq）	1. 为中静压型，因其静压较高，可使用长导管 2. 可从下方或者后面选择吸气口 3. 带空气过滤器	难以提供较低风量	噪声较大时，可切换到低速模式使用
吊顶式（FDEA）	1. 安装施工简单，可后挂 2. 与壁挂式相比，种类系列较多，有大容量机型	因无上行排水管，无法进行天花板内部处理	
壁挂式（FDKA）	与家用空调一样施工简单	1. 缺乏带给用户高级感受的外观 2. 不可上行排水	

三、室内机的结构

多联机室内机型式虽然很多，但主要结构类似，主要由接水盘、换热器、盖板、风机安装板、风机、电动机、电器盒支架、电器盒、电子膨胀阀等部件组成。格力 GMV 系列室内机的爆炸图如图 2-21~图 2-23 所示。

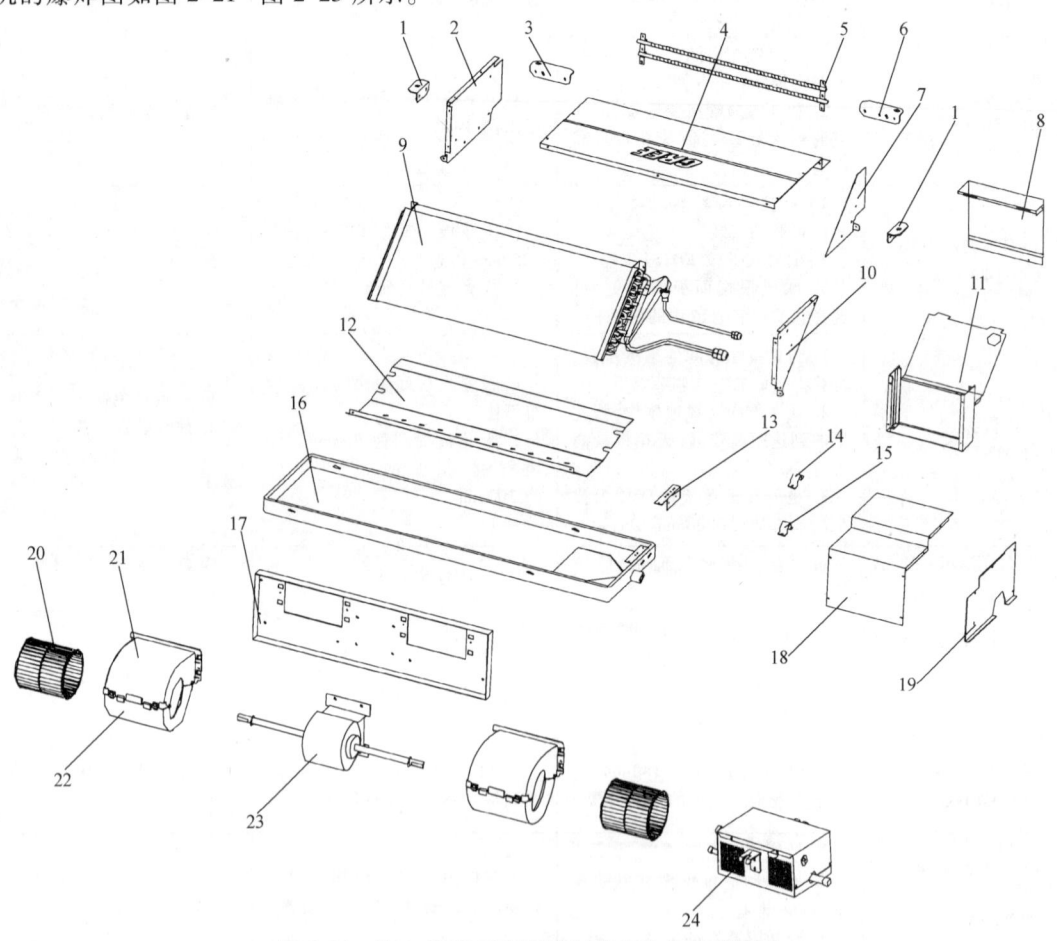

图 2-21　格力 GMV 系列超薄风管室内机的爆炸图

1、3、6—吊钩安装板　2—右端板　4—上盖板　5—辅助电加热部件　7、10—左端板　8、19—封板　9—蒸发器部件　11—电器盒组件 1　12—底盘　13—管夹固定支板　14、15—管夹　16—接水盘部件　17—风机安装板组件　18—电器盒盖　20—离心风叶　21—前蜗壳　22—后蜗壳　23—电动机 FG20D　24—电子膨胀阀部件 DZ14B

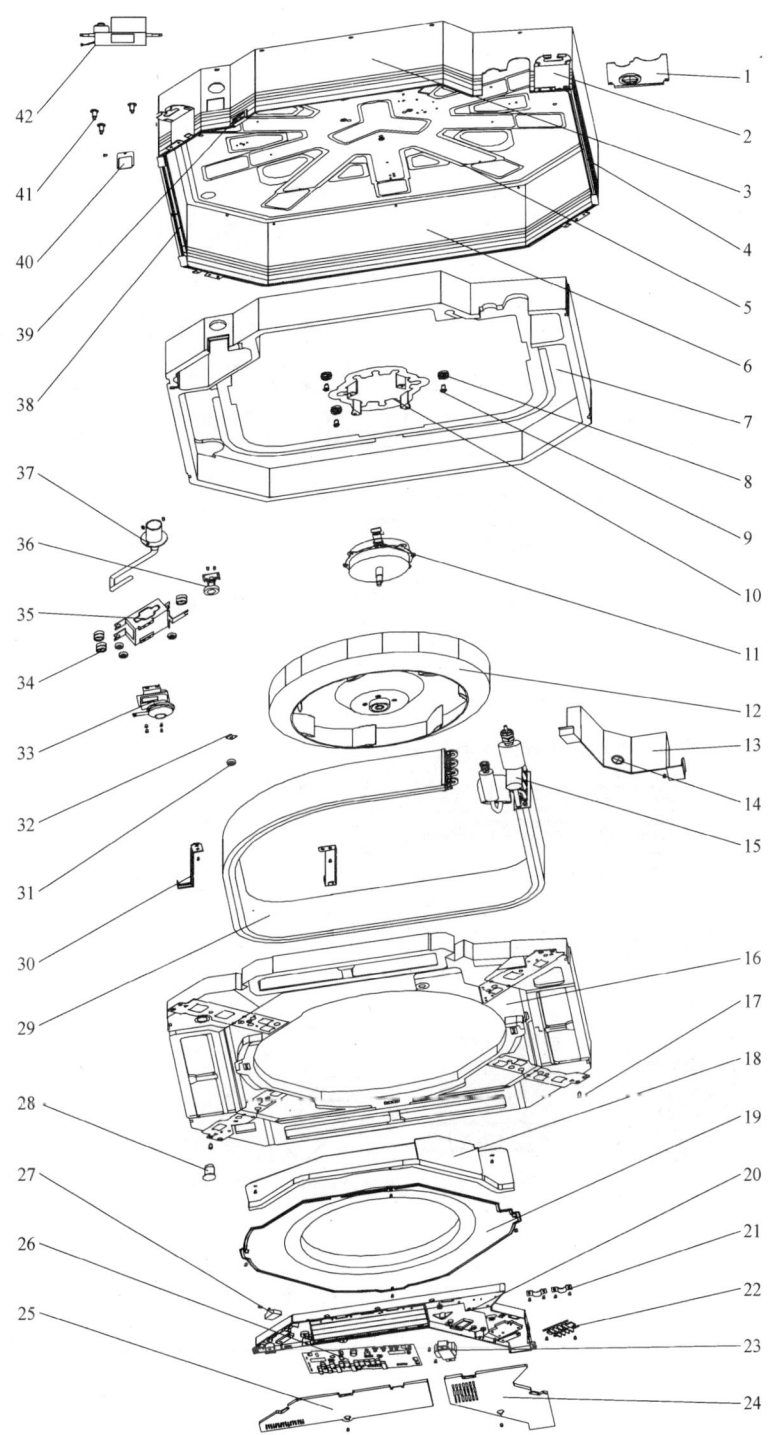

图 2-22 格力 GMV 系列四向嵌顶式室内机的爆炸图

1—出管口板 2—主体安装板 3—前侧板部件 4—左侧板部件 5—底板 6—后侧板部件 7—底板泡沫 8—电动机橡胶垫 9、41—螺栓 10—电动机固定架 11—电动机 FN35D-1 12—离心风叶 13—蒸发器连接板 14—过线胶圈 15—集气器组件 16—接水盘 17—带垫自攻螺钉 18—电器盒底板 19—导流圈 20—电器盒 21—固线夹 22—接线板 T360B 23—电源变压器 24、25—电器盒盖 26—主板 Z6335F 27—电容 28—橡胶塞 29—蒸发器 30—蒸发器固定架 31—带垫螺母 M6 32—螺栓组合件 33—水泵 PJV-1415 34—水泵橡胶垫 35—水泵安装架 36—液位开关 37—水泵排水管 38—右侧板部件 39—过线胶块 40—水泵备用盖板 42—电子膨胀阀部件

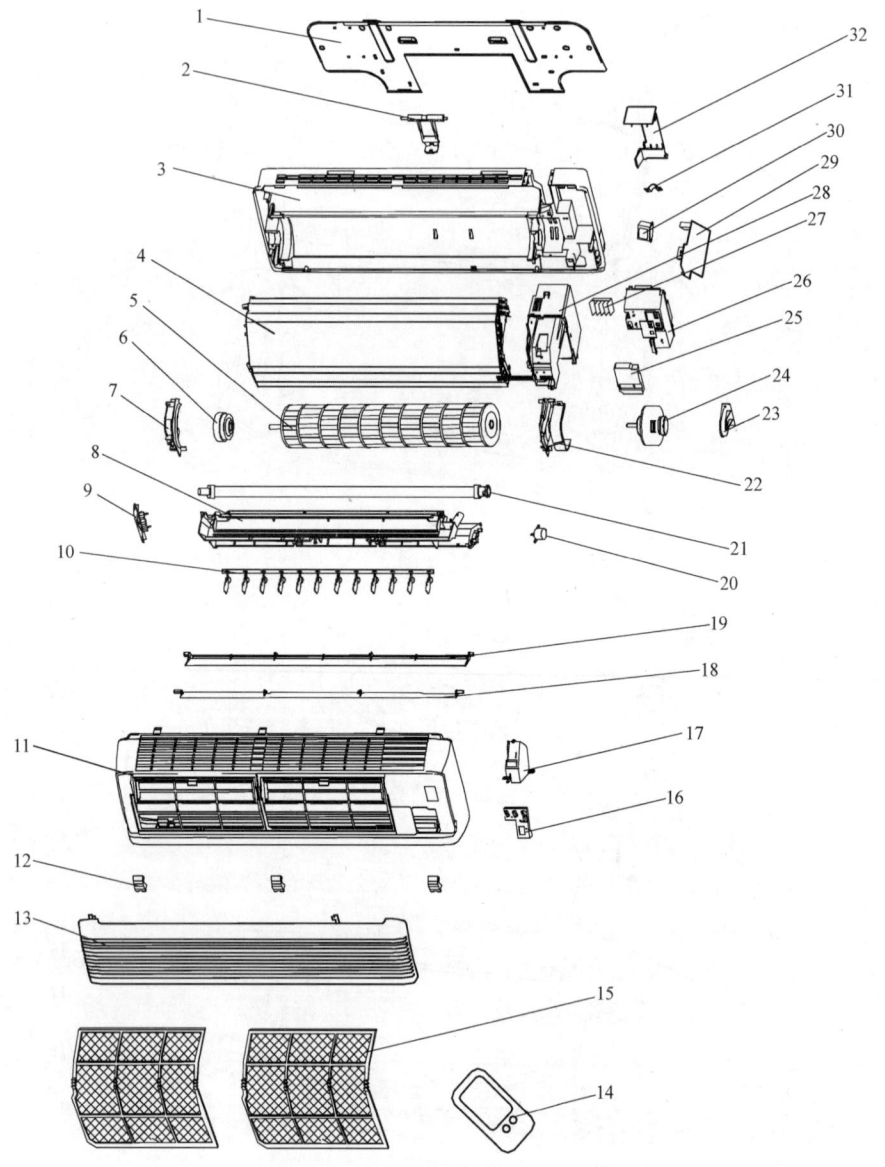

图 2-23 格力 GMV 系列壁挂式室内机的爆炸图

1—壁挂板 2—卡管板 3—底壳组件 4—蒸发器部件 5—贯流风叶 6—轴承胶座 7—电动机左卡板
8—接水盘 9—导风电动机齿轮组 10—圆孔叶片、扫风连杆、方孔叶片 11—面板体组件 12—螺钉盖
13—面板组件 14—遥控器 Y502 15—过滤网 16—接收板 JD 17—灯板支架 18—小导风板
19—大导风板 20—步进电动机 MP24GA 21—排水管 22—电动机右卡板 23—轴承座 24—电动机 FN7E
25—电器盒顶盖 26—电器盒盖板 27—接线板 GT4A3A4 # 28—电器盒 29—主板
30—电源变压器 48X26G 31—压线片 32—后板卡板

【典型实例】

【实例1】 室内机命名规则

各厂家多联机空调系统室内机命名规则也各不相同，本实例以格力、三菱及志高为例

说明。

1. 三菱 KX4 系列多联机室内机命名规则（图 2-24）

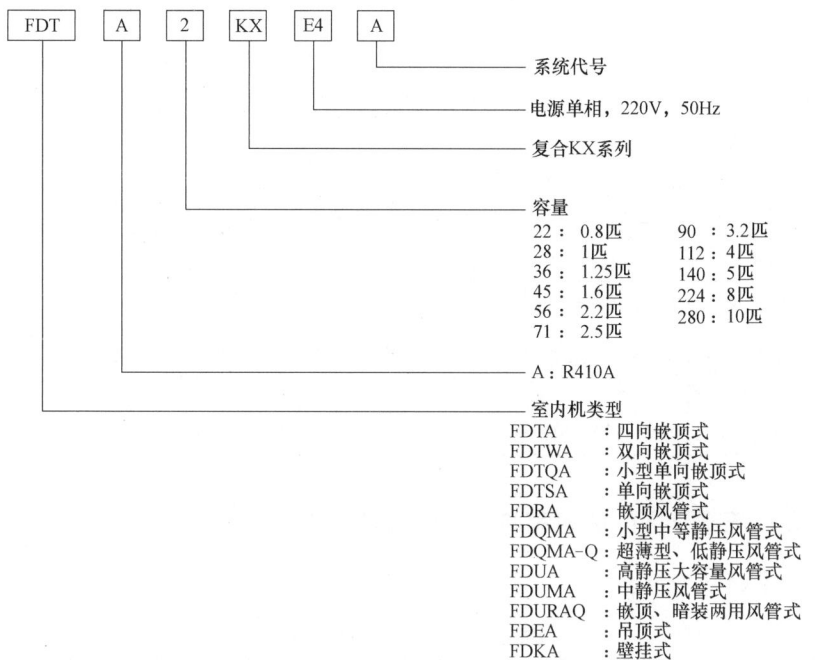

图 2-24　三菱 KX4 系列多联机室内机命名规则

2. 格力多 GMV 系列多联机室内机命名规则（图 2-25）

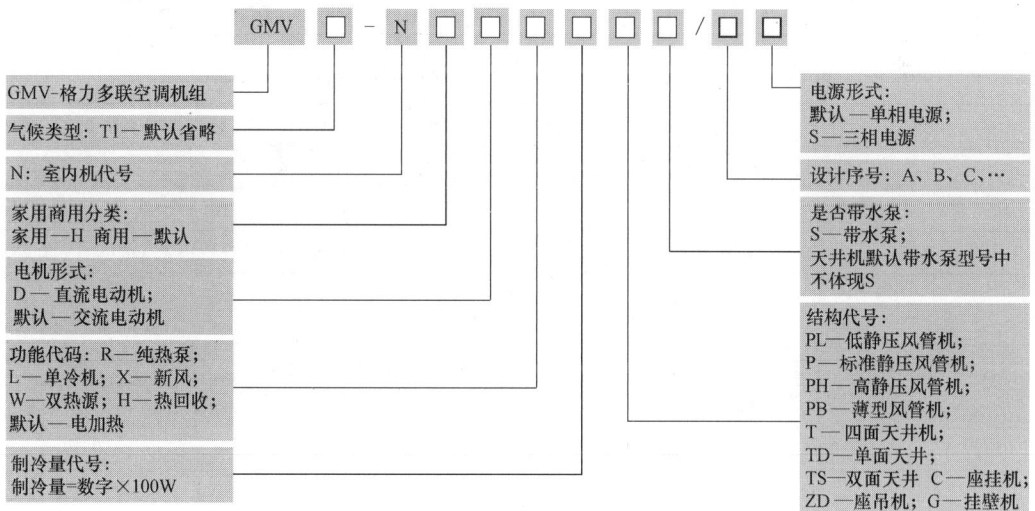

图 2-25　格力多 GMV 系列多联机室内机命名规则

型号示例：

GMVL-R71P/H：表示名义制冷量为 7100W 的 R 系列风管式单冷型多联空调室内机。

GMV-R112T/NaS：表示名义制冷量为 11200W 的 R 系列三相电源四面出风天井式热泵型 R410A 工质多联空调室内机。

GMV-J50G/D：表示名义制冷量为5000W的J系列单相电源挂壁式热泵型多联空调室内机。

3. 志高CMV-[V]直流变频模块式多联机室内机命名规则

志高CMV-[V]直流变频模块式多联机所配置的室内机命名规则。

机型CMV-28LD和CMV-28G（M84）中所有字母及数字的意义从左至右的意义见表2-5。

表2-5 志高CMV-[V]室内机命名规则

代码	代码意义
CMV	志高多联机品牌标志
28	室内机标称能力码，28表示额定制冷量为2800W
LD	室内机型号码：LD表示座吊机，Q表示天花机，F1表示低静压风管机，G表示挂壁机，F2表示中静压风管机，F3表示高静压风管机
(M84)	室内机的款式代码，表示室内机机型的外观款式，当室内机有多种外观款式，以示区分

【实例2】三菱KX4系列室内机的运转特性

典型三菱KX4系列室内机的运转特性见表2-6~表2-9。

表2-6 四向嵌顶式FDTA

机型 项目	FDTA							
	28	36	45	56	71	90	112	140
功耗/kW	0.05			0.05	0.06	0.10	0.20	0.23
工作电流/A	0.23				0.32	0.46	0.90	1.03

表2-7 小型中等静压风管式FDQMA和中静压风管式FDUMA

机型 项目	FDTA							
	22	28	36	45	56	71	90	112	140
功耗/kW	0.050			0.14	0.15	0.16	0.24	0.28
工作电流/A	0.23			0.63	0.68	0.73	1.07	1.28

表2-8 嵌顶、暗装两用风管式FDURA-Q

机型 项目	FDTA					
	45	56	71	90	112	140
功耗/kW	0.15	0.21	0.23	0.34		0.39
工作电流/A	0.69	0.95	1.05	1.55		1.79

表2-9 壁挂式FDKA

机型 项目	FDTA					
	22	28	36	45	56	71
功耗/kW	0.05					0.09
工作电流/A	0.23					0.41

【实例3】格力多联机室内机的特点

普通静压风管机如图 2-26 所示。其特点如下：

（1）灵活设置，均匀送风　风管可根据用户需要灵活配置，在一个或多个房间里设置多个回风口和送风口，有效解决大面积居室、办公楼或多个房间同时供应冷量或热量以及均匀送风的需要。

（2）安装方便，简洁美观　在工程安装过程中，可以根据需要选择圆形送风管或矩形送风管。也可以根据回风位置及室内机安装位置的不同选择下部回风或后部回风。

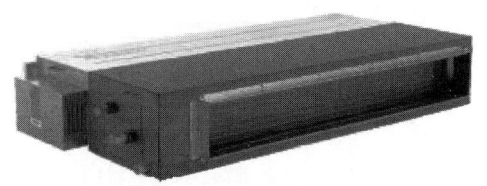

图 2-26　普通静压风管机

（3）换新风功能，改善室内空气品质　可根据需要引入新鲜空气，改善室内空气品质。

（4）可宽范围调整的静压及风量　大容量的室内机设有风机调速板，可根据实际的工程需要来调整室内机的静压及风量，有效地提高了安装质量。

四面出风天井机如图 2-27 所示。其特点如下：

（1）机身紧凑轻巧　大量采用非金属材料，机身轻而薄，制冷量 5000W 的天井式室内机，其主体厚度仅为 190mm，安装于天花板内，不占室内空间，且易于与室内装潢相协调，非常适合家庭和办公场所使用。

（2）正方形面板，全机统一　所有四面出风天机式室内机均采用相同尺寸

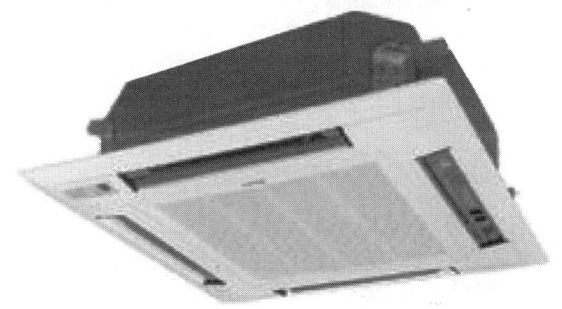

图 2-27　四面出风天井机

与外形的正方形面板，保证室内装修效果统一美观。

（3）送风均匀强劲　全自动运转，四方向送风及三段风向设定，循环风量强劲，凉爽（温暖）直达房间每一个角落，即使天花板高度超过标准层高，凉爽（温暖）也可直达地面。

（4）智能排水装置　智能排水装置可使水位落差高达 1.1m，施工安装更简便。

（5）三维螺旋风叶　三维螺旋风叶确保风量且叶片更薄，不规则风叶螺距大大降低运转噪声。

课题三　电气系统简介

【相关知识】

多联机空调系统的电气系统是指整个电力及控制系统，主要包括：室外机电源系统、室内机电源系统、室内外机通信系统、室外机模块之间的通信系统、室外机内部电力及控制系统、室内机内部电控系统、用户操作系统（如线控器、遥控器、集中控制器）等。

一、电气配线

多联机空调系统的电气配线包括动力电源配线和电控系统连线两部分,由配电箱、电缆、断路器、线管、线槽等组成。典型电气配线系统如图 2-28 所示。

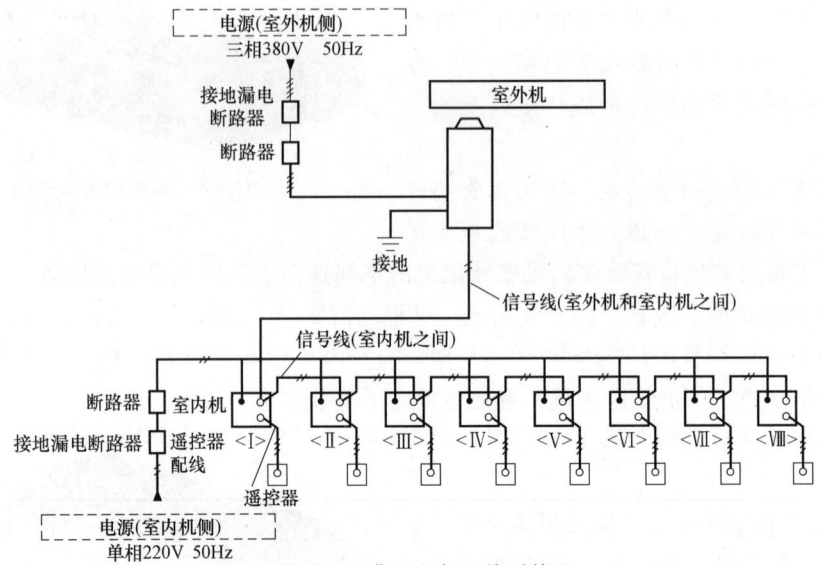

图 2-28　典型电气配线系统

二、通信控制

1. 通信连接方式

室内机和室外机通过二芯的通信线连接,室内机与显示板通过四芯通信线连接。机组分为室内机和室外机,一台室外机最多可连接控制 16 台室内机。室外机连接控制室内机示意图如图 2-29 所示。

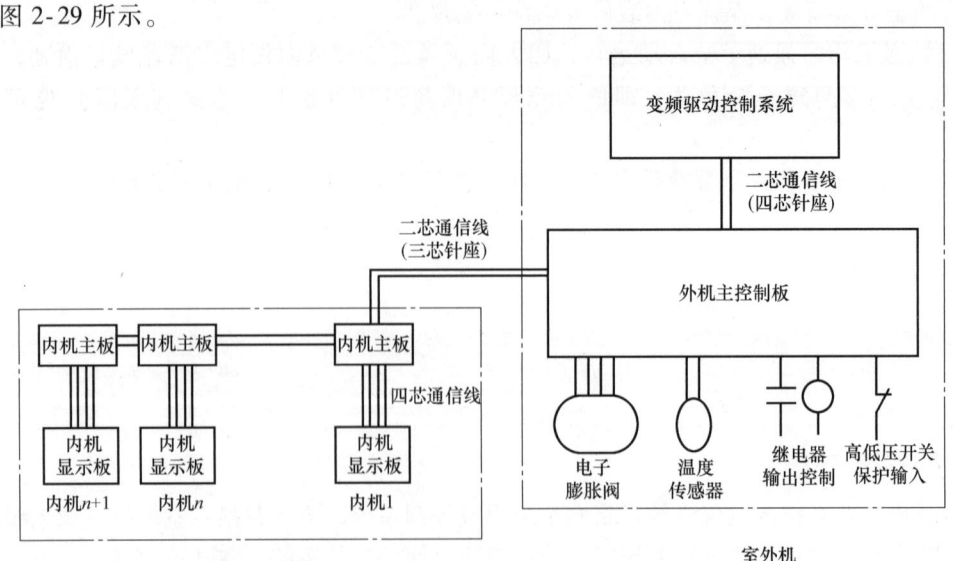

图 2-29　室外机连接控制室内机示意图

2. 控制原理概述

本处内容主要以交流变频多联机空调系统为例介绍,分为室内机主控制系统以及室外机驱动控制系统。

交流变频多联机空调系统的工作原理:室外交流变频机组通过二芯通信线与室内机连接。室内主机控制系统接收室内机的开关机指令、模式、设定温度、室内环境温度,确定室外机的运行模式,并根据能力计算确定合适的运行频率,通过二芯通信线发送给驱动控制系统。室外变频多联机组通过驱动控制系统,把工频交流电转换为直流电源,并把它送到功率模块(IGBT 开关组合);同时模块受微型计算机送来的控制信号控制,输出频率可调的交变电源,使压缩机电动机的转速随电源频率的变化做相应的变化,从而控制压缩机的排量,调节制冷量或制热量。

图 2-30 所示是以 220V 电源为例展示了交流变频多联机空调系统的变频控制过程。

多联机多使用三相电源,整理后所得到的直流电压为 540V 左右,等效正弦电源(SPWM)的电压的有效值相对高很多。

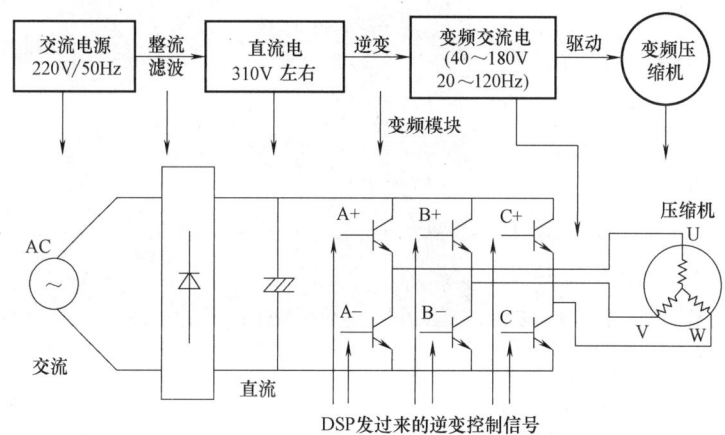

图 2-30 交流变频多联机空调系统的变频控制过程

3. 控制特点

(1) 适应负荷的能力强 一定工况下,制冷量与制冷剂质量流量成正比。即

$$Q = qm$$

式中,Q 为制冷量;q 为制冷剂单位质量制冷量;m 为制冷剂质量流量。

一定工况下,制冷剂质量流量与压缩机转速成正比例函数关系。即

$$m = f(n)$$

式中,f 为制冷剂质量流量与压缩机转速的函数关系;N 为压缩机转速。

综合以上两式,就可以通过调节压缩机转速实现空调制冷量的调节。变频多联机空调系统通过压缩机转速的变化,可以实现制冷量随室内温度的上升而上升,以及下降而下降,这样就实现了制冷量与房间热负荷的自动匹配,改善了舒适性,也节省了电力。

(2) 快速和精准的温度调节 变频多联机的温度调节为室温每降低 0.5℃,运转频率就降低一档;相反,室温每升高 0.5℃,运转频率就升高一档,即室温越高,运转频率越大,以便空调快速制冷,室温越接近设定温度,运转频率就越小,提供的制冷量也越小,以维持室温在设定温度附近,使温度波动小。

(3) 起动、运转性能好　变频空调低频低负荷起动，运转平稳之后根据负荷量的变化变频运转。这就保证了压缩机电动机的起动电流比较小，对电网的冲击小，线损也不大。

(4) 节能高效　常规空调开/关方法控制，压缩机开关频繁，起动时的线损和低效率导致耗电增加。变频空调自动以低频维持室温基本恒定，避免压缩机频繁开启，比常规空调省电节能。

(5) 低电压运转性能优越　常规空调在电压低于180V左右时，压缩机就不能起动，而变频空调在电压很低时，降频起动，降低起动时的负荷，最低起动电压可达150V。

(6) 热冷比更大　常规空调制冷、制热压缩机转速一样，只能通过系统匹配提高热冷比，局限性很大。变频空调制热时压缩机转速比制冷时高许多，所以热冷比可高达140%以上（制热时最高运转频率往往要比制冷最高运转频率高20Hz左右）。

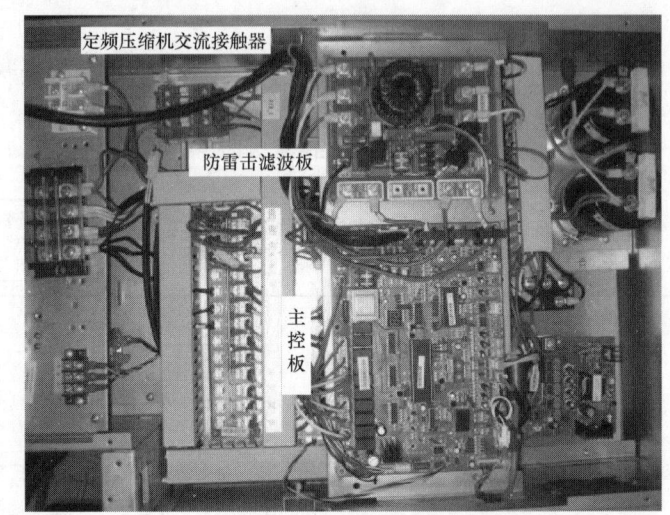

图2-31　电气盒组件上层

(7) 低温制热效果　常规空调压缩机转速恒定，0℃以下压缩机功率很低，实际上没有制热效果；变频空调低温下以高频运转，制热量是常规空调的3~4倍。

(8) 满负荷运转　常规空调压缩机只有一种转速，不会随负荷的增大满负荷强劲运转；变频空调在人多时、刚开机时或室内外温差较大时，可实现高频强劲运转。

(9) 保护功能　常规空调每次发生电流等保护均需停压缩机；变频空调每当发生保护时均以适当的降频运转予以缓冲，可实现不停机保护，不影响用户的使用。

4. 电气控制系统图解

本处内容以美的MDV-280W/S-830交流变频多联机型为例（带模块组合），进行图解说明。

(1) 室外机电气盒（图2-31、图2-32）

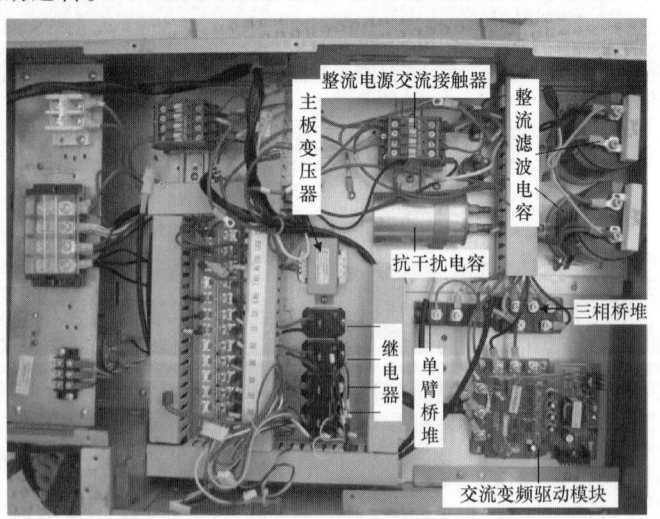

图2-32　电气盒组件下层

(2) 交流变频多联机室外机接线原理图 (图2-33)

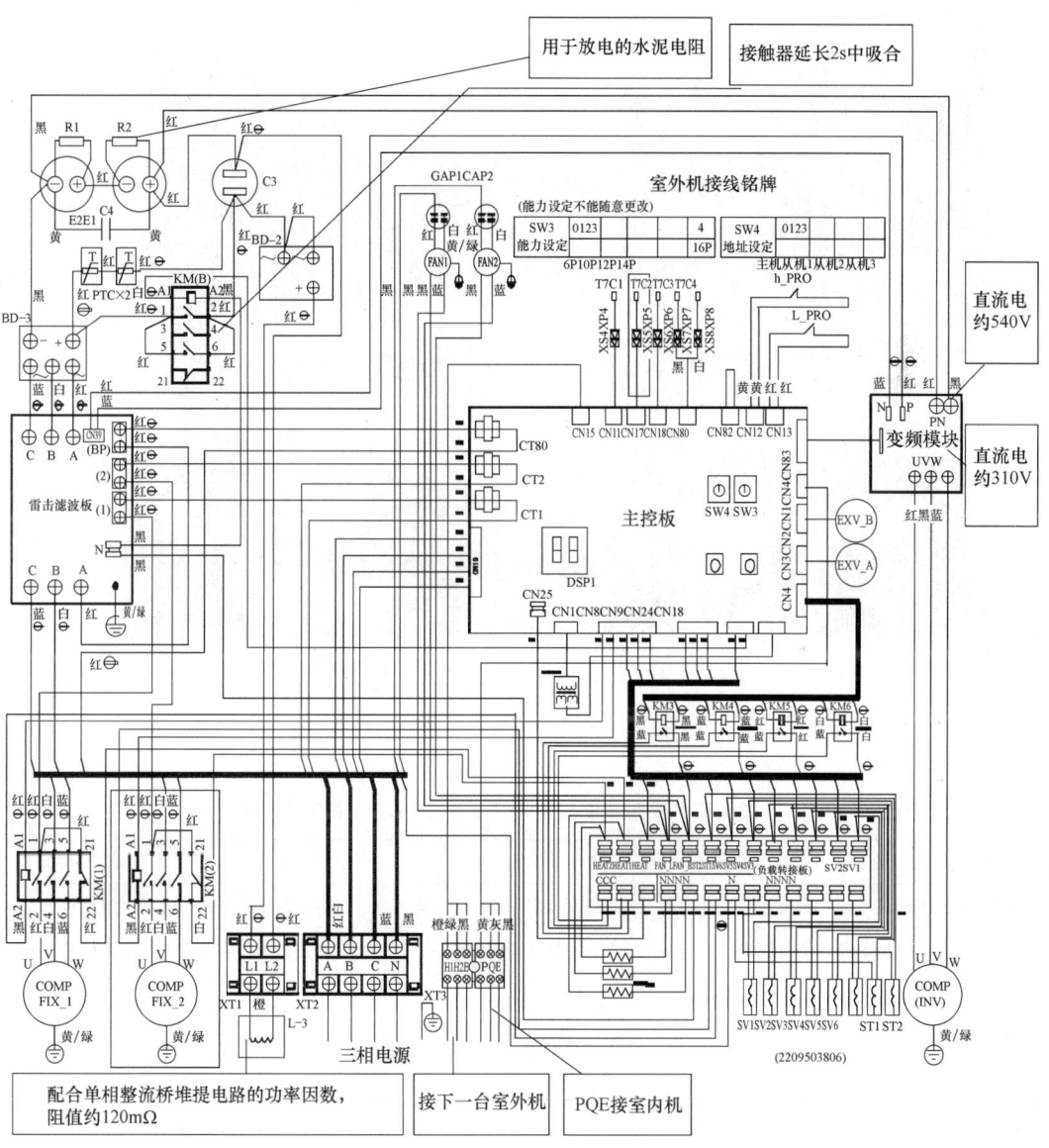

图2-33 交流变频多联机室外机接线原理图

(3) 交流变频多联机室外机主控板 (图2-34和表2-10)

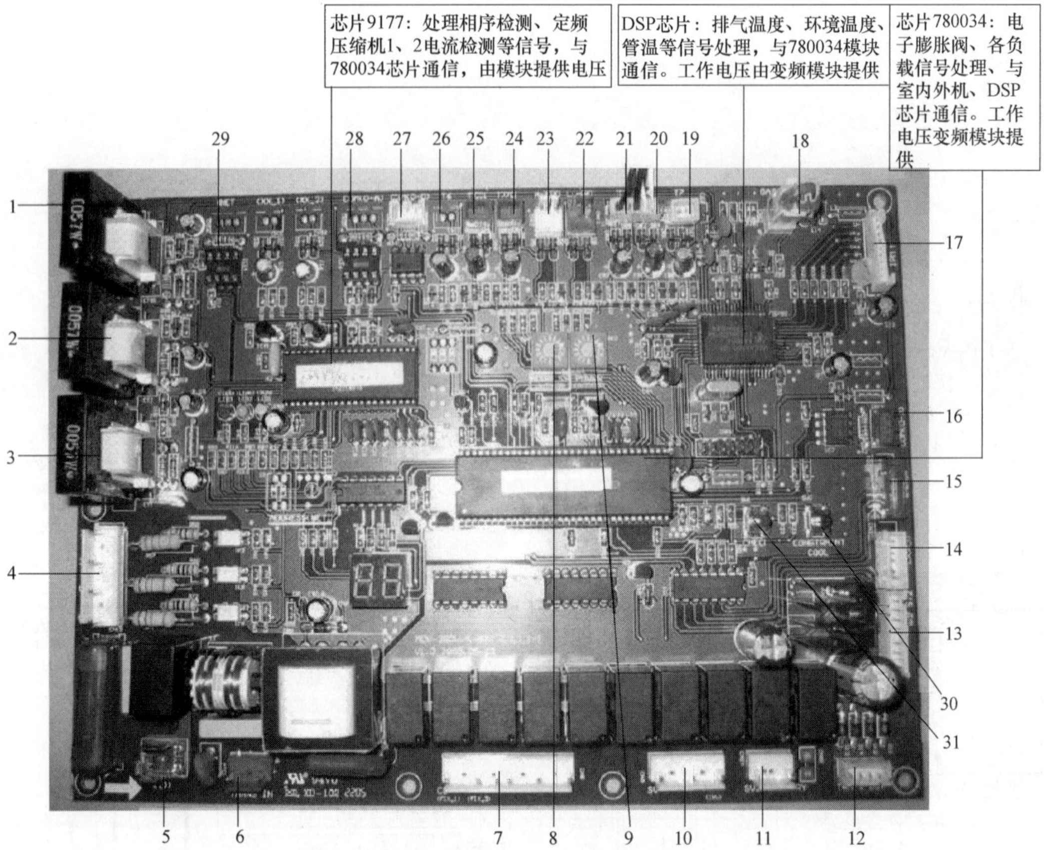
芯片9177：处理相序检测、定频压缩机1、2电流检测等信号，与780034芯片通信，由模块提供电压
DSP芯片：排气温度、环境温度、管温等信号处理，与780034模块通信。工作电压由变频模块提供
芯片780034：电子膨胀阀、各负载信号处理、与室内外机、DSP芯片通信。工作电压变频模块提供
1
2
3
4
5
6
7
8
9
10
11
12
13
14
15
16
17
18
19
20
21
22
23
24
25
26
27
28
29
30
31

图 2-34 交流变频多联机室外机主控板

表 2-10 交流变频多联机室外机主控板对应位置功能描述

1—变频压缩机电流检测互感器	12—变压器电源输出	23—系统高压检测开关信号检测端口
2—2 号定频压缩机电流检测互感器	13—风机、SV6、辅助四通阀 ST2 输出	24—2 号定频压缩机排气温度检测端口
3—1 号定频压缩机电流检测互感器	14—电子膨胀阀 A 驱动端口	25—1 号定频压缩机排气温度检测端口
4—电源输入，相序检测功能端口	15—电子膨胀阀 B 驱动端口	26—预留
5—C 相电源	16—室、内外机通信端口	27—室外机之间的通信端口
6—变压器电源输入	17—变频模块驱动端口	28—与数字电表通信
7—定频压缩机 1、2、SV1、SV2、ST1	18—预留	29—室外集中控制器
8—地址拨码盘	19—变频压缩机排气温度检测端口	30—强制制冷
9—能力拨码盘	20—室外环境温度检测端口	31—点检
10—SV4、SV5、加热带输出端口	21—室外冷凝器盘管温度检测端口	
11—SV3、接触器 KMB 控制信号输出	22—系统低压检测开关信号检测端口	

（4）多联室内机控制系统图解（图 2-35）

单元二 多联机空调基本结构

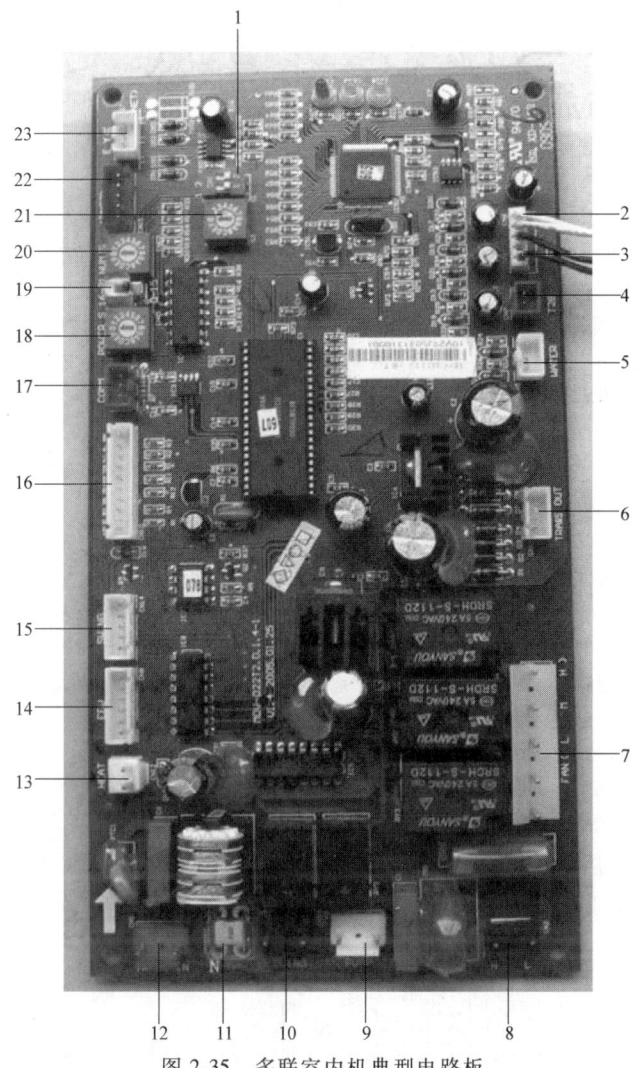

图 2-35 多联室内机典型电路板

1——S1—二位拨码开关。与 S2（16 位拨码开关）组成 64 位网络地址。

2——环境温度传感器 T4。

3——室内管温度 T3。

4——CN7—蒸发器出口温度（T2B）。用以室内机能力修正。

5——CN5—水位开关（WATER）。开关量输入。水满时断开，水位恢复正常时闭合，室内机判断后对水泵进行控制。对于没有水位开关的室内机，需把这个插座短接以屏蔽此功能。

6——CN11—变压器输出（TRANS OUT）。220V 交流电输入变压器后输出 14.5V 交流电，由此输入给电控板进行整流、滤波和稳压成 12V 和 5V 直流电。

7——CN4—室内风机输出（FAN）。220V 输出，电控板上共有四个继电器，分别对应高风、中风、低风、微风四档风速输出给抽头风机。

8——CN2—电源 220V 输入（L、N）。室内机所有用电都靠这个插座输入。

9——CN3—水泵输出（PUMP）。220V 输出。当空调器室内机进入制冷模式下运行时，冷凝水泵立即开启，并连续运行，直至停止该模式运行。

10——CN13—摇摆（SWING）。220V 输出。用于使用 220V 的同步摇摆电动机。

61

11——零线输出插座。供给需要单独零线的室内风机使用。

12——CN1—变压器输入插座（TRANS IN）。220V 强电。220V 输入给变压器，由板上 220V 电源输入插座 CN2 经过熔丝、抗干扰电感、PTC 保护器后传至此。

13——CN12—电辅加热（HEAT）。12V 直流电控制电辅助加热继电器。

14——CN8—室内电子膨胀阀（PMV）。直流 12V 弱电控制。压缩机开启后相应开机的室内机电子膨胀阀打到相应开度，而处于关机、待机、送风或模式冲突的室内机的电子膨胀阀则处于关闭状态。

15——CN14—摇摆（SWING）。

16——CN10 显示板插座。显示板用来显示空调的运行状态及故障信息，上面的手动按钮只是用来点检室内机的地址码和能力码而不能用来手动开机。

17——CN9—通信端口（COM）。室内外机使用 RS-485 通信标准进行通信。其中 P 和 Q 用于通信，有极性，E 为屏蔽层，接在电控板上 +5V 的地上以增强通信线的抗干扰能力。所有室内机只和室外机进行通信，室内机之间不通信。当室外机通信出现问题，则所有室内机都会出现通信故障。当某台室内机出现通信问题，则只有此台室内机会出现通信保护，其他室内机和室外机能够正常运行。

18——ENC1—能力拨码（POWER_S）。可拨范围为 0~9：能力拨码 0 对应能力 0.8 匹，能力拨码 1 对应能力 1.0 匹，间隔 0.2 匹，以此类推，最大能力拨码 9 对应能力 5.0 匹。

19——SW1—一位拨码开关与 ENC2 组成 32 位通信地址。对于原先没有此拨码的室内机电控板来说，地址最多可以设置 0~F 即 16 位，增加了这个拨码之后，地址就可以设置 0~31 即 32 位。

20——ENC2—地址拨码（NUM_S）。可拨范围 0~F。室内机上电调试前一定要先拨好地址拨码（有些地址拨码已经放在电控板外面，方便拨码），而且同一套室外机对应的室内机的地址拨码不能重复，否则可能出现压缩机跳停，室内电子膨胀阀无法打开，室内机风机跳停等异常现象。对于地址码在 16 以上的机型，室内机电控板上增加了高低位地址拨码开关 SW1，这些室内机在安装时一定要注意将拨码拨到低位地址上。

21——S2—地址拨码，与 S1 组成 64 位网络地址。

22——CN15（ENC2）—与 ENC2（NUM_S）并行的接口。可以实现在主控板外面，进行拨码。

23——CN17（NET）—网络接口（XYE）。

（5）多联机室内机典型接线原理图　美的 MDV-D22Q2/(D) N1 直流变频多联机室内机接线原理图如图 2-36 所示。

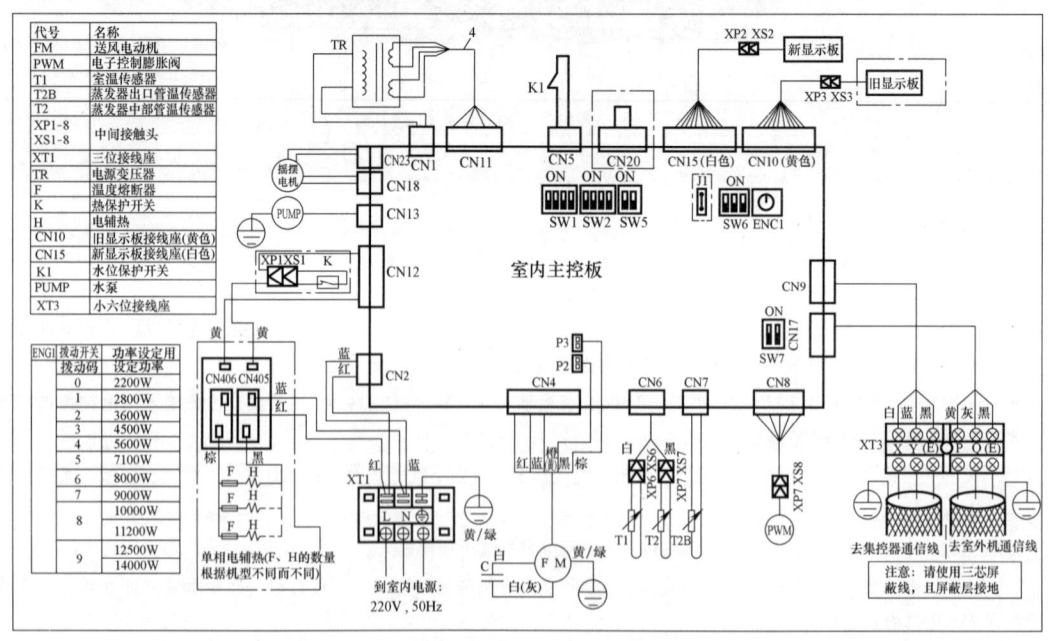

图 2-36　美的 MDV-D22Q2/(D) N1 直流变频多联机室内机接线原理图

【典型实例】

【实例1】 三菱KX4多联机电源线规格

1. 三菱KX4室外机电源规格

以室内外机电源分开的情况为标准。室外机电源规格见表2-11。

表2-11 室外机电源规格

机型		电源	电源用配线截面积/mm²	配线长度/m	配线用断路器		漏电断路器	接地线	
					额定电流/A	开关能力/A		截面积/mm²	螺纹
小型多联系列	140	三相380V 50Hz	3.5	22	30	30	30A 30mA、0.1s以下	2	M5
	224		5.5	30	60	60	50A 50mA、0.1s以下	2	M6
一体型多联系列	280		14	43	60	60	60A 100mA、0.1s以下	5.5	M6
	335		14	43	60	60	60A 100mA、0.1s以下	5.5	M6
	400		14	76	100	100	60A 100mA、0.1s以下	5.5	M5
	450		14	76	100	100	60A 100mA、0.1s以下	5.5	M5
	504		14	76	125	100	60A 100mA、0.1s以下	5.5	M5
	560		14	76	125	100	60A 100mA、0.1s以下	5.5	M5
	615		14	76	125	100	60A 100mA、0.1s以下	5.5	M5
	680		14	76	150	200	60A 100mA、0.1s以下	5.5	M5

注：1. 请根据内线规程（JEAC8001）决定配线要领。请根据我国国内法律进行修正。
　　2. 表中所示的配线长度与直径为当电压降在2%以内时的长度和直径。
　　3. 漏电保护器为接地保护专用时，必须另外设置配线用保护器。配线用保护器的选定请参照相关技术资料。

室外机电源线连接时应注意：组合型室外机不可使用同一接线盒串联相接，应通过分开使用配线用断路器或另做一个接线盒等方式进行分支。

2. 三菱KX4室内机电源规格（表2-12）

表2-12 室内机电源规格

室内机合计容量	电源线截面积/mm²	配线总长/m	配线用断路器额定电流/A	漏电断路器	信号线截面积/mm²	
					室外—室内	室内—室内
7A以下	2	21	20	20A 30mA、0.1s以下	2芯×0.75～2.0	2芯×0.75～2.0
11A以下	3.5	21	20	20A 30mA、0.1s以下		
12A以下	5.5	33	20	20A 30mA、0.1s以下		
16A以下	5.5	24	30	30A 30mA、0.1s以下		
19A以下	5.5	20	40	40A 30mA、0.1s以下		
22A以下	8	27	40	40A 30mA、0.1s以下		
28A以下	8	21	50	50A 100mA、0.1s以下		

注：1. 请根据内线规程（JEAC8001）决定配线要领。请根据我国国内法律进行修正。
　　2. 表中的长度是把室内机排成一列连接时的数值。另外，按室内机合计电流不同，表示电压下降2%以内时的配线粗细和最小长度。请根据我国国内法律进行修正。
　　3. 连到室内机的连接线可达5.5mm²。8mm²以上使用专用引线盒。连接到室内机的连接线在5.5mm²以下时请进行分歧。

【实例2】 美的制冷管路控制系统

图 2-37 所示是美的交流变频多联室外机制冷管路控制系统。其说明见表 2-13。

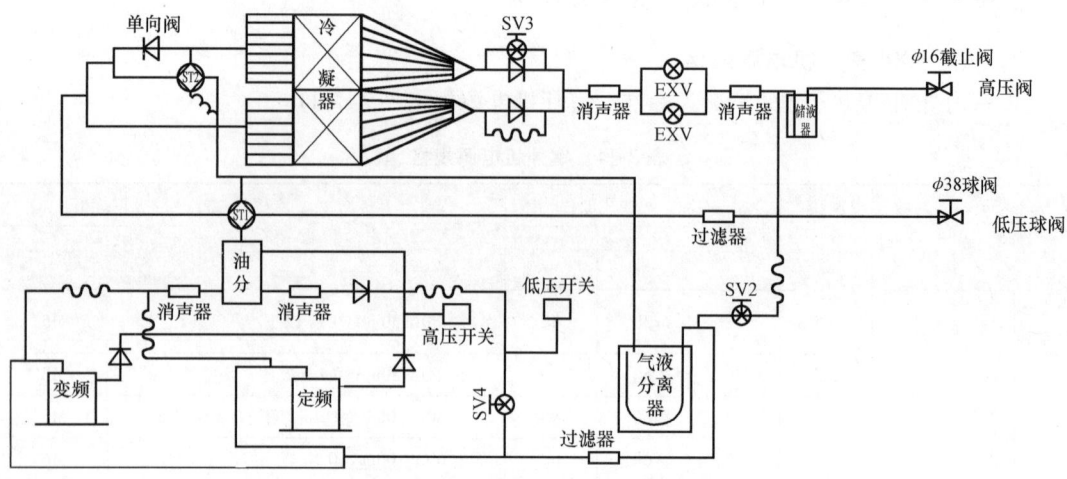

图 2-37 美的交流变频多联室外机制冷管路控制系统

表 2-13 制冷管路控制系统说明

控制元件	控制功能说明
电子膨胀阀 EXV	1. 两个室外电子膨胀阀制热运行时调节系统过热度,起节流降压作用;制冷时则全部开启不做节流 2. 初始上电时,室内、外机的电子膨胀阀都先关闭,然后打开处于待机状态;运行过程中收到关机指令,压缩机全部停止后,电子膨胀阀先关闭,然后开到一定的开度处于待机状态
四通阀 ST1	改变制冷剂的流向,起到制冷制热切换的作用
四通阀 ST2	起辅助作用,相当于截止阀,制冷有效。当能力需求降低≤12时,四通阀动作减小换热冷凝器面积,减少阻力损失。制热时辅助四通掉电。室外冷凝器分为上下两个相对独立的部分,制冷负荷比较小时,该阀关闭,只使用上部的冷凝器,制冷负荷大时,该阀打开,下部冷凝器被启用
电磁阀 SV2	喷液冷却压缩机用,任意排气温度在 105℃ 以上都要求开启。该阀为保护阀,防止压缩机温度过高烧坏
电磁阀 SV3	制热时该电磁阀可能打开(制冷时掉电关闭不起作用),以增加室外机换热器的面积,根据室内管温 T2 来决定是否开启,T2 平均小于 54℃ 时打开,以便另一半冷凝器投入使用,以吸收更多的环境热
电磁阀 SV4	压缩机加油电磁阀,主机变频压缩机开启运行 20min 后,主机 SV4 打开 3min,然后隔 5s 开启从机 SV4,从机不开,SV4 则不开,20min 循环一次

【实例3】 格力直流变频机组控制系统说明

1. 主控制系统说明 (表 2-14)

表 2-14 主控制系统说明

功能	通过 3 芯通信线与室内机连接,接收室内机的开关机指令、模式、设定温度、环境温度,确定室外机的运行模式,并根据能力计算确定合适的运行频率,通过四芯通信线发送给驱动控制系统。根据系统压力调节风机的风速。实时监测机组各个温度传感器的温度,运行状态和保护,保证整个系统能正常、可靠地运行。发生故障时主控板上的 LED 灯显示外机的各种保护代码。驱动发生故障时室内机显示板统一显示 E5,室外机主控板的 LED 灯显示具体的故障类型

（续）

输入和输出控制量	温度传感器:包括环境温度感温包、进管感温包、中管感温包、出管感温包、压缩机排气温度感温包 开关量保护:高压保护、低压保护 输出控制对象:上风机高风档、上风机低风档、下风机高风档、下风机低风档、压缩机电加热带、压缩机交流接触器(三相电源由驱动板控制)、热气旁通阀、四通阀
485通信接口	室内机通信网络,CN10、CN20,通过三芯通信线与内机主板连接 驱动通信网络,CN28、CN46,通过四芯通信线与驱动板连接

2. 驱动控制系统说明

（1）三相电源机组（图2-38和表2-15）

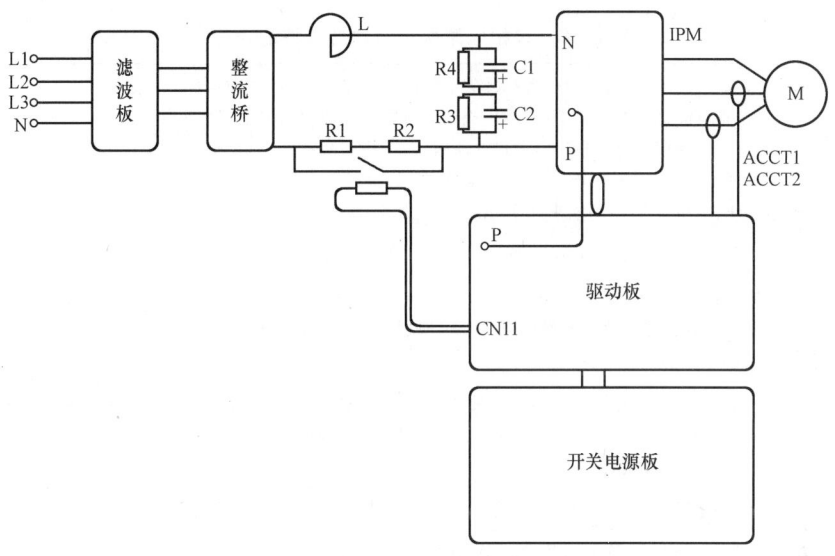

图2-38 直流变频三相电源机组驱动控制系统

表2-15 三相电源机组驱动各模块的功能

滤波板	1. 滤除电源干扰,保护机组在恶劣电源质量环境下的抗干扰能力 2. 抑制机组对电源的干扰,防止机组运行影响其他电器如电视等工作 3. 由于变频机组自有工作方式的原因,对干扰相对敏感,现有变频机组一般都有滤波板。由于本机组是三相供电电源,因此,使用三相滤波板,该滤波板采用3级滤波的方式。三相滤波板输入端子分别是 AC-L1、AC-L2、AC-L3 和 N,对应的输出端子分别是 L1-OUT、L2-OUT、L3-OUT 和 N-OUT
整流桥	将交流电源整成直流
电抗器L	滤除谐波干扰和改善功率因数
水泥电阻R1、R2	抑制上电瞬间的浪涌电流,防止其对相关元器件的损坏
电容C1、C2	滤波和储能,为后端逆变模块提供稳定的直流电源。电容电压稳定,纹波小是保证系统稳定运转的条件。一般通过选用足够大的电容来保证稳定的电压和较小的纹波,为控制系统的关键部件
水泥电阻R3、R4	在断电时给电容C1、C2放电
IPM模块	受驱动板控制实现直流电到交流电的逆变,驱动压缩机运转,为控制系统的关键部件
驱动板	插于IPM模块之上,给IPM模块发出控制信号,实现直流电到交流电的逆变,驱动压缩机运转,为控制系统的关键部件
开关电源	为驱动板提供+5V、+15V和+12V电源

(2) 单相电源机组（图 2-39 和表 2-16）

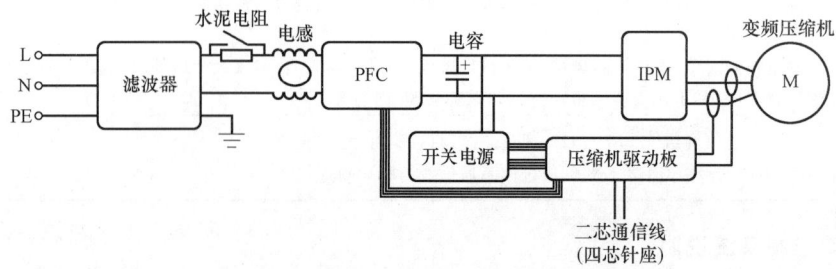

图 2-39 直流变频单相电源机组驱动控制系统

表 2-16 单相电源机组驱动各模块的功能

滤波器	1. 滤除电源干扰，保护机组在恶劣电源质量环境下的抗干扰能力 2. 抑制机组对电源的干扰，防止机组运行影响其他电器如电视等工作 3. 由于变频机组自有工作方式的原因，对干扰相对敏感，现有变频机组一般都有滤波器。由于本机组是单相供电电源，因此，使用单相滤波器，该滤波器采用 2 级滤波的方式。单相滤波器输入端子分别是 L、N 和 E，对应的输出端子分别是 L′、N′和 E′
水泥电阻	抑制上电瞬间的浪涌电流，防止其对 PFC 模块的损坏
电容	电容的主要作用是滤波和储能，为后端逆变模块提供稳定的直流电源，驱动压缩机，电容电压稳定，纹波小是保证系统稳定运转的条件。一般通过选用足够大的电容来保证稳定的电压和较小的纹波，为控制系统的关键部件
电感和 PFC 模块	两者组成了功率因数校正器，主要作用是滤除谐波干扰和改善功率因数，功率因数校正器工作的开启由驱动板根据压缩机的运行频率及母线电压，通过四芯线控制。其中 PFC 模块还内置整流桥，将交流电源整成直流电源
IPM 模块	实现直流电到交流电的逆变，驱动压缩机运转，为控制系统的关键部件
开关电源	为驱动板提供+5V、+15V 和+12V 电源

3. 输入和输出控制量（表 2-17）

表 2-17 输入和输出控制量

温度传感器	包括环境温度感温包、进管感温包、中管感温包、出管感温包、压缩机排气温度感温包、压缩机壳顶温度感温包、模块温度感温包 开关量保护：高压保护、低压保护等
输出控制对象	上风机高风档、上风机低风档、下风机高风档、下风机低风档、压缩机电加热带、压缩机交流接触器、热气旁通阀、四通阀

4. 通信接口

交流变频多联机空调系统通信接口一般采用 RS485 通信接口。

室内机控制通信网络，通过二芯（三芯针座）通信线与内机主板连接；室外机驱动通信网络，通过二芯（四芯针座）通信线与驱动板连接。

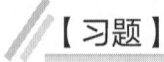【习题】

一、填空

1. 多联机空调系统主要由室外机、室内机、_____以及控制系统组成。

2. 室内风循环系统由_____、回风管道、静压箱、送风管道和送风口组成。

3. 风冷式室外机一般由_____、翅片式换热器、风扇和电动机以及其他控制元件组成。

4. 在多联机空调系统中，_____用于防止压缩机排气温度过高。

5. 在多联机空调系统中，_____用于平衡系统中各运行模块的压缩机润滑油。

6. 在多联机空调系统中，_____用于存储系统中多余的冷媒，调节冷媒循环量。

7. 多联机空调系统的室内机型式较多，常见型式有_____室内机、风管式室内机、壁挂式室内机、吊顶式室内机等。

8. 三菱 KX4 系列多联机空调系统中，单向嵌顶式（FDTSA）室内机设置在房间中央时_____，尽量避免在卧室使用。

9. 多联机空调系统的电气配线包括_____配线和电控系统连线两部分，由配电箱、电缆、断路器、线管、线槽等组成。

10. 室内机和_____通过二芯通信线进行连接，室内机与_____通过四芯通信线连接。

11. 变频多联机空调系统通过压缩机转速的变化，可以实现制冷量随室内温度的上升而_____，下降而_____，这样就实现了制冷量与房间热负荷的自动匹配。

12. 当多联机空调系统室内机进入制冷模式下运行时，_____立即开启，并连续运行，直至停止该模式运行。

13. 当多联机空调系统压缩机开启后，处于开机模式室内机的_____打开到相应开度，而处于关机、待机、送风或模式冲突的室内机的电子膨胀阀则处于关闭状态。

二、选择

1. 风冷式室外机按出风方式分为侧出风式和_____两种。
   A. 上出风式　　　B. 下出风式　　　C. 前出风式　　　D. 后出风式

2. 在多联机空调系统中，进行气液分离，保证压缩机正常工作，防止压缩机产生液击的部件是_____。
   A. 气液分离器　　B. 单向阀　　　　C. 四通阀　　　　D. 油分离器

3. 多联机空调系统中，系统制冷制热时，负责冷媒流向切换的部件是_____。
   A. 气液分离器　　B. 单向阀　　　　C. 四通阀　　　　D. 油分离器

4. 在多联机空调系统中，为冷媒提供单向流通路径，同时阻止制冷剂反向流动的部件是_____。
   A. 气液分离器　　B. 单向阀　　　　C. 四通阀　　　　D. 油分离器

5. 在多联机空调系统中，进行油气分离，保证压缩机回油正常充足的部件是_____。
   A. 气液分离器　　B. 单向阀　　　　C. 四通阀　　　　D. 油分离器

6. 在多联机空调系统中，防止压缩机排气压力过高，损坏压机，动作压力为 4.2MPa，恢复压力为 3.0MPa 的部件是_____。
   A. 高压开关　　　B. 低压开关　　　C. 高压力传感器　D. 低压力传感器

7. 在多联机空调系统中，对压缩机进行低压保护，动作压力为 0.08 MPa，恢复压力为 0.15MPa 的部件是_____。
   A. 高压开关　　　B. 低压开关　　　C. 高压力传感器　D. 低压力传感器

8. 在多联机空调系统中，用来实时检测系统工作压力，调节风机转速，控制室外机液旁通等流路开关的部件是_____。

A. 高压开关　　　B. 低压开关　　　C. 高压压力传感器　D. 低压压力传感器

9. 在多联机空调系统中，用来实时检测系统工作压力，调节风机转速，同时控制室外机液旁通等流路开关的部件是_____。

A. 高压开关　　　B. 低压开关　　　C. 高压压力传感器　D. 低压压力传感器

三、判断

1. 变频压缩机通过变频器输入各种频率而变速运行，定频压缩机只能在固定电源下固定转速工作。　　　　　　　　　　　　　　　　　　　　　　　　　　　　（　　）

2. 格力 GMV-R300W2/B：表示有两个压缩机名义制冷量为 30kW 的 B 系列数码多联热泵型空调室外机。　　　　　　　　　　　　　　　　　　　　　　　　（　　）

3. 格力 GMV-RM900W3/D：表示有三个室外机模块名义制冷量为 90kW 的 D 系列模块化数码多联热泵型空调室外机。　　　　　　　　　　　　　　　　　　　（　　）

4. 格力 GMV-Pd160W/NaS：表示名义制冷量为 16kW 的 R410A 工质三相电源直流变频多联热泵型空调室外机。　　　　　　　　　　　　　　　　　　　　　　（　　）

5. 格力 GMVL-P125W2/J：表示双压缩机名义制冷量为 12.5kW 的智能变频多联单冷型空调室外机。　　　　　　　　　　　　　　　　　　　　　　　　　　　（　　）

6. R410A 属于模拟共沸型冷媒，所以它的气液两相的成分变化大。　　　（　　）

7. 格力 GMVL-R71P/H：表示名义制冷量为 7100W 的 R 系列风管式单冷型多联空调室内机。　　　　　　　　　　　　　　　　　　　　　　　　　　　　　（　　）

8. 格力 GMV-R112T/NaS：表示名义制冷量为 11200W 的 R 系列三相电四面出风天井式热泵型 R410A 工质多联空调室内机。　　　　　　　　　　　　　　　（　　）

9. 格力 GMV-J50G/D：表示名义制冷量为 5000W 的 J 系列单相电挂壁式热泵型多联空调室内机。　　　　　　　　　　　　　　　　　　　　　　　　　　　（　　）

10. 机组分为室内机和室外机，一台室外机最多可连接控制 32 台室内机。（　　）

11. 交流变频多联机在一定工况下，制冷量与制冷剂质量流量成正比。　（　　）

12. 交流变频多联机在一定工况下，制冷剂质量流量与压缩机转速成反比例函数关系。　　　　　　　　　　　　　　　　　　　　　　　　　　　　　　　　　（　　）

13. 在多联机空调系统中，室内机的地址拨码不能重复，否则可能出现压缩机跳停，室内电子膨胀阀无法打开，室内机风机跳停等异常现象。　　　　　　　　　（　　）

14. 在多联机空调系统中，所有室内机只和室外机进行通信，室内机之间不通信。
　　　　　　　　　　　　　　　　　　　　　　　　　　　　　　　　　　（　　）

15. 室外电子膨胀阀制热运行时调节系统过冷度，起节流降压作用；制冷时则全部开启不做调节。　　　　　　　　　　　　　　　　　　　　　　　　　　　　（　　）

四、简答

1. 简述多联机室内机的主要结构部件。
2. 简述多联机空调系统的电气系统主要组成部件。
3. 简述交流变频多联机空调系统的工作原理。

单元三

多联机空调系统工程安装

内容构架

```
单元三 多联机空调系统工程安装
├── 课题一 安装施工准备
│   ├── 一、工具及仪器准备
│   ├── 二、施工图样审核
│   ├── 三、技术交底
│   ├── 四、作业场地布置
│   └── 五、现场勘查与协作
├── 课题二 室内机安装
│   ├── 一、安装流程
│   ├── 二、安装位置及空间要求
│   ├── 三、安装要点及操作措施
│   └── 四、防尘保护
├── 课题三 室外机安装
│   ├── 一、安装流程
│   ├── 二、安装要点
│   ├── 三、位置选择
│   ├── 四、空间要求
│   └── 五、安装操作
├── 课题四 冷凝水管安装
│   ├── 一、安装流程
│   ├── 二、安装要点
│   ├── 三、安装操作
│   └── 四、满水试验及排水试验
├── 课题五 冷媒配管安装
│   ├── 一、安装流程
│   ├── 二、安装要点
│   └── 三、安装操作
├── 课题六 电气安装
│   ├── 一、电气安装要点
│   ├── 二、电源线及断路器选型
│   └── 三、安装操作
├── 课题七 冷媒充注
│   ├── 一、冷媒追加准备
│   ├── 二、冷媒追加计算
│   └── 三、冷媒追加操作
└── 课题八 调试运转与验收
    ├── 一、一般规定
    ├── 二、调试运转规范
    ├── 三、检验规范
    └── 四、验收规范
```

【学习引导】

目的与要求

1. 熟悉多联机空调安装施工前的准备工作内容。
2. 熟悉室内机和室外机的安装流程,掌握安装要求和安装要点,能协助工程技术人员安装室外机和室内机。
3. 熟悉冷凝水管和冷媒配管的安装流程,掌握其安装要点,能协助工程技术人员安装冷凝水管和冷媒配管。
4. 熟悉多联机电气安装流程,掌握其安装要点,能协助工程技术人员进行电气安装操作。
5. 熟悉多联机调试运转的相关规定,掌握冷媒充注的要点,能协助工程技术人员进行调试运转工作。

重点与难点

重点:1. 室内机、室外机、电气、冷凝水管和冷媒配管的安装要点。
   2. 多联机调试运转规范。
难点:1. 室内机、室外机、冷凝水管和冷媒配管的安装。
   2. 冷媒追加计算。

课题一　安装施工准备

【相关知识】

由于变频多联机空调系统的室外机与室内机都没有固定的组合,所以每套空调系统都要根据客户使用要求、地域气候条件、所处现场的建筑结构等因素进行完整设计。没有设计图样而进行的安装施工都是不允许的,应该杜绝。按图施工是基本的施工要求。

设备安装流程图:

室内机、室外机安装→冷凝排水管、冷媒配管安装→吹扫试压→电气安装→调试验收。

一、工具及仪器准备

要求工具齐全、型号标准符合安装及技术要求。仪器仪表经过检测或鉴定,量程及精度满足要求。安装中常用的工具见表 3-1。

表 3-1　安装中常用的工具

序号	名称	规格、型号	序号	名称	规格、型号
1	切管器		8	锉刀	
2	钢锯		9	充注导管	
3	弯管器	弹簧、机械	10	双头压力表	4.0MPa
4	胀管器	根据管径规格	11	压力表	3.5MPa、5.3MPa
5	扩口器	根据管径规格	12	真空表	−756mmHg
6	钎焊工具	不同喷嘴大小	13	真空泵	4L/s 以上
7	刮刀		14	电子秤	

(续)

序号	名称	规格、型号	序号	名称	规格、型号
15	截止阀		21	电笔	
16	温度计		22	万用表	
17	米尺		23	减压阀	
18	螺钉旋具	一字形和十字形	24	切线钳	
19	活动扳手		25	压线钳	
20	电阻测试仪		26	内六角扳手	

注：主要施工机械设备包括但不局限于表中的机具名称及数量，安装过程中通常还会用到电焊机、切割机、人字梯、手电钻、折边机、辘骨机工具等，应该以项目现场施工进度需求投入。

二、施工图样审核

安装工程开始前应仔细阅读、审核施工图样，编写详细的施工组织设计。

施工图样会审须在以下各部门及人员的共同参与下进行：设计人员、监理人员（或者业主），土建、装潢、水电各专业工种等。

施工图样必须是经过设计单位、监理人员（或业主）最后共同签字确认的。

施工图样的主要审核内容如下：

1) 制冷系统管径、分歧管型号符合技术规定。
2) 冷凝水管坡度、排放方式、保温做法。
3) 风管、风口做法，气流组织方式。
4) 电源线配置规格、型号及控制方式。
5) 控制线的做法、总长度及控制方式。

三、技术交底

多联机空调系统的安装质量对其运行好坏至关重要，所以制定安装规范并遵照执行，是非常重要的。凡参与空调安装的施工队伍各个班组均应遵守规定，保质保量地完成安装工作。

工程施工人员应严格按照施工图样施工，如需修改应征得设计及监理（业主）认可，并形成书面文件即设计变更记录。

应按设计要求选用国标图集和其他技术资料，同时对于设备及配件的生产厂家"产品说明书"中的型号规格、尺寸进行核对；参考土建图复核施工图与建筑施工图上柱、地面、楼面、墙面、屋面的预留洞、预埋铁及设备基础和支吊架位置等主要尺寸；参考其他专业安装施工图，施工图中的管道走向、坐标与通风空调系统之间的交叉配合等，应综合校核，在各类管道密集处应绘出管线平面综合布置图。

四、作业场地布置

加工场地：现场应有空旷的成品堆放场地，便于运输，场地道路应畅通，通风应良好，并应设置必要的消防器材，场地应保持清洁，坚持文明施工。

材料的堆放和保管：各种材料应按品种、规格堆放整齐，方便领料、施工。

施工机具的准备：按施工机具计划准备加工、装配、安装等施工机具，使用前应认真熟悉其机械构造、性能、用途和操作方法，并有专人保管，制定定期检查制度，以方便施工。

五、现场勘查与协作

1. 现场勘查

施工开始前,要进行施工现场勘查,同时复核以下内容:

1)室外机基础是否需要重新预制。
2)室内机位置确定。
3)冷媒管道路线是否与设计图样相符。
4)冷凝水管道路线是否与设计图样相符。
5)电源和控制配电线管、线槽路线是否与设计相符。
6)送风、回风风管、风口位置确定。

2. 施工协作

安装施工应按照规定的程序进行,并与土建、装潢、水电等专业工种互相配合,空调、电气、给排水、消防、装饰等各专业应相互协调,精心组织。

在多联中央空调工程的安装结束后,装潢工程开始时,应进行一次隐蔽工程验收,由空调安装负责人、装潢施工负责人、业主与监理人员一起验收及认可签字。

3. 碰管原则

空调各管道尽量沿梁底敷设,如管道在同一标高相碰时,按下列原则处理:

1)首先保证重力管,排水管、风管和压力管让重力管。
2)保证风管,小管让大管。

【典型实例】

【实例1】 格力多联机空调安装步骤

格力氟系统家用中央空调安装步骤如图3-1所示。

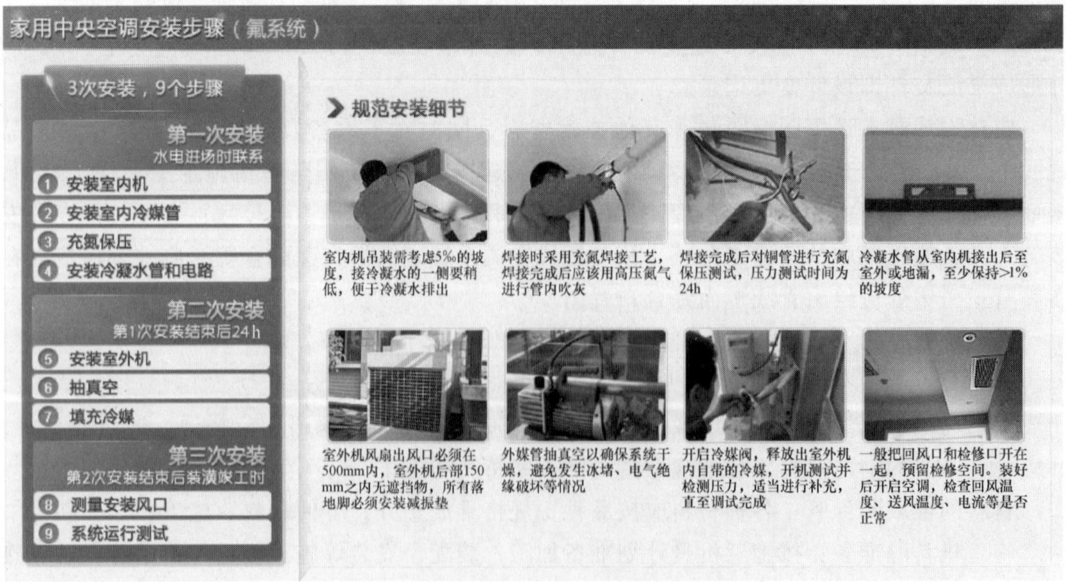

图3-1 格力氟系统家用中央空调安装步骤

【实例 2】 安装施工主要规范文件

施工组织设计是施工单位用以指导施工准备和科学组织施工的全面性技术经济文件。合理地编制和认真贯彻施工组织设计,是保证施工顺利进行、缩短工期、确保工程质量和提高经济效益的重要措施。

施工方案的内容要简明扼要,主要围绕工程的特点,对施工中的主要工序、施工方法、时间配合和空间布置等进行合理安排,以保证施工作业正常进行。主要施工规范如下:

GB 50016—2014《建筑设计防火规范》;

《空调制冷设备消声与隔振实用设计手册》;

《空调调节设计手册》;

GB 50019—2015《工业建筑供暖通风与空气调节设计规范》;

GB 50736—2012《民用建筑供暖通风与空气调节设计规范》;

GB 50243—2002《通风与空调工程施工质量验收规范》;

《采暖通风与空气调节设计手册》;

GB 50189—2015《公共建筑节能设计标准》;

GB 50015—2003《建筑给水排水设计规范(2009 年版)》;

JGJ/T 16—2008《民用建筑电气设计规范(附条文说明 [另册])》;

GB 50034—2013《建筑照明设计标准》;

GB 50303—2015《建筑电气工程施工质量验收规范》;

CB/T 3832—1999《铜管钎焊技术要求》;

CECS 228—2007《建筑铜管管道工程连接技术规程(附条文说明)》;

GB 50738—2011《通风与空调工程施工规范》;

GB/T 17791—2007《空调与制冷设备用无缝铜管》。

【实例 3】 R410A 冷媒系统需要的特殊工具

目前,市场上常见的多联机使用的冷媒有 R22 和 R410A 两种。

安装时要注意,使用 R410A 制冷剂的机组与 R22 制冷剂的机组有些使用工具不同。下面强调几种必备工具。

1. 压力表 (图 3-2 和图 3-3)

图 3-2 R22 冷媒压力表

最大量程:30kgf/cm² (1kgf/cm² = 98066.5Pa)

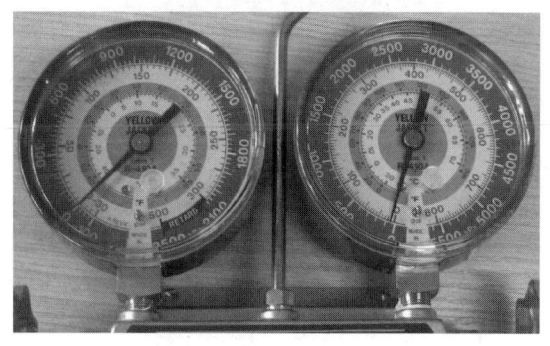

图 3-3 R410A 冷媒压力表

最大量程:40kgf/cm²

2. 压力表管（图 3-4 和图 3-5）

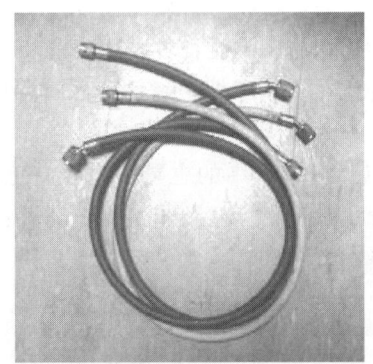

图 3-4　R22 1/4in 接口（1in=25.4mm）

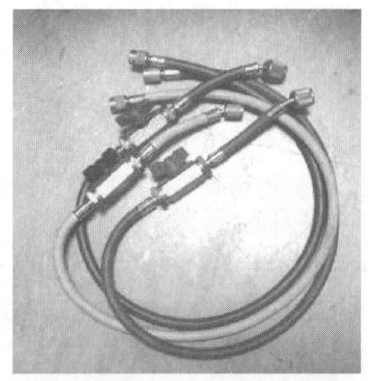

图 3-5　R410A 5/16in 接口
（带防止泄漏的截止阀）

3. 扩口工具（图 3-6 和图 3-7）

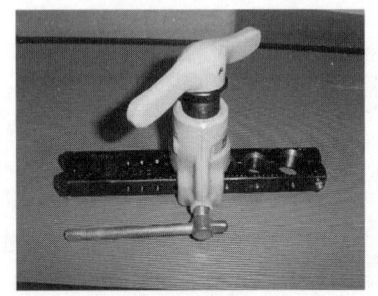

图 3-6　R22 喇叭口扩口工具

图 3-7　R410A 专用喇叭口扩口工具
（R410A 扩口器明显标注了粉红色）

4. 真空泵（图 3-8 和图 3-9）

图 3-8　R22 用 1/4in 接口

图 3-9　R410A 用 5/16in 接口（为防止
真空泵中的机油回流，R410A 冷媒
专用真空泵必须加装电子止回阀）

【实例 4】施工审图实例

只有认真阅读设计图样，才能对空调系统的整体结构有所了解。

阅读设计图样，建议同时校核该设计是否符合生产厂家的主要技术要求，主要技术要求一般有：

1）室内、外机能力配比：一般厂家规定，室内机的总制冷量要与室外机的总制冷量匹配。特殊情况，需要超配时，室内机的总制冷量最多不能超过室外机总制冷量的130%。

例如，在一般的变频多联空调系统中，室内机与室外机的能力配比应满足如下条件：

$$50\% \leqslant \frac{\sum 室内机额定制冷能力}{\sum 室外机额定制冷能力} \leqslant 130\%$$

超过100%匹配的系统，将不能保证全区域使用效果；超过130%匹配的系统，不仅不能保证全区域使用效果，也不能保证部分区域使用效果。

2）最大管道长度。
3）第一分歧管至最远端室内机的最大冷媒管道长度。
4）室内机之间的最大高度差。
5）室内机与室外机的最大高度差。

由于各个生产厂家的主要技术要求有所不同，主要要求有最大管道长度、最大等效长度、室内机与室外机的最大高度差、室内机之间的最大高度差、第一分支与最远端室内机的最大管长以及存油弯头的安装要求。应该按照各个生产厂家的具体要求确认。

课题二　室内机安装

【相关知识】

一、安装流程

多联机空调系统室内机组，因样式、规格不同，安装各有具体要求，但安装步骤基本一致，安装步骤流程如下：

安装前检查→安装位置确定→划线定位→装悬挂吊杆→安装室内机。

二、安装位置及空间要求

室内机的安装位置及空间要求与室内机的型式有关，基本要求如下：

1）安装位置要确保气流通畅无障碍，气流分布均匀。
2）安装位置要保证室内机送风、回风在同一空间内。
3）安装位置应确保空调管道及送风、回风百叶的最低安装空间，高度上要与天花板配合严密。
4）安装位置必须确保足够的维护保养空间（检修口大小为450mm×450mm，位于电控盒正下方）。
5）安装位置应保证有合适的冷凝水管安装空间。
6）若机组安装区域相对湿度≥80%时，应对室内机追加绝热材料。

7）安装位置要防止气流短路。

8）避免装在油烟或蒸汽多的地方。

9）避免装在可能产生、流入、滞留或泄漏易燃气体的地方。

10）避免装在频繁使用酸性溶液的地方。

11）避免装在附近有热源的地方。

12）避免装在易受外部空气侵入影响的地方。

13）避免装在有高频设备（高频电焊机等）的地方。

14）避免装在电视机、音响、计算机等高级家用电器的正上方。

15）请勿在送风口设置火警报警器。

现场安装位置周围如有强热源或有其他设备排气口、蒸汽与可燃烧气体、存在气流短路情况下，应与设计人员及时联系给予调整。

机组安装于特殊场所（如厨房、卫生间）时，不能直接从该房间回风。

三、安装要点及操作措施

1. 安装前检查

室内机安装前，必须检查设备规格型号、名称与施工图样是否一致，并确认设备的安装方向。

2. 安装要点及操作措施（表3-2）

表3-2 安装要点及操作措施

安装要点	操作措施
室内机吊装孔定位，保证吊杆竖直，设备平稳	可使用随机附带的安装纸板进行
室内机安装位置应正确，并保持水平度在±1°之内	使用水平尺测量，无排水泵机型建议最好向排水侧有1/100的倾斜度，严禁向非排水侧有任何倾斜
室内机吊杆螺栓必须有防松措施，保证安装安全牢固	螺栓下端采用双螺母锁紧
室内机安装位置必须便于安装和维修	在室内机电控盒及铜管接头下方必须预留检修口
悬挂吊杆必须足以承受室内机的2倍重量，保证机组运转不会发生异常的振动和噪声	若吊杆长度超过1.5m时，须使用三角固定
室内机确保安装的可靠、安全性	如安装的天花板为水泥现浇板，可采用埋头螺栓或膨胀螺栓等安装悬吊螺栓来吊装室内机。如天花板为预制板，则必须采用"T"字形吊杆螺栓来吊装室内机。当支撑结构强度不够时，则在安装室内机之前应采取措施进行加固

3. 室内机水平安装的意义

室内机安装时，水平度必须保持在±1°之内，见表3-3。

表3-3 室内机水平安装

水平安装目的	错误做法的隐患
保证冷凝水顺利排放；机身平稳，降低振动与噪声产生的危险	1. 漏水 2. 机身产生异常振动和噪声
室内机组换热充分，保证良好的空调效果	空调效果差；机组运行异常

四、防尘保护

1. 室内机防尘保护的意义

室内机吊装完成后做好防尘保护，以免灰尘、杂物进入机身影响运行效果。否则，会带来以下后果和危害。

1) 灰尘进入设备，早期运行时粉尘会从风机吹出来，污染室内环境。
2) 灰尘影响风机电动机的润滑效果。
3) 装修产生的腐蚀性气体腐蚀机组内部元器件。

2. 室内机防尘的措施

在室内机的安装过程中，应用随机附带的包装对室内机进行包裹，以防污染室内机。室内机的防尘处理如图 3-10 所示。

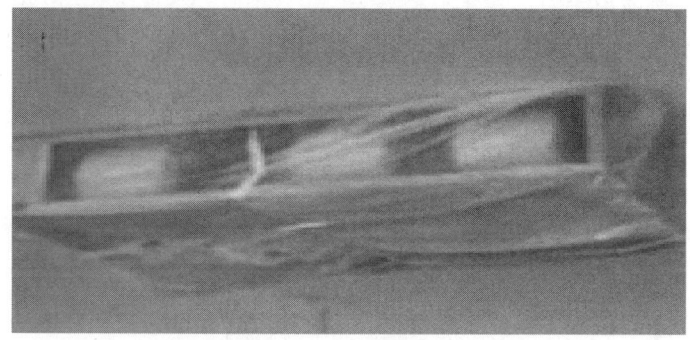

图 3-10 室内机的防尘处理

【典型实例】

【实例1】 三菱四向嵌顶式（FDTA）室内机的安装操作

1. 安装位置选择

（1）设备安装空间尺寸　选择表 3-4 中所示的安装空间，这样才能保证排水配管。

表 3-4　三菱 FDTA 机型安装空间

机　型	天花板上的空间（高度）
FDTA28、FDTA36、FDTA45、FDTA56、FDTA71	290mm 以上
FDTA90	315mm 以上
FDTA112、FDTA140	385mm 以上

（2）安装位置选择　在取得客户的同意后，请选择满足以下条件的地点。

1) 冷气或热气都可顺利通过的地方。如果室内安装位置高度超出 3m，热气将聚积在天花板上，可建议客户另外安装一个通风扇。
2) 可顺畅排水的地方。须有一定倾斜度以进行排水。
3) 在吸气口和出气口处没有障碍物的地方，火警不会因为误操作而被关闭的地方，不会发生短路的地方。

4) 没有阳光直射的地方。

5) 露点温度为 28℃ 以下且相对湿度为 80% 以下的地方。如果机器的运转环境的湿度高于上限，冷凝现象可能会发生。相应地，所有的配管和排水管必须再加上一层 10~20mm 厚的隔热材料。

(3) 承重考虑　考虑安装地点的承重强度。如果强度不足以支撑机器的重量，应使用加固材料。

2. 室内机安装空间（图 3-11 和图 3-12）

1) 如果在机器和墙壁或和其他机器之间无法保证足够的间隔，请关上那一侧的散流器以挡住出风，并确保无短路。当以 2 个或 3 个方向送风时，请勿将机器调到低风速模式。

2) 当机器的间隙为 2500mm 或以下时，请在风扇吸入侧装上一个风扇罩。

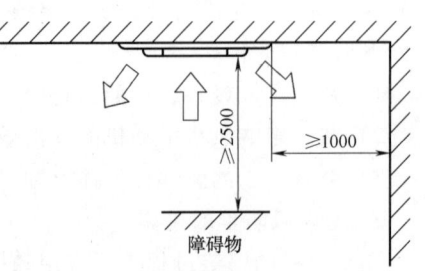

图 3-11　三菱四向嵌顶式室内机安装空间示意图

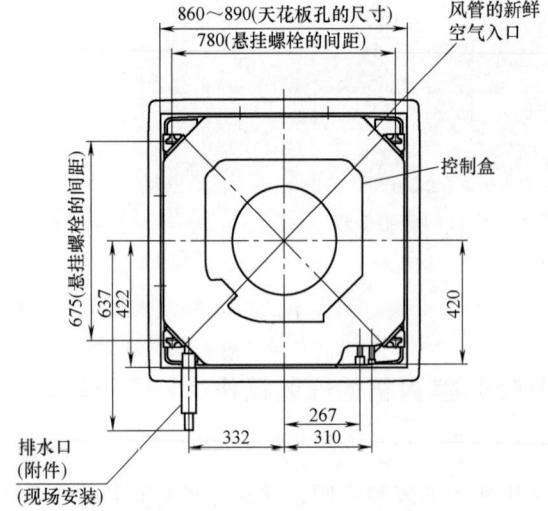

A	气管连接口
B	液管连接口
C	排水管连接口
D	电源接入口
E	悬挂螺栓

机型	a	b
FDTA 28~71	212	270
FDTA 90	212	295
FDTA 112、140	269	365

图 3-12　三菱四向嵌顶式室内机安装间隙示意图

3. 悬挂吊装（图 3-13 和图 3-14）

请准备 4 套悬挂螺栓（M10 或 M8），并在安装现场准备配套的螺母、平垫圈以及弹簧垫圈。当悬挂到天花板上时，安装要求如下：

1) 对于标准系列：切口范围为 860~890mm。在天花板上开口时，请参照出厂的包装盒上的参考尺寸。天花板上开口的中心必须对准机器的中心。

2）确定悬挂螺栓（675mm×780mm）的位置。

3）使用 4 个悬挂螺栓，拧紧时须保证其可承受 500N 的拉力。

4）拧紧螺栓后须在天花板上露出约 70mm 的长度。

5）提起机器后，用附带的水准仪判断机器的位置（高度）。

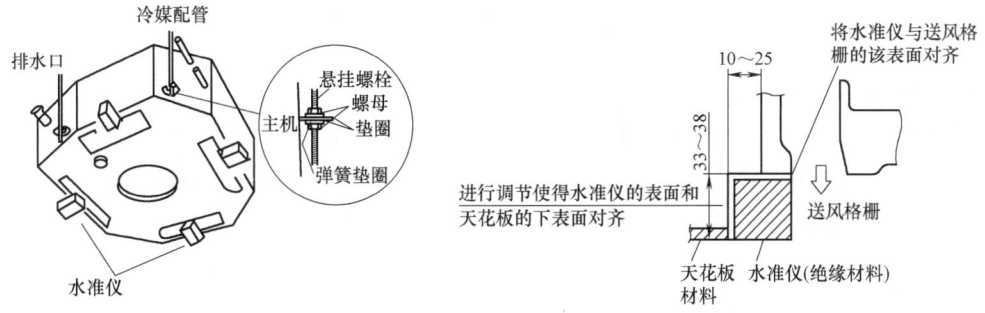

图 3-13　三菱四向嵌顶式室内机悬挂安装位置示意图

6）使用装有水的透明管子检查机器的水平度（机器底部的允许高度差在 3mm 以内），如图 3-14 所示。

7）当嵌入天花板时，悬挂螺栓的长度超出 1.3m 时，请使用 M10 螺栓并用支架加固。

8）吊装完成后，使用机器出厂时的包装纸盒覆盖室内机，进行防尘保护。

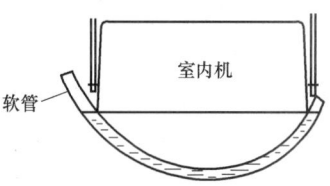

图 3-14　三菱四向嵌顶式室内机安装水平度检测示意图

4. 面板安装

（1）面板附件（表 3-5）

表 3-5　三菱四向嵌顶式室内机面板附件

名　　称	数　　量	备　　注
进气格栅	1	
空气滤网	1	
悬挂螺栓	4	面板安装用

（2）确认机器的安装水平度（图 3-15）　注意如果空调机的安装水平度和天花板材料超出适当的范围，可能会导致在面板的安装过程中由于负荷过大而造成损坏。

1）机器安装前请先拆下水准仪。

2）确认天花板材料，检查天花板开口的尺寸是否正确。

3）确认空调机的安装水平度，用机器附带的水准仪调整机器的安装高度。

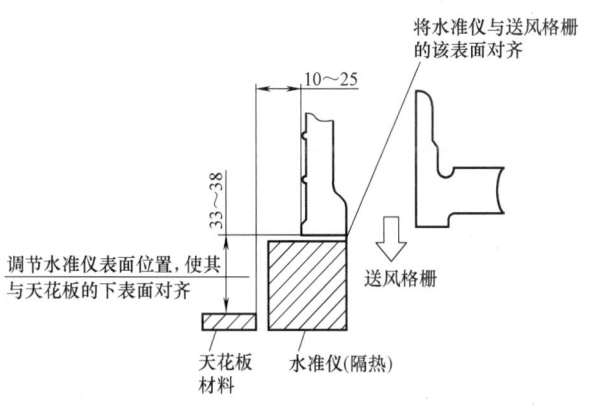

图 3-15　三菱四向嵌顶式室内机水平确认示意图

4)面板安装好后,可通过调节四角的开口来进行细微的调节。

(3)确认机器安装方向和面板、进气格栅的方向

1)机器和面板的安装是有定向的。将出口部分对准冷媒配管的方向,并确认电动机和开关连接器的连接方向。

2)面板和进气格栅的安装方向是不定向的。如果需要改变进气格栅的方向,应将面板卡爪安装位置改变到格栅表面上的"PULL"字样位置的方向。

(4)拆卸进气格栅

1)提起进气格栅的锁定部分,然后将其打开。

2)将进气格栅打开,将进气格栅从装饰面板上拆下。

(5)拆下角面板 取出角上的螺钉,然后按照箭头所示方向将角面板向上提起,然后将其拆下,如图3-16所示。

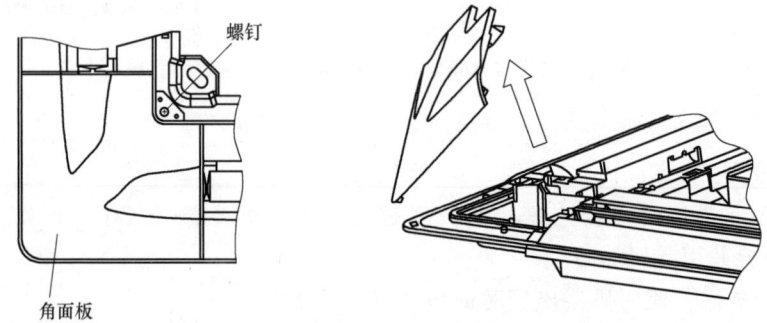

图3-16 三菱四向嵌顶式室内机角面板拆卸示意图

(6)安装面板

1)将4个空调机悬挂螺栓中的2个拧入2个对角约5mm,临时拧紧排水配管侧和对角。

2)将面板悬挂到2个螺栓上以进行临时安装。

3)将其余的2个悬挂螺栓安装上去,然后拧紧所有的4个螺栓。

>> 注意 如果悬挂螺栓拧紧不足,可能会造成图3-17所示的故障。

4)如果在悬挂螺栓拧紧后,天花板和装饰面板之间仍存在空隙,请重新调整室内机的高度,如图3-18所示。

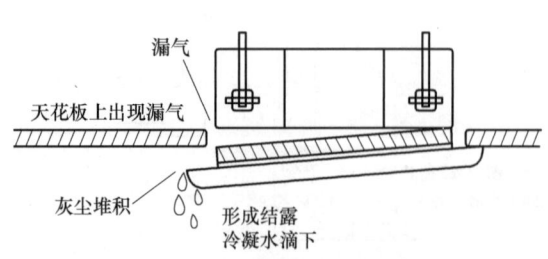

图3-17 三菱四向嵌顶式室内机吊杆螺栓不拧紧故障示意图

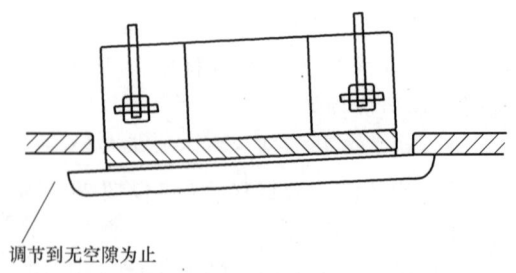

图3-18 三菱四向嵌顶式室内机吊杆螺栓调整示意图

5）只要室内机为水平且排水配管未受影响，可通过装饰面板对机器的安装高度进行细微的调整，如图 3-19 所示。

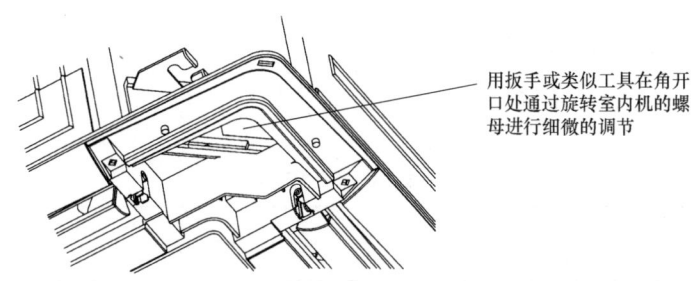

图 3-19　三菱四向嵌顶式室内机安装高度微调示意图

6）连接百叶窗电动机插接器，如图 3-20 所示；将各连接器放入控制盒内。

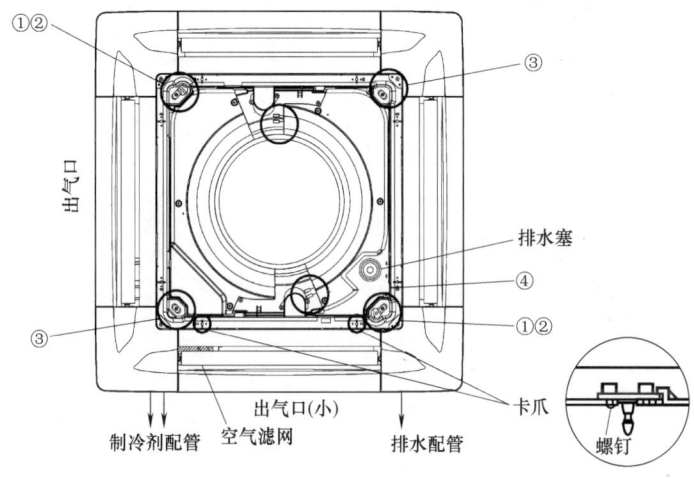

图 3-20　三菱四向嵌顶式室内机电动机插接器的安装连接

>> **注意**　如果用遥控器无法操纵出风口百叶窗，请检查插接器的连接，然后关闭主电源 10s 或以上，然后再次打开电源。

7）本机型面板，可根据需要设置成固定各出风口的垂直风向。当垂直风向固定后，遥控器操作和所有自动控制将被禁止。风向固定操作如下：

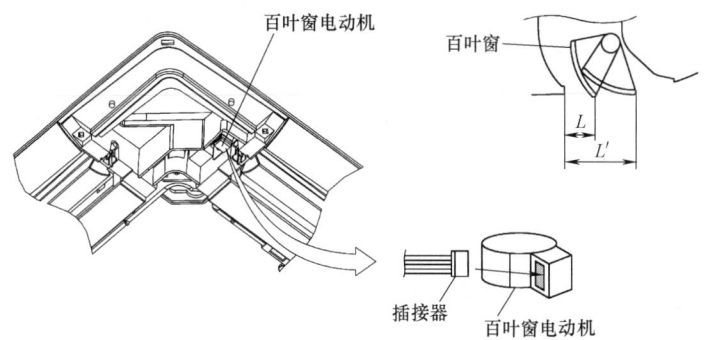

图 3-21　三菱四向嵌顶式室内机百叶窗风向设置示意图

① 关闭主电源（在接地故障电路保护器处关闭）。
② 断开所需固定位置的出风口的百叶窗电动机的插接器。
③ 将断开的插接器用乙烯电气胶带缠绕以进行绝缘。
④ 用手缓缓移动所需固定位置的垂直风向百叶窗，然后在表 3-6 所示的范围内设置垂直风向。注意，请勿设置到范围以外，否则可能引起冷凝水滴下或聚积或是弄脏天花板表面，导致运转异常。

表 3-6 风向设置范围

垂直风向标准	水平 30°	向下 70°
L 尺寸/mm	36.5	22.5

只要在 22.5~36.5mm 的范围内，可设置任何风向。

（7）安装角面板

1）将角面板的带子挂到装饰面板的销上，如图 3-22 所示。

2）将角面板的 a 部分插入装饰面板的 A 部分，然后固定 2 个卡爪，接着拧紧角面板的螺钉。

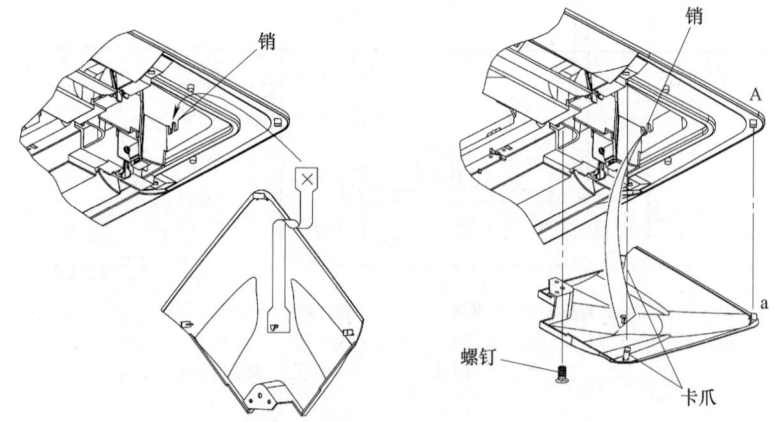

图 3-22 三菱四向嵌顶式室内机角面板安装示意图

（8）安装进气格栅　按照与拆卸步骤相反的顺序安装进气格栅。

>> **注意** 将面板卡爪的安装位置与格栅上的"PULL"字样的位置对准。如果不对准，卡爪将会被损坏。

【实例 2】风管的安装

1. 风管的安装要求

1）风管、静压箱及其他部件，必须擦拭干净，做到无油污和浮尘，当施工停顿或完毕时，端口应封好。

2）风管安装前应清除内、外杂物，并做好清洁和保护工作。

3）风管接口的连接应严密、牢固。风管法兰的垫片应符合系统功能的要求，厚度不应小于 3mm。垫片不应凹入管内，也不宜凸出法兰外。

4）风管的位置、标高、走向应符合设计要求。现场风管接口的配制不得缩小其有效截面积。

5）可伸缩性金属或非金属软风管的长度不宜超过 2m，不能有死弯或塌凹。

6）风管及设备保温应在风管系统漏风试验和质量检查合格后进行。风管的支、吊、托架应设置于保温层外部，并在支、吊、托架与风管间镶入垫木。

2. 风管材质的要求

1）金属风管的材料、规格、性能与厚度等应符合设计和国家产品标准的规定，钢板或镀锌钢板的厚度不应小于表 3-7 中的规定。

表 3-7　金属风管板材厚度的要求　　　　　　　　　　（单位：mm）

风管直径 D 或长边尺寸 b	圆形风管	矩形风管	
		中、低压系统	高压系统
$D(b) \leq 320$	0.5	0.5	0.75
$320 < D(b) \leq 450$	0.6	0.6	0.75
$450 < D(b) \leq 630$	0.75	0.6	0.75
$630 < D(b) \leq 1000$	0.75	0.75	1.0
$1000 < D(b) \leq 1250$	1.0	1.0	1.0

2）非金属风管的材料、规格、性能与厚度等应符合设计和国家产品标准的规定。

3）防火风管的本体、框架与固定材料、密封垫料必须为不燃材料，其耐火等级应符合设计的规定。

4）复合材料风管的覆面材料必须为不燃材料，内部的绝热材料应为不燃或难燃 B1 级，且对人体无害的材料。

5）风管外径或外边长的允许偏差：当小于或等于 300mm 时，为 2mm；当大于 300mm 时，为 3mm；管口平面度的允许偏差为 2mm，矩形风管两条对角线长度之差不应大于 3mm；圆形法兰任意正交两直径之差不应大于 2mm。

3. 风管连接的要点

1）支、吊、托架应使用角钢，膨胀螺栓的位置应正确，牢固可靠，埋入部分不得刷油漆，并应除去油污。间距应符合下列规定：

① 风管水平安装，直径或长边尺寸小于或等于 400mm 时，间距不应大于 4m；大于 400mm 时，不应大于 3m。

② 风管垂直安装，间距不应大于 4m，单根直管至少应有 2 个固定点。

2）支、吊、托架不宜设在风口、阀门、检查门及自控机构处，离风口或插接管的距离不宜小于 200mm。

3）吊架不得吊在法兰上。

4）法兰垫片的厚度宜为 3~5mm，垫片应与法兰平，不得凹入管内；螺栓应均匀拧紧，机器螺母宜在同一侧；悬吊管应在适当的位置设置，防止摆动的固定点。

5）风管的拼接纵缝应错开，水平安装管底不得有纵向接缝。柔性短管的安装应松紧适度，不得扭曲。

6）管道系统工程上所有金属附件（包括支、吊、托架）均要做防腐处理。

4. 风管的连接

（1）金属风管的连接

1）风管板材拼接的咬口缝应错开，不得有十字形拼接缝。

2）金属风管法兰材料规格不应小于表 3-8 和表 3-9 中的规定。

表 3-8　金属圆形风管法兰及螺栓规格　　　　　　　　（单位：mm）

风管直径 D	法兰材料规格		螺栓规格
	扁钢	角钢	
D≤140	20×4	—	M6
140<D≤280	25×4	—	M6
280<D≤630	—	25×3	M6
630<D≤1250	—	30×4	M8
1250<D≤2000	—	40×4	M8

表 3-9　金属矩形风管法兰及螺栓规格　　　　　　　　（单位：mm）

风管长边尺寸 b	法兰材料规格（角钢）	螺栓规格
b≤630	25×3	M6
630<b≤1500	30×3	M8
1500<b≤2500	40×4	M8
2500<b≤4000	50×5	M10

3）中、低压系统风管法兰的螺栓及铆钉孔的孔距不得大于 150mm，高压系统风管不得大于 100mm。

4）矩形风管法兰的四角部位应设有螺孔。

5）当采用加固方法提高了风管法兰部位的强度时，其法兰材料规格相应的使用条件可适当放宽。

（2）非金属风管的连接　法兰的规格应符合规范规定，螺栓孔的间距不得大于 120mm。矩形风管法兰的四角部位应设有螺孔。

（3）金属风管的加固　矩形风管边长大于 630mm、保温风管边长大于 800mm、管段长度大于 1250mm 或低压风管单边平面积大于 $1.2m^2$、中高压风管面积大于 $1.0m^2$，均应采取加固措施。

（4）非金属风管的加固　硬聚氯乙烯风管的直径或边长大于 500mm 时，其风管与法兰的连接处应设加强板，且间距不得大于 450mm。

5. 保温层厚度

1）敷设在非空调房间里的送风、回风管，采用离心玻璃棉保温时，保温层的厚度为 40mm。

2）敷设在空调房间里的送风、回风管，采用离心玻璃棉保温时，保温层厚度为 25mm。

3）采用橡塑材料或其他材料时应根据设计要求或计算得出。

课题三　室外机安装

【相关知识】

一、安装流程

多联机空调系统的室外机安装流程如下：

安装位置确认→室外机基础准备→设备开箱检查→室外机固定安装。

二、安装要点

1）室外机必须安装在专门设计的安装基础上，基础材料可采用混凝土或钢铁支架，基础高度大于 200mm。

2）室外机与基础之间应加厚度不少于 10mm 的条形减振垫。

3）用地脚螺栓把机组固定在机座上，地脚螺栓凸出部分应该为 20mm。

4）室外机就位后要测量机组的水平度，确保水平度控制在 ±1mm 之内。

5）室外机基础周围配置有排水沟和防水处理措施。

6）空调器室外机组的安装应考虑环保、市容的相关法规，特别是在名优建筑物和古建筑物、城市主要街道两侧建筑物上安装空调器，应遵守城市市容的有关规定。

7）室外机搬运时应注意保持垂直，需倾斜时，倾斜角应小于 45°，并注意在搬运、吊装过程中的安全。

三、位置选择

位置选择时，首先应考虑尽量缩短室内机和室外机连接的长度；其次是选择便于维护、检修方便和通风的地方进行安装。室外机安装位置必须符合如下要求：

1）避开人工强电、磁场直接作用的地方。

2）避开易产噪声、振动的地点。室外机安装基础牢靠，室外机与安装基础之间要设有减振措施。

3）避开自然条件恶劣（如油烟重、风沙大、阳光直射或有高温热源）的地方，选择排水通畅的地方。

4）避开儿童易触及的地方。

5）室外机安装位置的运转噪声对邻居的影响应小于国家规定的噪声标准，排出热量对周围邻居无影响。

四、空间要求

1）根据多联机空调系统的设计方案和建筑物设计方案，确定室外机的安装空间。

2）室外机的安装空间必须满足机组换热的要求，应确保足够的吸气空间，以防止短路循环。否则，会影响多联机空调系统的制冷性能，严重时将造成机组无法稳定地运行。

3）安装室外机时，必须考虑到便于检修与维护，室外机的周围要留出技术人员进出的空间和位置。应确保室外机的四周要求留有足够的进、排风和维护空间，进、排风应通畅，必要时室外机应安装风帽及气流导向格栅。

五、安装操作

1. 安装前检查

室外机设备开箱检验时，需校对规格型号是否符合设计要求，确认主体、零部件有无缺损和锈蚀。检查情况应填入设备开箱检查记录表。

2. 搬运和吊装

设备的搬运和吊装必须符合产品说明书的有关规定,并应做好设备的保护工作,防止因搬运或吊装而造成设备损伤。空调机属于精密设备,搬运时注意不要横倒,否则会引起设备内的润滑油偏移而损伤机器。

3. 安装操作

操作步骤:基础的准备→安装室外机。

(1)基础的准备 室外机宜以槽钢作为基础,禁止四角支撑。基础周围应设置排水沟,以排除设备周围的积水。室外机安装在屋顶上时,必须检查屋顶的强度,并要特别注意保护屋顶的防水层。

(2)安装室外机

1)检查基础的强度和水平度,避免产生振动和噪声;空调室外机设弹簧减振台座减振,室外机与支架之间加10mm厚的减振胶垫,地脚螺栓与预埋件的连接应牢固。

2)工作空间:当设备安装好之后,必须留出今后维修、保养的工作空间,不能过分狭小,以至于影响压缩机的更换。室外机安装的整体效果应符合美学的要求。

3)短路的避免:机器必须被安装在通风良好的地方,避免发生气流短路。

【典型实例】

【实例1】三菱FDCA140HKXE-N4的安装空间的选择

三菱FDCA140HKXEN4(小型多联系列)的安装空间(维修空间)的选择如下:

(1)单台室外机空间设置 应确保足够的间隙(维护作业空间、通道、通风和配管),进气口、送风口和维修空间应具有足够大的空间(图3-23和表3-10)。

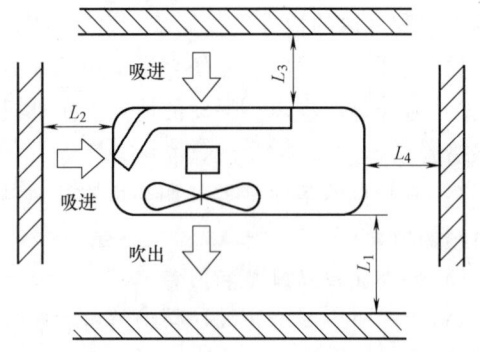

图3-23 三菱FDCA140HKXEN4安装空间示意图

表3-10 三菱FDCA140HKXEN4安装空间尺寸要求

安装示例 尺寸	I	II	III
L_1	开放	开放	500mm
L_2	300mm	5mm	开放
L_3	150mm	300mm	150mm
L_4	5mm	5mm	5mm

1)应将送风口前面的挡壁高度设定在机组高度以下。

2)禁止在四周设置挡壁。应确保顶部空间在1m以上。

3)横向连接安装时,请确保机组之间的维修空间在10mm以上。

4) 在有可能发生短路的场所，请安装导向板。

5) 进行多台安装时，请充分确保进风空间，以免发生短路。

6) 在积雪可能覆盖室外机组的场所，请采取防雪措施。

7) 在易受强风影响的地方，请采取防风对策。

（2）多台室外机的空间设置

1) 左右连续设置，请在室外机之间留置 10mm 以上的间隙（★标记表示维修面板一侧），如图 3-24 和图 3-25 所示。

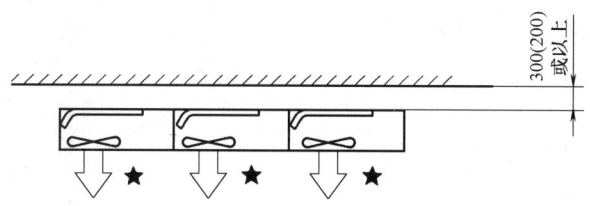

图 3-24　左右连续设置方式一（出风侧开放设置方式）

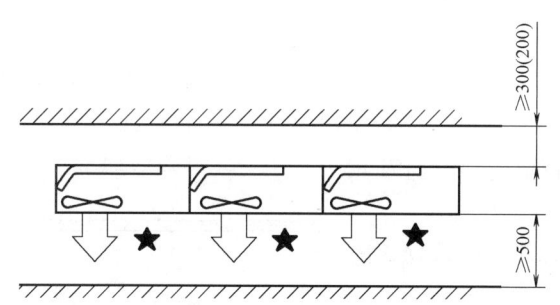

图 3-25　左右连续设置方式二（出风侧有障碍墙设置方式）

2) 对向设置（★标记表示维修面板一侧），如图 3-26 所示。

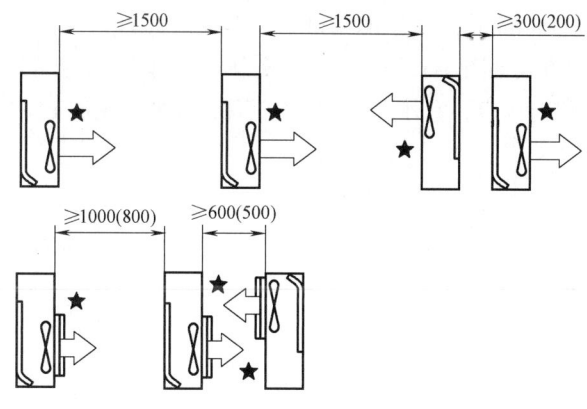

图 3-26　对向设置方式

3) 左右连续对向设置，应在室外机之间设置 10mm 以上的间隙（★标记表示维修面板一侧），如图 3-27 所示。

4) 使用台架时的设置方式如图 3-28 所示。

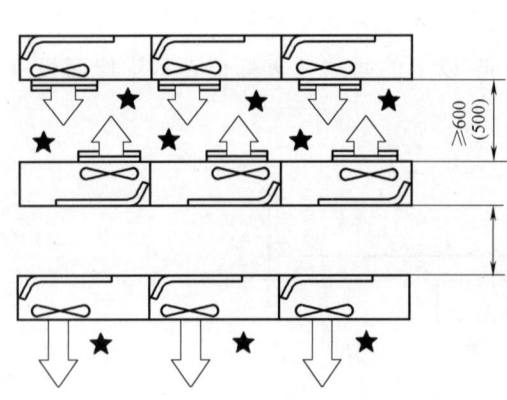

图 3-27 左右连续对向设置方式

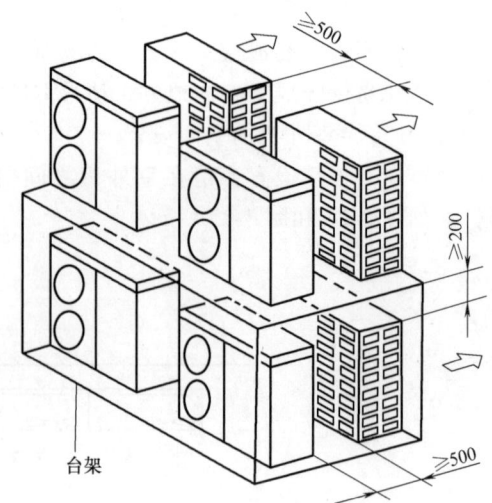

图 3-28 使用台架的设置方式

5) 安装在狭窄巷子里的设置方式如图 3-29 所示。

备注：

① 括号内的数值表示使用导向百叶板时的值。

② 内侧室外机四面都有障碍物，因此禁止安装。

③ 如果能满足前述四项安装条件，四面都有障碍物，也可安装。

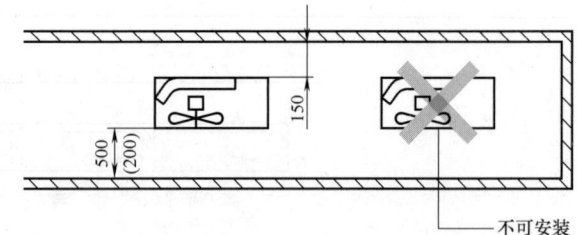

图 3-29 狭窄巷子里的设置方式

6) 易受到强风吹刮时的设置方式如图 3-30 所示。

① 出风口距离墙面 500mm 以上，出风口与自然风向成直角。

② 防止翻倒的设置方式如图 3-31 所示。应在室外机侧面的工艺孔处穿入钢丝（请使用不易生锈、强度高的钢丝）进行固定，室外机顶板的固定件位置处预先加工了用于安装的螺栓。

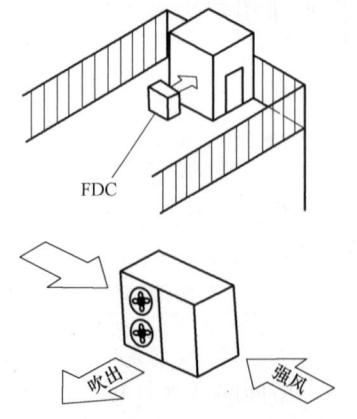

图 3-30 易受到强风吹刮的设置方式

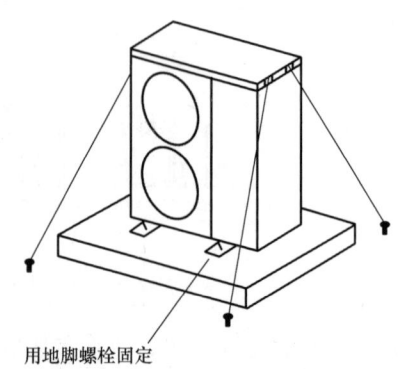

图 3-31 防止翻倒的设置方式

【实例2】 室外机底座的安装固定操作

1. 地脚螺栓

始终用4个地脚螺栓（M12左右）固定室外机的锚脚，地脚螺栓凸出20mm，如图3-32所示。

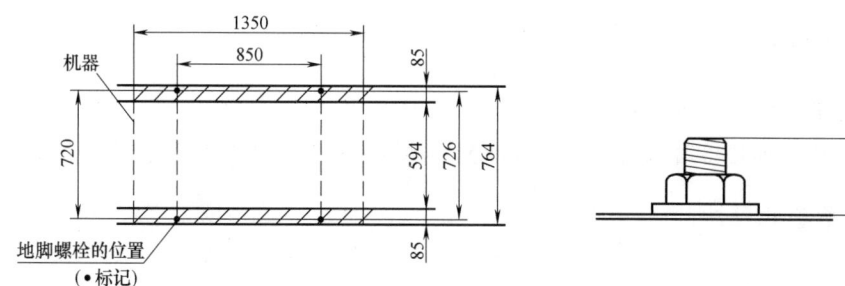

图3-32 地脚螺栓固定示意图

2. 底座基础

1）安装室外机前，请确定底座基础具有足够的强度和水平度，以确保机器不会振动或产生噪声。

2）底座基础尺寸要求跟室外机锚脚的整个底部区域相当或更大，如图3-33所示。

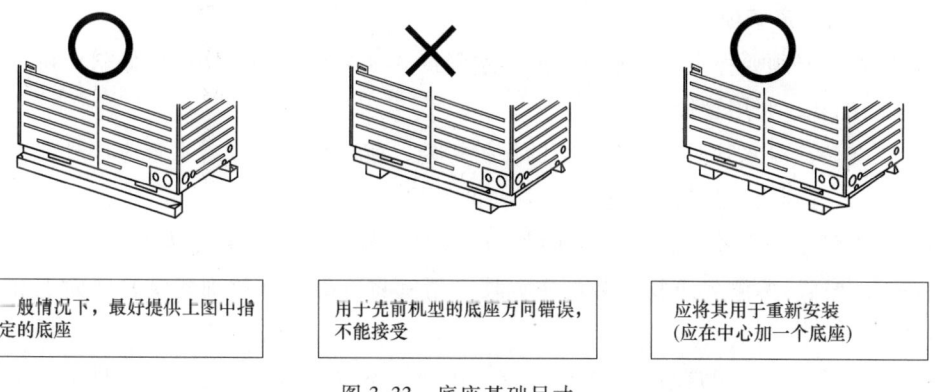

图3-33 底座基础尺寸

3）隔振橡胶。隔振橡胶必须支撑室外机锚脚的整个底部区域，如图3-34所示。

图3-34 室外机隔振橡胶

课题四　冷凝水管安装

【相关知识】

一、安装流程

冷凝水管的安装流程如下：
安装室内机→连接冷凝水管→检查水泄漏→冷凝水管绝热→冷凝水管坡度和固定。

二、安装要点

1. 安装的原则

1）坡度：冷凝水管安装坡度必须≥1/100。

2）管径合理：至少应满足室内机的冷凝水流量。

3）就近排放：冷凝管水平管长度尽可能短。

4）避免气封：冷凝水管尽可能短并应避免气封的产生。

5）保温：冷凝水管应外套10mm厚的难燃BI级橡塑保温材料，绝热包扎，避免表面结露。

2. 安装的注意事项

1）排水管必须要保持1/100以上的落水斜度。如果做不到1/100的倾斜，可考虑使用较大尺寸的配管，利用管径做坡度。

2）在安装冷凝水管时，应有适当的保护措施，避免摆动。冷凝水管应该具有相应的避免老化措施，达到适当延长排水管使用寿命的目的。

3）排水管末端不要直接同地面接触。冷凝水的排放不得妨碍他人的正常生活、工作。在道路和公共通道两侧建筑物安装的空调器，不宜将冷凝水排放到建筑物墙面上和室外路面上。

4）排水管固定在建筑结构上的管道支、吊架，不得影响结构的安全。排水管道穿墙体或楼板处应设套管，管道接口不得置于套管内。

5）空调机排水管必须同建筑中其他污水管、雨水管、排水管分开安装。排水管之间避免出现对冲现象，以免出现倒坡和排水不畅现象。

6）对室内机排水带有提升泵机型排水管路的安装，排水管与室内机连接时，必须采用随机附带的管箍固定，不得用胶水粘接，以保证日后的检修。为了确保斜度1/100，排水管的提升高度应符合厂家的技术规定高度，垂直向上后必须马上下斜放置，否则会造成水泵水位开关误动作。

3. 安装的要点

1）在排水管路上增设通气口，通气口间距10m，并使通气口朝下，使冷凝水排水顺畅，以免污物进入管道内。排气口位置禁止在带提升泵的室内机提升管附近出现。

2) 冷凝水管吊架间距：横管 0.8~1m，立管 1.5~2.0m，每支立管不得少于两个，横管间距过大会产生挠曲，从而产生气阻。

3) 对静压比较大、自然排水（如高静压风管机）的室内机，排水管必须做存水弯头，避免室内机运行时产生的负压把水吹出室内或导致排水不畅。

4) 冷凝水管安装结束后，应进行排水及满水试验，一方面检查排水是否畅通，另一方面检查管道系统是否漏水。

5) 向水平管的汇流尽量从上部汇流，从横向汇流容易回流。

6) 冷凝水管必须要做保温，保温材料接缝处，必须使用专用胶粘接，然后缠橡塑胶带，橡塑胶带宽度不小于50mm，保证牢固，防止凝露。

7) 在系统保温隐蔽前，必须对整个系统进行检查，特别是管道焊口，支、吊架等检查是否做好防腐处理，系统打压只有检查完毕才隐蔽。

三、安装操作

冷凝水管道安装前，应确定其走向、标高，避免与其他管线的交叉，以保证坡度顺直。水平排水管必须避免对冲现象，以免出现倒坡和排水不畅。在安装过程中，注意区分自然排水和提升泵排水。

1. 自然排水安装操作

（1）排水管存水弯头安装　对于静压比较大、自然排水（例如高静压风管机）的室内机，排水管必须做存水弯头。每台室内机安装一只存水弯头。安装存水弯头时应考虑易于日后清洁。

（2）集中排水管安装

1）集中排水管的管道直径。按室内机从合流管排出的冷凝水排量选择排水管径。

按1匹的主机2L/h的冷凝水排水量，2匹的3台机和1.5匹的2台机合并运行来计算如下：

$$2\times3\times2L/h+1.5\times2\times2L/h=12L/h+6L/h=18L/h$$

2）水平管道直径与允许冷凝水排量的关系见表3-11。

表 3-11　水平管道直径与允许冷凝水排量的关系

PVC 配管	配管参考内径 /mm	配管内径/mm	允许流量/(L/h) 斜度 1:50	允许流量/(L/h) 斜度 1:100	备注
PVC25	19	20	39	27	参考值不能用于汇流管
PVC32	27	25	70	50	
PVC40	34	31	125	88	参考值能用于汇流管
PVC50	44	40	247	175	
PVC63	56	51	473	334	

注：聚合点之后用PVC40或更大内径的管子。

3）竖管直径和冷凝水排量的关系见表3-12。

表 3-12 竖管直径和冷凝水排量的关系

PVC 配管	配管参考内径/mm	配管内径/mm	允许流量/(L/h)	备 注
PVC25	19	20	220	参考值不能用于汇流管
PVC32	27	25	410	
PVC40	34	31	730	参考值能用于汇流管
PVC50	44	40	1440	
PVC63	56	51	2760	
PVC75	66	67	5710	
PVC90	79	77	8280	

注：聚合点之后用 PVC40 或更大内径的管子。

4) 集中排水作业步骤：

安装室内机→连接排水管→通水试验、满水试验→排水管绝热。

注意事项：

① 为了避免横向主排水管走得太长，应尽可能多地增加排水点，减少所连室内机台数。

② 内有排水泵的机型与自然排水的机型，应分别汇合到不同的排水系统中。

③ 通气口必须加 2 个弯头，使口朝下，以免灰尘等污物掉入管内，且通气口应设置在主排水管的最高点处。

2. 提升泵排水安装操作

1) 排水管与室内机连接时，必须采用随机附带的管箍固定，不得用胶水粘接，以保证检修方便。

2) 为确保斜度 1/100，排水管总的提升高度 H 为 750mm（注意：从提升泵排水管口能提升的高度为 0~500mm，且在排水提升管段禁止设置通气管）。

3) 垂直向上后必须马上下斜放置，否则会造成水泵水位开关误动作。

四、满水试验及排水试验

1. 满水试验

排水管系统完成后，在排水管内灌满水，保留 24h，检查连接处是否有渗漏。

2. 排水试验

(1) 自然排水方式 从检查口向集水盘里慢慢注入 600mL 以上的水，观察排水出口的透明硬质管，确认是否能排水。

(2) 水泵排水方式

1) 拨开水位开关插头，拆下试水盖，通过试水口用注水管向接水盘注水约 2000mL，注意慢慢注入，防止碰到排水泵的电动机。

2) 接通电源，使空调做制冷运行。检查排水泵运行情况，然后接通水位开关，检查水泵运行声音，同时观察排水出口的透明硬质管确认是否能排水（视排水管长短，延时 1min 左右才能排水）。

3) 停止空调器运行，关掉电源，将试水盖装回原处。

4) 停止空调器运行后，3min 后检查有无异常情况。如果排水管布置不合理，水倒流过多会造成遥控接收板报警指示灯快闪，甚至从接水盘溢出。

5) 继续加水至报警水位，检查排水泵是否立即排水，3min 后水位不能下降到警戒水位以下，将导致停机，此时需关闭电源并排除积水才能正常开机。

>> **注意** 主体接水盘上的排水塞在空调器出现故障维修时用来排除接水盘的积水，在使用期间要塞好塞子，以防漏水。

【典型实例】

【实例1】冷凝水管安装图例（图 3-35～图 3-38）

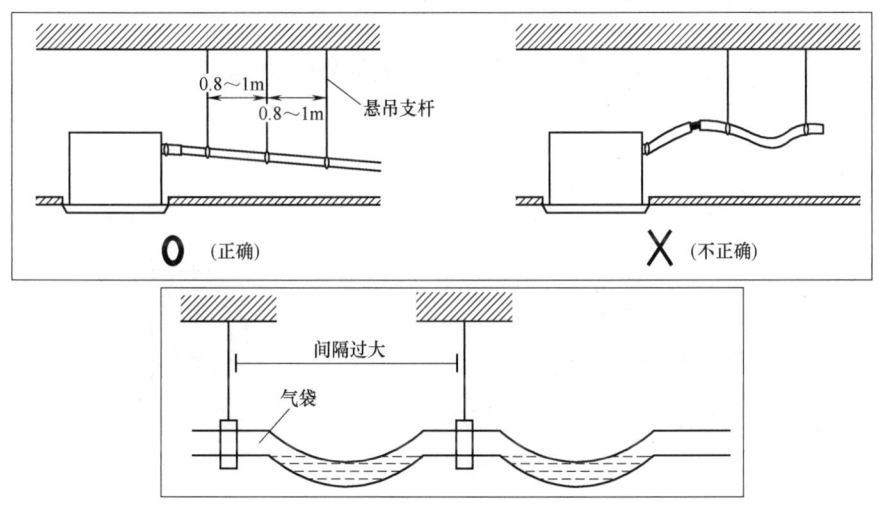

图 3-35 冷凝水管正确安装示意图

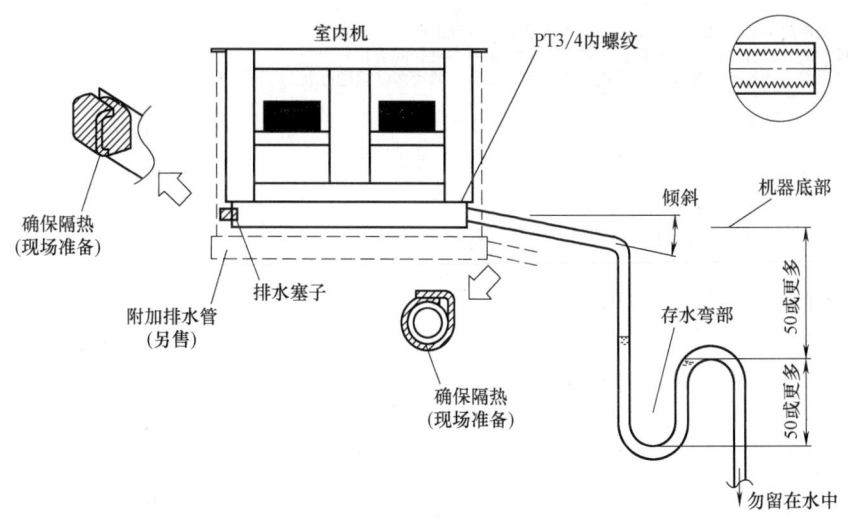

图 3-36 存水弯头安装图例

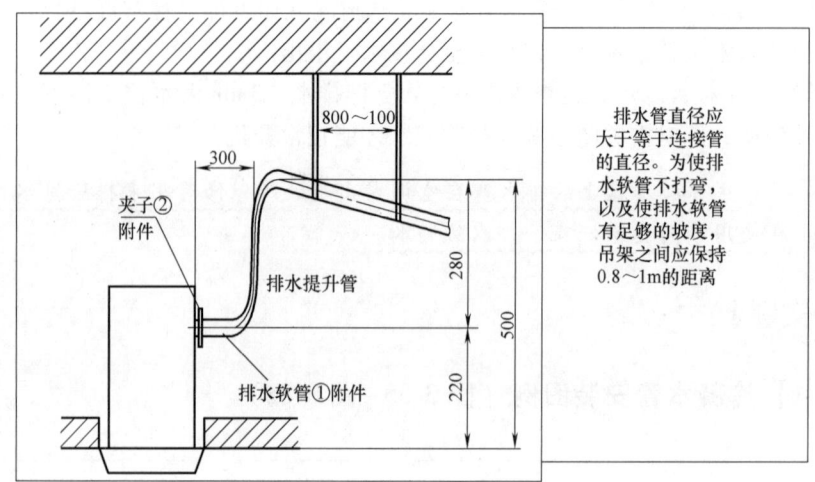

图 3-37 带提升泵的冷凝水管安装图例一

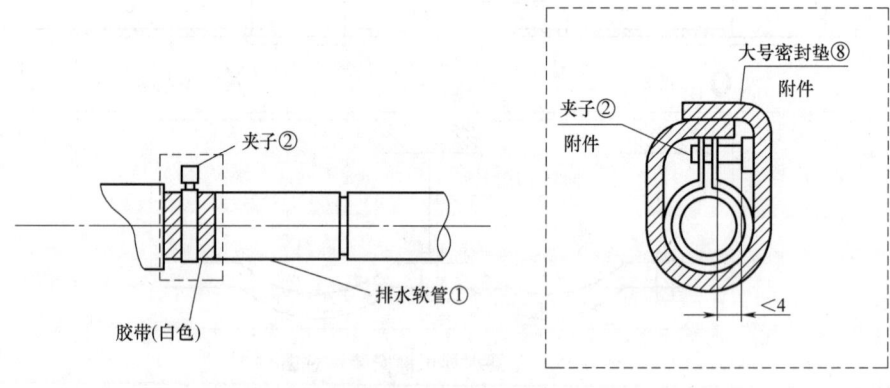

图 3-38 带提升泵的冷凝水管安装图例二

【实例2】约克冷凝水排水管安装

1. 自然排水机组冷凝水管安装（图 3-39~图 3-43）

（1）水封设置 当机组的冷凝水盘位于机组的正压段时，冷凝水盘的出水口不应设置水封；位于负压段时，应设置水封，水封高度应大于冷凝水盘处于正压或负压值。

（2）挂壁机和不带水泵的座吊机排水管安装 安装挂壁机时，按墙孔方位安装室内机管道，用胶带将排水管与其合并缠紧，注意排水管放在下边，当排水软管需通过室内时，一定要缠绕隔热材料，防止冷凝结露。排水配管可延伸至地面或背面，把排水管道连接到排水口，并利用紧固扎带固定。

单元三 多联机空调系统工程安装

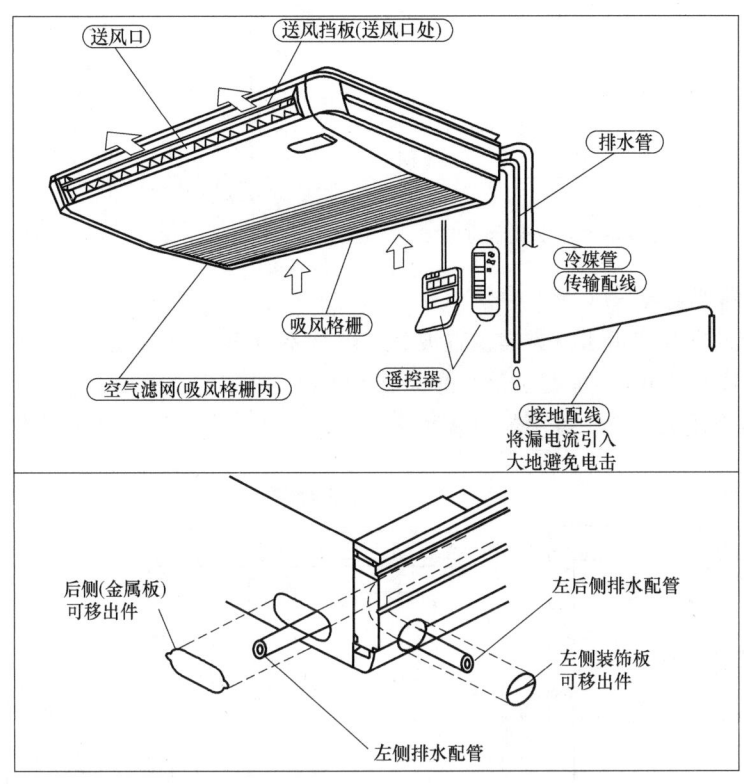

图 3-39 天花板悬吊室内机冷凝水管安装图例

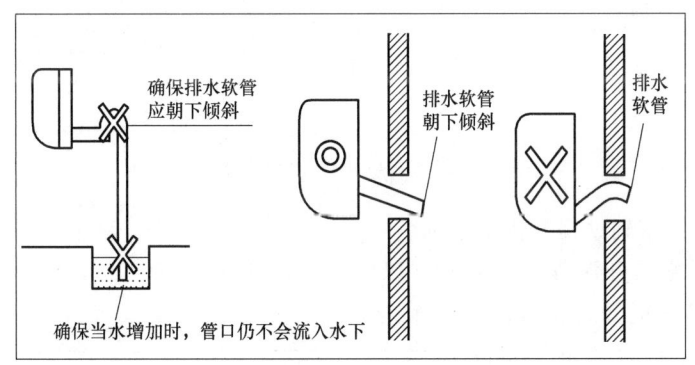

图 3-40 壁挂式室内机冷凝水管安装图例

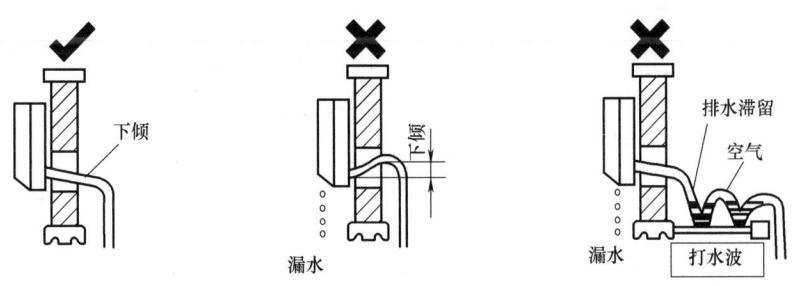

图 3-41 壁挂式室内机冷凝水管安装示意图一

95

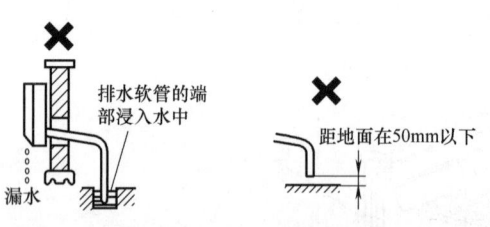
图 3-42 壁挂式室内机冷凝水管安装示意图二

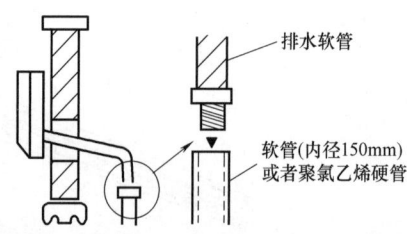
图 3-43 壁挂式室内机冷凝水管安装示意图三

2. 排水管的坡度要求（图3-44）

1）排水管的支管应沿水流方向设置坡度，坡度不应小于1%，悬吊螺栓满足横管在1~1.5m、竖管在1.5~2.0m，每支立管不得少于2个支、吊固定点的要求。

2）不能出现倒坡，弯头等不能出现积水部位，出水端不允许浸泡在液体中。

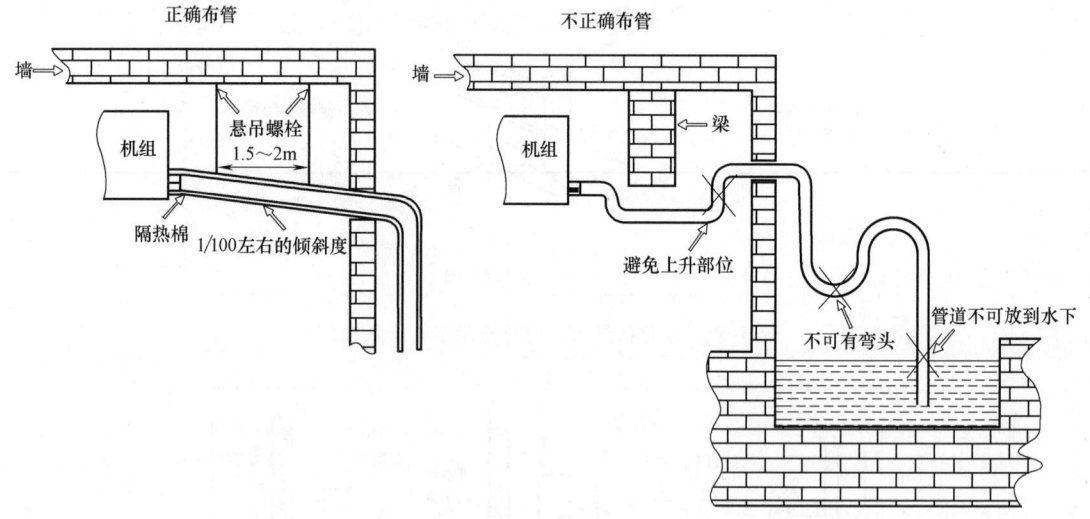

图 3-44 吊顶式室内机冷凝水管安装示意图

3. 水泵排水（带辅助提升排水泵机组）

1）请确认排水提升管高度在500mm以内。

2）请保持排水提升管垂直，并确保其与空调机的距离在300mm以内。

3）对水盘备用水嘴部分应进行妥善隔热处理，以防止结露。排水管道高度应在图3-45所示的距离内。

4）为了防止排水管向下弯垂，每1~1.5m要用吊架等器件辅助固定。

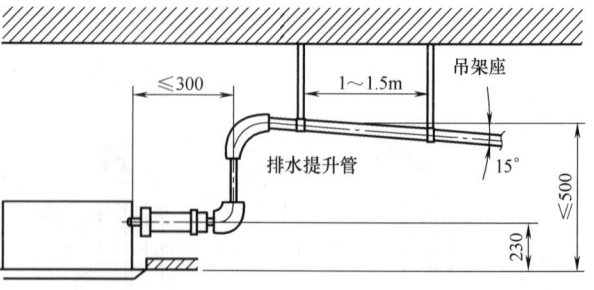

图 3-45 卡式天花式室内机冷凝水管安装示意图

5）连接时，应采取有效措施，保证排水管各接口密封不漏。

6）为防止排水管外壁遇空气后结成露水滴落，排水管从机组引出后，应进行隔热处理。

4. 排水管的连接方式

1）排水管与排水管之间应用合适的胶水粘接，必须使用正确的接头等辅助部件，严禁直接对接水管端面而无其他辅助部件的对接方式。

2）当排水支管和汇流管进行拼接时，水平管需以一定落差接入，请参考图 3-46 进行操作，且两边的分支管汇流同一点时，应错位接入主管，以防止出现倒流。

3）冷凝水管不能与建筑物中的污水、废水管连接，防止污水倒灌或臭气倒溢入室内。

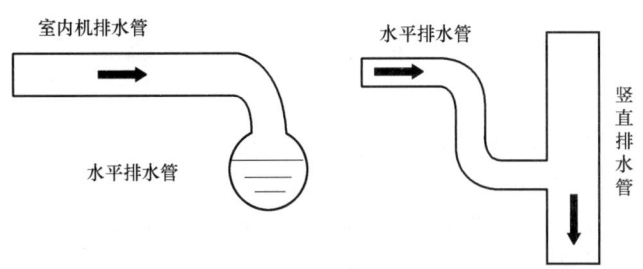

图 3-46 水平、竖直冷凝水管汇流管安装示意图

5. 排水试验

（1）自然排水机组相关测试

1）将排水口堵住，往排水管路系统中注满水，看排水管是否有水渗漏。

2）往接水盘中注入 3L 左右的水量，在排水管出口处检测水流出量。每台室内机单独检查，检测排水量时需考虑少量附着在管壁上的水分。

3）当要排空机器内的水时，请拆下排水底部的放水塞。

4）试验后，把放水塞装回原先的位置，关掉电源。

（2）水泵排水机组相关测试

1）用给水泵通过进气口向室内机每次加注 1L 水。

2）检查排水是否在排水口流出（备注：在试验时，注意排水电动机的旋转声）。

3）当要排空机器内的水时，请拆下排水底部的放水塞。

4）试验后，把放水塞装回原先的位置，关掉电源。

6. 排水管保温施工

必须在密封性及流畅性检查之后方可进行保温处理，保温处理的注意事项和具体方法可参考"防腐与保温施工技术标准"的相关规定和方法，避免产生凝露。

重点注意事项如下：

1）排水管在室内的部分皆需进行隔热处理，防凝露，需选用 10mm 以上厚度的保护套。

2）凡不是整管保温的，一定要将切割开的部分重新粘接。

3）保温管相接处和被切开处应该使用胶粘接或卡扣固定连接，并且保证它在管路的顶端。

4）在排水试验后，才能进行配水管的保温施工。

7. 冷凝水管道的支吊架安装

除了吊顶时机组需要竖直吊杆吊挂以外，所安装的冷媒管道、冷凝水管道、电线管都要进行吊挂固定，必须使用合格的支吊架，不得使用铁丝、电线、绳索捆绑吊挂。

水平管支撑间隔为 0.8~1.0m，如间隔过大会产生挠曲，影响排水，如图 3-47 所示。

【实例3】 三菱四向嵌顶式（FDTA）室内机排水配管安装

1. 排水管安装

1）排水配管必须保持向下的倾斜度（1/50~1/100），并避免上升或出现存水弯头，如图3-48所示。

2）当将排水管连接至机器时，请勿对机器侧的配管施加过大的力量，并尽量将配管安装在靠近机器的地方。

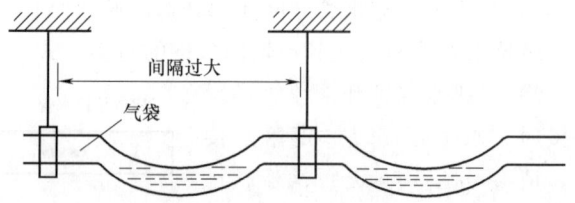

图3-47　冷凝水管支吊架间隔过大示意图

3）排水配管请使用硬制PVC通用管VP-25。连接时，请将PVC管端牢牢插入排水套管，然后用附带的排水软管和夹具牢牢拧紧。不可在排水套管和软管的连接处使用粘结剂。

4）当对多台机器进行排水配管时，应按图3-49所示将通用管放在各机的排水口下约100mm处。应使用VP-30或更粗的管子。

5）对室内的硬制PVC管进行隔热处理。

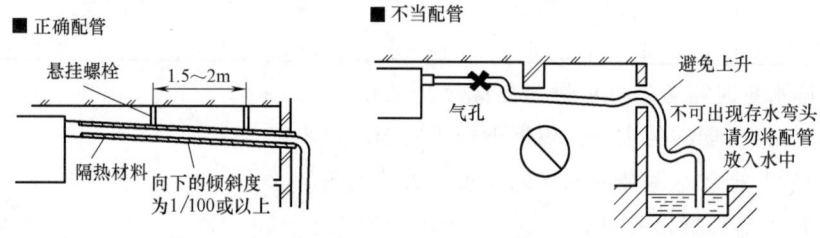

图3-48　排水配管示意图

6）避免出现气孔。

7）排水扬程的高度必须被提升到天花板上700mm处，当天花板中出现障碍物时，请使用弯管或相应的小配件提升配管以避开障碍物。执行该作业时，如果所需高度太高，运转停止时排水的回流将聚积过多，可能会导致排水盘的溢出。因此，应使排水管的高度处在图3-49所示的范围内。

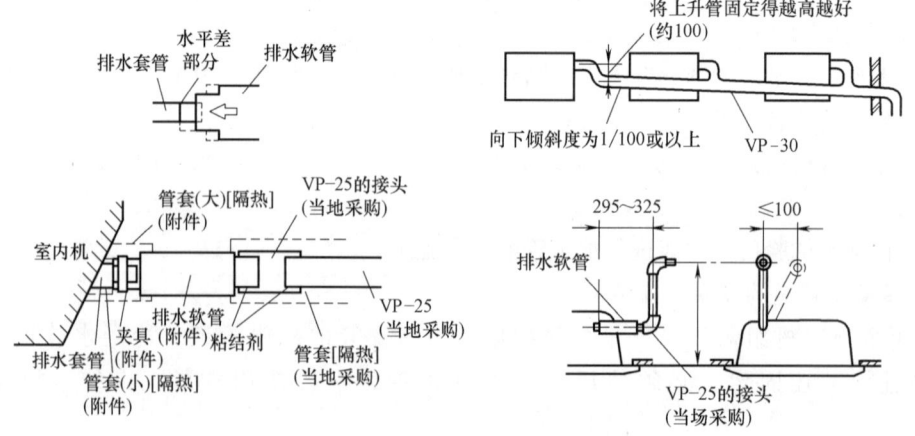

图3-49　FDTA室内机排水配管要点示意图

8）排水软管的作用是吸收安装时排水配管的差异。因此，如果故意弯折或在膨胀的情况下使用时，可能会造成其损坏或漏水。

2．排水试验（图 3-50）

（1）排水试验要点

1）在试运转期间检查排水是否顺畅以及管接头和排水盘是否有漏水。

2）即使在冬季安装机器，也须进行排水试验。

3）在新房子中，请在安装吊顶前执行试验。

（2）排水试验操作

1）用水泵将 1000mL 的水通过通风口注入排水盘。

2）检查排水软管的透明排出端是否正常排水。

3）注意排水电动机噪声的同时，进行排水作业。

4）拔下排水塞以进行排水，排水结束后，将排水塞放回原位。拔出排水塞时，请勿使水溅出。

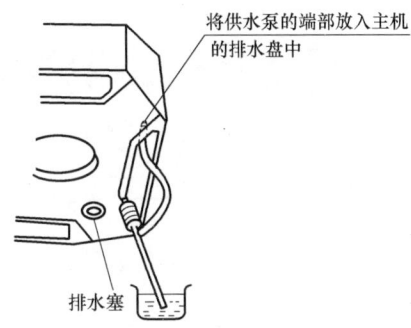

图 3-50　排水试验示意图

3．强制排水泵运转

（1）从机器侧进行设置

1）打开室内机 PC 板上的双列直插式开关 5-1。排水电动机将继续运转。

2）试验完成后，请务必关闭双列直插式开关。

3）当电气作业未完成时，请将凸圆接头与排水管接头相连接，开一个入口并检查配管的漏水和排水连接情况。

（2）从遥控器进行设置　通过遥控器可控制排水泵的运转。请按照下述步骤操作遥控器。

1）起动强制排水泵运转。按住试运转按钮 3s 以上，显示将按照" SELECT ITEM"→" SET"→" TEST RUN "的顺序进行变化；显示" TEST RUN "时，按下 按钮一次，屏幕上将显示"DRAIN PUMP "。

当按下"SET"按钮时，排水泵将起动运转，显示："DRAIN PUMP RUN"→" → STOP"。

2）取消排水泵运转。如果按下"SET"或"ON/OFF"按钮，强制排水泵停止运转。空调系统将被关闭。

课题五　冷媒配管安装

【相关知识】

一、安装流程

施工准备→铜管加工→钎焊连接→铜管敷设→管道冲洗→气密试验→管道保温→真空干燥。

二、安装要点

1. 冷媒配管安装三原则

冷媒配管安装三原则：干燥、清洁、气密性，见表 3-13。

干燥：保证管内无水分；清洁：保证管内无杂质、污物；气密性：保证冷媒无泄漏。

表 3-13 冷媒配管三原则

	干燥	清洁	气密性
	管内无水分	管内无杂质	管道无泄漏
图例	(水)	(尘埃)	(泄漏)
原因	■水，例如雨水从外面进入 ■管道中的冷凝水	■在钎焊时产生的氧化物 ■外界杂质，如脏物、油污等从外部混入	■钎焊未焊牢 ■喇叭口加工不当或拧紧力矩不当
产生的征兆	■膨胀阀或毛细管等堵塞 ■无冷气或暖气 ■润滑油老化 ■压缩机故障	■膨胀阀或毛细管等堵塞 ■无冷气或暖气 ■润滑油老化 ■压缩机故障	■气态制冷剂不足 ■无冷气或暖气 ■排气温度升高 ■润滑油老化 ■压缩机故障
预防措施	管道维护→冲洗→真空干燥	■同左 ■不使用已用过其他制冷剂的设备	■遵守钎焊的基本操作规程 ■遵守喇叭口制作的基本操作规程 ■遵守法兰连接的基本操作规程 ■进行气密性测试

2. 冷媒配管安装操作要点

1）冷媒配管的规格应满足安装说明书的要求，配管长度尽量缩短，施工中确保配管的清洁、干燥和气密性，分歧管保证水平，竖直配管不得变形。

2）铜管与分歧管之间连接采用承插焊接，其套管插入深度见表 3-14。

3）冷媒配管焊接时，需要充氮保护，减少氧化皮的产生。使用氮气减压阀将压力控制在 $0.2 \sim 0.3 \mathrm{kgf/cm^2}$，焊接完毕持续通入氮气直至管道完全冷却为止。

表 3-14 承插焊接套管插入深度　　　　　　　　　　（单位：mm）

铜管外径	插入深度	铜管外径	插入深度
$\phi 6.35 \sim \phi 9.52$	≥7	$\phi 9.52 \sim \phi 12.7$	≥10
$\phi 12.7 \sim \phi 15.88$	≥15	$\phi 15.88 \sim \phi 22.22$	≥20
$\phi 25.4 \sim \phi 38.1$	≥25	$\phi 38.1 \sim \phi 50.8$	≥30

4）管路固定间距合理（表 3-15 和表 3-16）。一般应将气管与液管并行悬挂，支撑点的间距根据配管的管径来选择，由于机组运行和环境温度的变化引起温差导致冷媒配管产生热胀冷缩现象，所以不能将保温后的配管完全夹紧，否则可能造成铜管应力集中而开裂。

表 3-15　制冷剂管道的吊架或托架支撑间距

管道公称直径/mm	最大间隔/m
6~20	1.0
20~25	1.0
25~40	1.5
40~50	2.0
50~60	2.5

表 3-16　立管固定支撑间距

配管直径/mm	φ20 以下	φ20~φ40	φ40 以上
支撑点间隔/m	1.5	2.0	2.5

5）分歧管安装要点。

① 必须按照施工图样和安装说明书，确认分歧管组件的型号以及连接的主管和支管的管径。

② 内、外机分歧管水平安装时要水平，左右不得倾斜；竖直安装，可以向上或者向下，但是不允许偏斜；分歧管尽量靠近室内机，分歧管的制冷剂入口侧要保证至少 500mm 的直管段，吊架离分歧管的焊接距离应大于 300mm。

③ 分歧部至室内机间的配管管径与室内机配管管径相同。从第一分歧到某一室内机超过 30m 时，把从第一分歧至该室内机的气侧配管均增大一号尺寸。例如，室内机为 φ15.9mm、φ9.52mm，当该台室内机与第一分歧超过 30m 时，连接管径为 φ19.05mm、φ12.7mm。连接室内机处缩口处理。

④ 分歧管的气管、液管要分开保温，禁止将气管与液管包裹在同一根保温管里面。

6）冷媒管使用之前需要进行清洁处理；如果是 R410A 冷媒系统，铜管必须经过脱油处理。

7）只能使用铜管割刀切割铜管，严禁使用钢锯、砂轮锯等。不正确的切割工具会导致大量铜屑残留在铜管内壁。

8）弯管加工必须使用弯管器，避免铜管弯瘪变形。

9）多联机空调系统，每根铜管都要贴上标签，以便区别各铜管所属系统，防止接错。

10）室内、外机落差每隔 10m 在气管侧增设一个回油弯，确保机组回油正常。

三、安装操作

1. 施工准备

（1）施工技术交底　班组进场施工前必须先熟悉施工图样及本技术交底。

（2）工具准备　主要工具包括施工机具和量具，分别见表 3-17、表 3-18。

（3）现场核对　安装前首先核对图样，检查管道布置是否与结构及其他专业管道交叉、矛盾；核对管道预埋件、支架、套管的位置、标高是否正确。

（4）预留孔洞　在主体施工阶段，根据设计图样在管道穿板处采用 UPVC 管或钢套管预留孔洞，穿墙穿梁处则预埋钢套管。孔洞大小比保温后的管径大两号。

表 3-17 主要施工机具

主要机具	数量	备注	主要机具	数量	备注
力矩扳手	4	接头螺纹连接	直流电焊机	2	支吊架制作
弯管器	4	铜管弯曲	台钻	2	支吊架制作
扩口器	4	铜管螺纹接头加工	砂轮切割机	3	支吊架制作
胀管器	4	铜管对接接头加工	手电钻	3	铜管安装
氧气乙炔装置	3	铜管焊接	冲击电钻	3	铜管安装

表 3-18 主要量具

主要机具	数量	备注	主要机具	数量	备注
游标卡尺	4	接头加工检测	电子秤	1	冷媒追加
压力表	4	气密性试验,充氮保护,冷媒追加	钢卷尺	4	铜管下料

(5) 安装套管　管道穿墙穿板处应设置钢套管。套管管径比保温后的管外径大两号。穿墙套管应与墙体装饰面平齐,穿楼板套管应与楼板底面平齐,穿楼板套管高出装饰地面50mm。管道焊缝接头不得置于套管内。管道与套管间的空隙用岩棉等不燃或难燃材料填塞密实,外加防水油膏封堵。

2. 铜管加工

(1) 切割

1) 根据图样和现场实测尺寸采用专用割管器切割铜管。割管器应绕铜管逆时针旋转,并不断旋紧转柄。刀口应与管轴线垂直(切口允许倾斜偏差为管径的1%)并缓缓进刀以防挤扁铜管。

2) 切割后用锉刀将切割面打磨平滑去除毛刺,打磨时管口应侧向下以防粉屑进入管内。

3) 用铰刀沿管口内侧旋转去除锐边和毛刺使铜管切口平整光滑。也可用专用圆形铰刀同时对管口内外进行倒棱处理。

4) 切割后应记录相应管道长度,以此作为系统充填冷媒的依据。

(2) 弯管　对于ϕ12.7mm 及以下铜管可用手直接弯管,小于ϕ22.2mm 使用弯管器弯管,大于或等于ϕ22.2mm 采用冲压弯头。弯管时,弯头两侧必须保持不小于管径2倍的直线部分。铜管的弯曲半径取3.5~4倍的铜管直径D,椭圆率不大于8%。冷媒管道分支管应按介质流向弯成90°弧度与主管连接。不得使用弯曲半径小于1.5D的压制弯管。

(3) 胀管　铜管对接时必须采用胀管工艺,将铜管用胀管器扩胀成承口,再进行承插钎焊连接。

胀管器分为棘轮和液压两种,注意不得用扩口器进行胀口。

首先选择合适胀管模具旋转套入胀管器的端头,再将铜管套入模具的胀口上并旋紧紧固旋钮。慢慢将手柄压下进行胀管,并不断循环,当胀管到一半时将铜管旋转45°再继续胀管操作,以防止铜管出现裂缝。

承插的胀管方向应迎着冷媒流向。

胀管后组对的管道内壁应齐平,错边量不大于壁厚的10%,且不大于1mm。承口深度不应小于管径。胀管后的内径 D 应为管道外径 + (0.1~0.15) mm。

（4）扩口　铜管与机组螺纹接口连接时应对铜管端头进行扩口（扩喇叭口）操作。扩口应使用专用扩口器，现在多数变频多联式空调机组采用 R410A 冷媒，不得采用 R22 冷媒的扩口工具制作喇叭口，R410A 专用扩口工具上有粉红色标志环。铜管扩口加工尺寸见表3-19。

表3-19　铜管扩口加工尺寸

	铜管扩口尺寸	
管径/in	配管外径 d/mm	口部尺寸 A/mm
1/4	6.35	8.4~8.8
3/8	9.52	12.2~12.8
1/2	12.7	15.6~16.2
5/8	15.88	18.8~19.4
3/4	19.05	23.1~23.7

扩口操作步骤如下：

1）松开扩口器叉臂上的螺杆手柄和夹紧手柄，将叉臂伸入扩口横杆铰链端部。选择相应尺寸的锥形开口后将管子从扩口器底部往上推直到与夹具口水平对齐。

2）将叉臂向前滑动直到叉臂上的箭头碰到扩口横杆上的线为止，然后上紧夹紧手柄。

3）顺时针旋转螺杆手柄直到压力推杆松开。然后将螺杆手柄，夹紧手柄退松并使叉臂向后滑动卸下管子。

4）喇叭口应均匀，大小适中，以免扩小了连接时密封不好，扩大了管口容易开裂。扩完喇叭口后必须仔细检查喇叭口内表面质量，要求无划伤、不得呈歪斜状。然后在喇叭口上涂冷冻机油。

3. 钎焊连接

钎焊是指用比母材熔点低的钎料和焊件一同加热，使钎料熔化（焊件不熔化）后润湿并填满母材连接的间隙，钎料与母材相互扩散形成牢固连接。钎焊的焊缝应表面光滑，填角均匀饱满，自然地圆弧过渡。钎焊接头无过烧、焊堵、裂纹、焊缝表面粗糙、烧穿等缺陷。焊缝无气孔、夹渣、未焊满、虚焊、焊瘤等缺陷。

冷媒配管铜管采用钎焊进行连接，使用银钎料。为防止铜管内部氧化，焊接时必须充氮焊接，焊接部位应清洁、脱脂。其操作步骤如下：

（1）焊前清洁　铜管接头应清洁光亮，无油污、氧化层、毛刺或凹凸，以防止产生气孔或虚焊。采用锉刀和铰刀对管口进行处理，除去管口毛刺。清理时管口应侧向下，清理完应轻轻敲打管壁避免碎屑进入管道内部。管道外壁的油污涂料应采用湿布进行擦拭清除。

（2）充氮保护　铜管焊接时需充入氮气进行保护焊接以防铜管被氧化。焊接时应保持焊接区域氮气微压（调节氮气瓶上的压力表使压力保持在 3~5 kgf/cm²），让氮气定向充入正在钎焊的管道内。焊接完成应待铜管完全冷却后，方可停止充入氮气。充氮保护焊接如图3-51所示。铜管另一端可用铜管配套的塑料保护盖盖住，并用针扎几个小洞以起到节约氮气的作用并保证氮气在内部流动。

（3）焊接火焰和温度要求　钎焊温度应比铜管的熔点温度低，控制在 650~800℃ 之间。

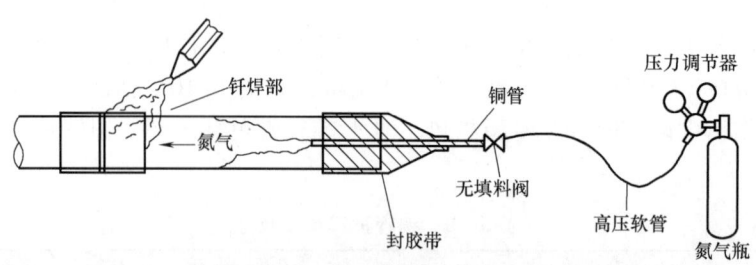

图 3-51 充氮保护焊接

钎焊必须使用氧乙炔火焰或氧丙烷火焰进行钎焊。

同时为保证钎焊的温度要求,用外焰进行加热时,火焰应呈中性或略带还原性,但应注意外焰温度超过 800℃ 时管子容易变形或熔化穿孔;利用焰心加热时温度较低,管子容易变黑影响质量和美观,一般采用内焰(火焰呈黄白色)进行加热焊接。

(4)钎焊操作

1)将铜管插入接头中,稍微旋转以保证焊缝间隙均匀。点燃火焰对铜管接头处加热。预热时应让火焰沿管道环向均匀加热至铜管变成暗红色。用钎料接触接头以判定接头处的温度。若钎料不熔化证明温度不足,需继续加热;若钎料迅速熔化表明温度已经达到钎焊要求可以开始焊接。继续加热以保持接头处温度在钎焊温度以上。

2)调整火焰方向使之朝向焊缝间隙,同时向接头缝隙处送入钎料,送料时使焊条和火焰呈 45°角。利用接头的热量将钎料填入缝隙直至将钎缝填满,注意不得直接将火焰对准钎料使之熔化到钎缝内。对于 $\phi 40mm$ 以上的大直径管道,因其周长较长不容易加热均匀,可使用两支焊枪同时加热使接头处的径向与长度方向受热均匀,使钎料均匀填满钎缝,以保证质量。

3)当钎料全部熔化后,应停止加热,以防钎料不断往内渗透不易形成饱满的焊缝。钎焊操作宜向下或水平侧向进行,不宜仰焊和倒立焊接,接头的分支口一定要保持水平,如图 3-52 所示。

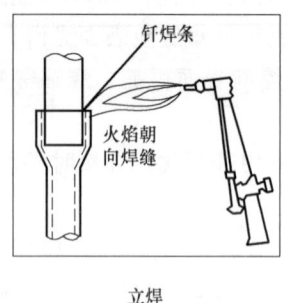 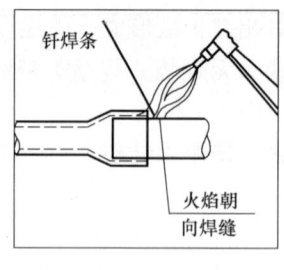 

立焊　　　　　　　水平焊　　　　　　　仰焊(尽量避免)

图 3-52 焊接方向示意图

4)分支接头在高处焊接时较难操作,加热温度不容易掌握,因此应避免在高处焊接分支接头。可在地上将分支管端口焊接上一段 1m 左右的短管,然后在高处对直管进行焊接。

5)钎焊后应继续吹入氮气直到铜管冷却。铜管须保持静止直至自然冷却结晶,以防熔化的钎料冷却时受到振动导致焊缝产生裂纹影响钎焊质量。用手触摸铜管不再烫手后用湿布冷却和擦拭连接部位(不能用冷水直接冷却)进行焊后处理。

4. 铜管敷设

(1) 支架制作安装

1) 管道支架形式（图 3-53～图 3-55）。管径 ϕ22mm 以下的制冷铜管由于管道较小，可将成品抱箍设置于保温层外，以防冷桥产生。而对于管径 ϕ22mm 及以上的铜管则应采用在管道外侧安装保温木垫（或 PE 托架）后采用抱箍固定。对于并排安装的管道可用型钢支架敷设。

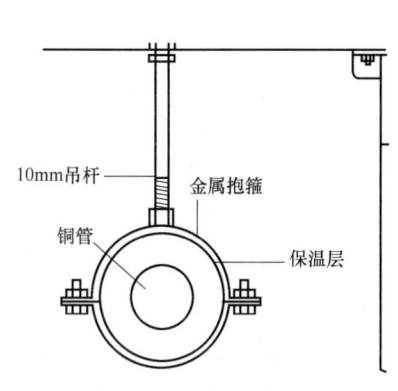

图 3-53 单管吊架做法

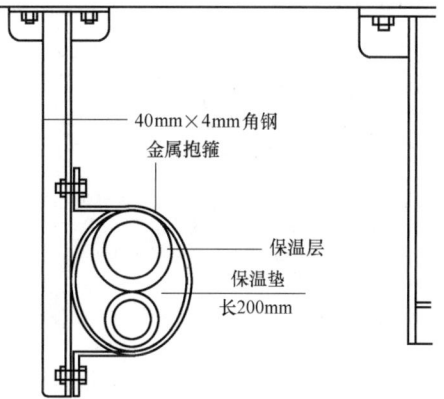

图 3-54 气管与液管共架做法

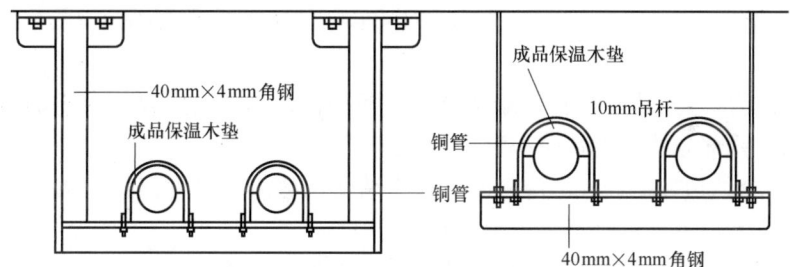

图 3-55 成排管道固定支架做法及成排管道普通吊架做法

2) 支、吊架间距。水平管道支吊架最大间距见表 3-20。对于并排垂直敷设的管道，可采用门形型钢支架，将立管统一放置在同一门架上，门架的间距可以取 1.5m，且每层不少于两个。

表 3-20 水平管道支、吊架间距

管径/mm	≤20	>20
支、吊架最大间距/m	1.0	1.5

注：在液管和气管共同悬吊时，以液管尺寸为准。

3) 支、吊架设置要求。支、吊架位置应靠近接口，但不得影响接口的拆装。支、吊架的安装应平整牢固。管道与设备连接处附近应设独立支、吊架；管道起始点、阀门、三通、弯头及长度每隔 15m 设置承重防晃支、吊架。

(2) 成品配件的使用

1) 分歧管。冷媒管分支时必须采用专用的室内分歧管、室外 Y 型分歧管进行分支。分支接头安装应使支管和主管处于同一水平线上（倾斜不得大于±30°，不可以垂直敷设。分支接头前后 500mm 的距离内不能设置急弯（90°拐弯）或者连接其他分支接头，以防引起冷媒偏流和冷媒流动噪声；分歧管的主管与水平面不得呈垂直状态，以免出现因气液分布不均匀而影响使用效果。

分歧管的安装要求如图 3-56 所示。

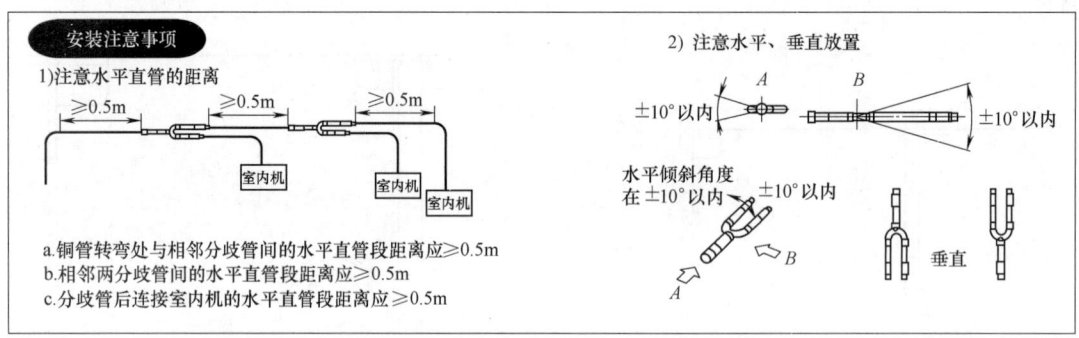

图 3-56　分歧管的安装要求

2）端管。冷媒管系统的集液器和分液器必须使用端管进行集中分支。端管只能水平安装，不得垂直安装。

（3）管道敷设

1）将预制好的管道按编号运到现场顺序安装，管道安装按先干管、后支管的顺序进行。

2）明装管道成排安装时，直线部分应互相平行，管道之间应保持一定的间距，留有操作空间。管道曲线部分曲率半径应一致。

3）管道穿越结构伸缩缝、沉降缝时，应在墙体两侧采取柔性连接或做方形补偿器。在管道保温层外皮上、下部留有不小于 150mm 的净空。

4）铜管与机组连接时先用纱布蘸汽油将铜管外表清洗干净。在需要连接的铜管套上螺母后，在端部扩制喇叭口，喷上醚油或酯油，套入垫片后将两管对止用专用力矩扳手和扳手连接。操作时，一手用扳手固定管接头，另一手用力矩扳手旋转紧固，当听到咔咔声时即为上紧不可再用力。螺母扭矩值见表 3-21。

表 3-21　螺母扭矩值

外　径	扭　矩		外　径	扭　矩	
	kgf·cm	N·cm		kgf·cm	N·cm
1/4in(ϕ6.4mm)	144~176	1420~1720	5/8in(ϕ15.9mm)	630~770	6180~7540
3/8in(ϕ9.5mm)	333~407	3270~3990	3/4in(ϕ19.1mm)	990~1210	9270~11860
1/2in(ϕ12.7mm)	504~616	4950~6030			

5. 铜管吹扫清理

铜管系统安装后与室内机连接锁紧之前，需要用氮气对冷媒管路进行管道吹扫清理。管路长时采用分段吹扫方式：首先对各层水平管路进行吹扫，再对竖井垂直管路进行吹扫，最后对室外机部分的管路进行吹扫。对气管和液管要分别重复多次氮气吹洗，吹洗压力为 0.5~0.6MPa。

其操作步骤如下:

1) 将氮气瓶压力调节阀与室外机的充气口连接好,将所有室内机的接口用盲塞堵好,同时留下一台室内机接口作为排污口。

2) 用手持木板抵住排污管口,调节氮气瓶的减压阀至 $5kgf/cm^2$,向管路系统内部充气。

3) 当手抵不住排污口处压力时将木板快速释放,让脏物及水分随氮气一起排出。

4) 循环操作若干次直至无污物排出。判定方法是在管口用干净的白纸或白布观察,确认吹出无污物、水渍时为合格。

6. 气密性试验

管道冲洗合格后必须进行系统试压,确保系统的严密性。其具体步骤如下:

(1) 确定试压顺序和系统划分　管路系统可以划分成几个部分进行气密试验,以便加快作业进程并能更容易发现泄漏。划分方法同管路清洗。

(2) 将试压装置与机组连接　将氮气瓶、压力表、真空泵、冷媒钢瓶等接到室外机阀门处。试压装置如图 3-57 所示。其中压力表要求量程为 6MPa,氮气瓶压力应不小于 4MPa。

为便于将同一个系统的气管与液管路连成环路进行试压,可以自制加压组件以提高施工效率。加压组件可以循环利用。

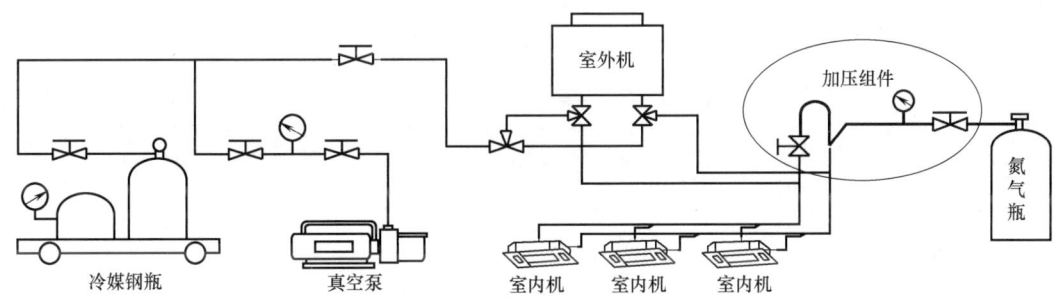

图 3-57　试压装置简图

(3) 排除管路内空气　冷媒管路系统内的空气由于温差容易产生水分,因此试压前应先用真空泵将管道中空气抽除,同时也排除混合气体气温变化对压力数值的影响。

(4) 充氮试压

1) 分次充氮。一般生产厂家规定,气密性压力试验过程中,不得连接室外机,首先关闭室外机阀门,防止氮气流入室外机。打开氮气瓶的减压阀向管路内注入氮气。气密性试验压力应符合设计或设备技术文件要求,以下对 R410A 冷媒系统进行说明。充入氮气时应逐步进行,切忌一下子将氮气开到试验压力值。分次充氮步骤见表 3-22。

表 3-22　分次充氮步骤

步骤	压力	持续时间	作用
1	0.5MPa	5min	检查明显泄漏点
2	1.5MPa	5min	检查较小泄漏点
3	4.15MPa	24h 以上	检查细微泄漏点

第 3 步加压至 4.15MPa 并保持 24h 不降压为合格(温度影响除外)。可能发生冷媒泄漏

的位置见表3-23。

表3-23 可能发生冷媒泄漏的位置

冷媒管道可能发生泄漏的位置	1. 安装冷媒配管时,与室内外机组连接口
	2. 管路中各焊接部位
	3. 冷媒管材放置和运输中产生损伤的部位

2)保压。气密试验结束后,系统仍应保持试压压力,以防气密性受破坏。

7. 管道保温

确认制冷剂连接管没有泄漏后,可对连接管进行保温。

管道保温的目的:为避免在连接管上冷凝结露和漏水,连接管气管和液管必须用保温材料和胶带包扎与空气隔绝。

(1)冷媒管道保温材料耐温要求 保温材料应采用能耐管路温度的材料:对于热泵机型,液管侧要求耐温不低于70℃,气管侧要求耐温不低于120℃。对于单冷机型,液管侧要求耐温不低于70℃,气管侧要求与液管侧相同。例如,耐热聚乙烯泡沫(耐120℃以上)、发泡聚乙烯(耐100℃以上)。

制冷剂铜管保温采用橡塑材料胶水(或不干胶)粘接密封,冷媒管气管、液管要求分别保温。

(2)冷媒管道保温厚度要求 设计无规定时,冷媒管道保温材料厚度见表3-24。

表3-24 冷媒管道保温材料厚度

冷媒管直径/mm	保温材料厚度/mm
$\phi6.4 \sim \phi12.7$	≥10
$\phi15.88 \sim \phi25.4$	≥15
$\phi28.6 \sim \phi38.1$	≥20

(3)管道保温注意事项

1)气管和液管、气管和电线不可以共用保温管。

2)连接部分也要充分地绝热。

3)配管穿过墙体的部分也应该绝热。

4)分歧管保温使用与管路相同的保温材料,不可使用分歧管自带的泡沫作为保温材料。

(4)保温施工顺序 水平管道应由支管到主管,垂直部分从低点向高处顺序进行。施工时留下焊缝、分支、末端接口等处,待气密性试验合格后再对这些部位进行保温。具体操作步骤如下:

1)切割:据测量尺寸用切割刀切出适合长度的橡塑套管,较大套管对剖时应将套管放在加工台上用直尺靠住,沿横向切割保证割缝平直。

2)清洗:用湿布将铜管上的灰尘及油污擦拭干净。

3)保护:在欲保温的铜管端部套上塑料保护帽,以防止铜管将保温材料割破。

4)套入:将保温管缓慢地套入铜管,注意速度不宜太快,防止保温管被破坏。

5)对接:保温管对接时应在套管截面刷上胶水。应待胶水自然干至刚好不粘手时进行粘接，粘接时稍微用力将两表面对准压紧，切勿拉伸并静待一定时间后方可松手。压紧时应顺直管方向进行顺序压紧，不可断续压紧。防止粘接后的缝隙由于橡塑自身弹性重新胀裂。

6）节点的保温：分歧管的保温应使用专用的配套保温套。气管和液管必须分开保温，严禁将气管和液管用同一个保温套管保温。对气、液管分别保温后再用长度为200mm的保温板包裹以避免抱箍与管道接触。套管与木垫接触时应先清理木垫外表的油污和杂物，并在木垫接触面上刷好胶水用力将套管与木垫挤住。铜管与机组接口处保温应采用机组自带的绝热垫附件，保温后用附带的夹子或尼龙扎带夹紧，确保保温材料与机组接头根部无间隙。

7）包扎：对于明装制冷管道，为了提高观感质量可用包扎胶带对保温后的管道进行包裹，包裹时以45°方向包扎，下一圈胶带覆盖在上一圈胶带的一半处，如图3-58所示。

8）贴缝以及色标：保温套管切缝应设置于管道的上侧或背部。套管之间对接时应将切缝错开20mm，如图3-58所示。套管外表卫生清理后用胶带沿纵向、横向切缝进行贴缝，贴缝应保持平直。胶带的宽度不小于50mm。保温管外应用不干胶纸剪裁成色标箭头标明水流方向，红色代表气管，蓝色代表液管，绿色代表冷凝水。水平直管段可包色环，间距为6m/个。

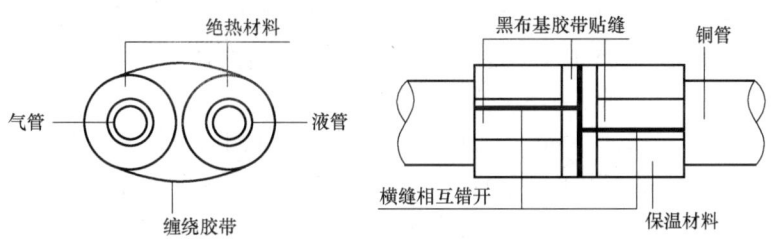

图3-58 包扎胶带及切缝错开

9）室内、外机接头处用接头保温材料包好，与室内、外机壁面无间隙（图3-59），当包扎保温胶带时，每一圈要压住前一圈胶带的一半。切勿将胶带裹得太紧，以免降低隔热效果。完成保护工作和缠好管后，用密封材料将墙上的洞封好。

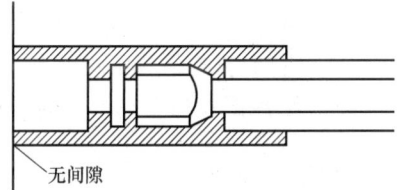

图3-59 室内、外机壁面无间隙保温

8. 真空干燥

真空干燥的过程就是利用真空泵将管道内的空气、不凝性气体及水分排出管外。为将管路系统内的空气和水分排出，必须进行抽真空干燥。真空干燥连接操作如图3-60所示。

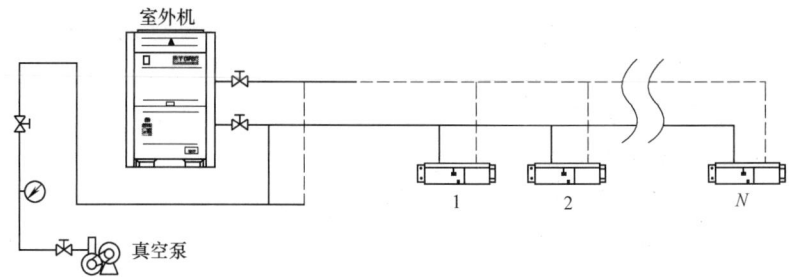

图3-60 真空干燥连接操作

（1）真空干燥操作要点

1）抽真空操作应从气管和液管同时进行，在抽真空时，真空泵不能停电，否则真空泵内的润滑油可能会被吸入系统。为防止真空泵中的润滑油回流，应加装电子止回阀。

2）真空泵排气量不得小于 40L/min，开始作业前必须检查真空计，确保量程可达到 -755mmHg。

3）真空干燥时先开真空泵，真空泵运转以后再开压力表阀门。

4）真空泵运转以后确认压力表的压力下降，否则应检查是否有泄漏点。

5）抽真空完成后，应先关闭压力表阀，再关闭真空泵。

6）抽真空后至追加冷媒之前，不能更换连接阀，防止空气进入系统。

(2) 真空干燥操作步骤

1）室外机不抽真空，应先关闭室外机气侧、液侧的截止阀。

2）连接上带止回阀的真空泵。真空泵的真空度<-0.1MPa，排气量>40L/min。

3）将压力测量仪器接在液管和气管的注入口，接上真空表将真空泵运转 2h 以上观察真空度，真空度应大于 -0.1MPa（-755mmHg 以下），如达不到应继续抽 1h，如仍达不到说明有水分混入或漏气，需要检查。发现水分混入必须用氮气进行"真空破坏"，即在真空干燥后，把氮气加压至 0.05MPa，然后再抽真空。这样反复操作直到保持 -0.1MPa（-755mmHg 以下）真空度且压力不上升。

4）继续运转真空泵 20~60min，关闭表式分流器全部阀门，再关闭真空泵。

5）停置 1h 以真空表不上升为合格。如上升，表明系统内有水分或有漏气应继续处理。

(3) 真空干燥注意事项

1）真空保压或打开阀门释放冷媒系统管道压力为正压前严禁取下压力表，否则会导致外部空气的吸入。

2）对 R410A 系统抽真空时，在真空泵上要增加止回阀，防止真空泵因突然断电或其他原因停止运行时真空泵里面的油倒吸到冷媒系统里面。

3）气密性试验和真空干燥需要按表做好记录。

【典型实例】

【实例1】Y型分歧管安装

多联机空调系统中，分歧管起着制冷剂分流的作用，所以分歧管的选择和安装对于多联机组的运行是非常重要的。

分歧管包括梳状分歧管、U型分歧管和Y型分歧管，一般建议使用Y型分歧管，不得采用三通管代替分歧管使用。在正确选择分歧管的基础上，安装遵循分歧管的安装规范。在分歧管进口侧，要保证至少 500mm 的直管段。其安装操作步骤如下：

1. 选择分歧管

Y型分歧管安装有不同管径的管段，可以方便地配合不同管径的铜管。进口接室外机或上一分支，出口接室内机或下一分支，如图 3-61 所示。

2. 切割分歧管

1）配管时选择合适管径的管段，用切管器在合适管径管段的中部切开，并去除毛刺，如图 3-62 所示。

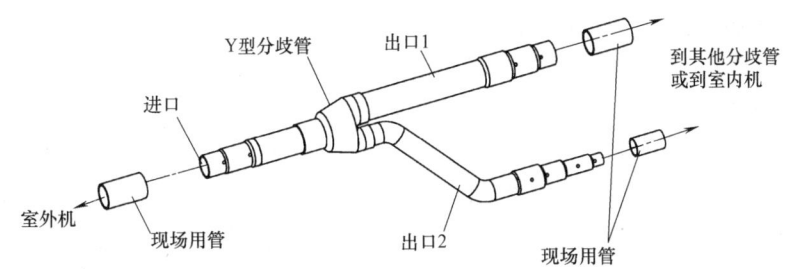

图 3-61　Y 型分歧管示意图

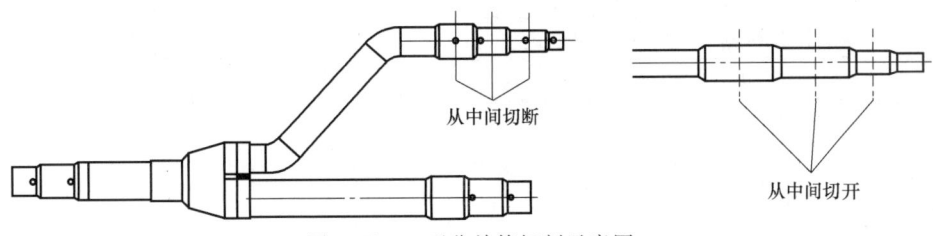

图 3-62　Y 型分歧管切割示意图

2）水平或垂直安装分歧管。

安装 Y 型分歧管时，必须使其竖向或水平，如图 3-63 所示。水平安装时的角度要求如图 3-64 所示。

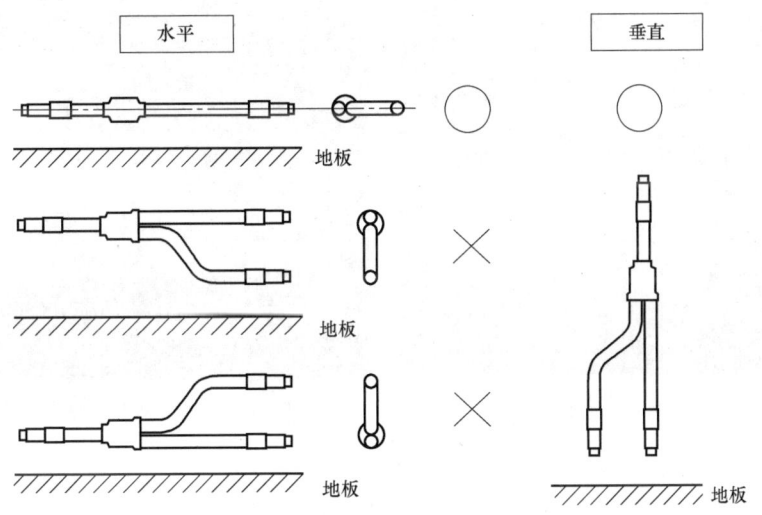

图 3-63　分歧管安装方向示意图

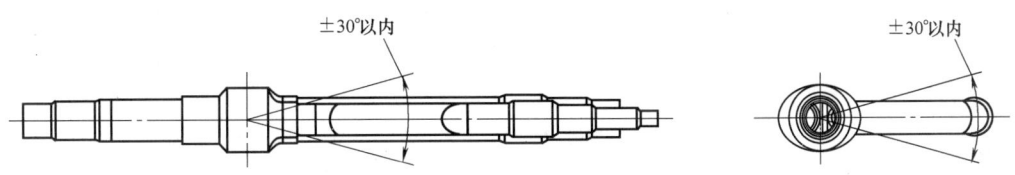

图 3-64　分歧管安装水平角度要求示意图

3. 分歧管的保温

每对分歧管均配有泡沫,用泡沫将分歧管包好,上、下泡沫用不干胶密封,泡沫部分和无泡沫部分均用保温管包好,泡沫和保温管对接部分用不干胶密封,须使用能经受120℃或更高温度的保温材料。分歧管的保温安装方向如图3-65所示。

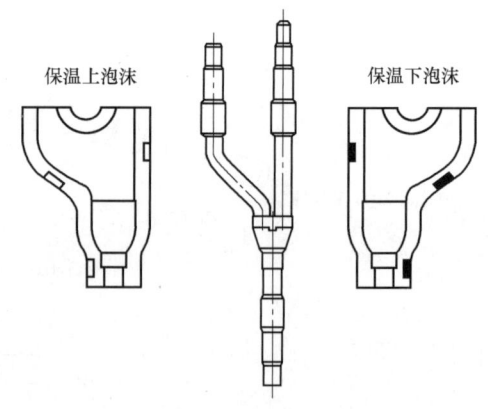

图3-65 分歧管保温安装

>> **注意**

1)对多分歧管路系统,每根管子都贴上标签,使分歧后的连接管与室内机对应,防止接错。

2)分歧管的进口侧,至少要有500mm的直管段。

【实例2】 分歧管安装常见错误

1. 水平安装时角度错误示例(图3-66和图3-67)

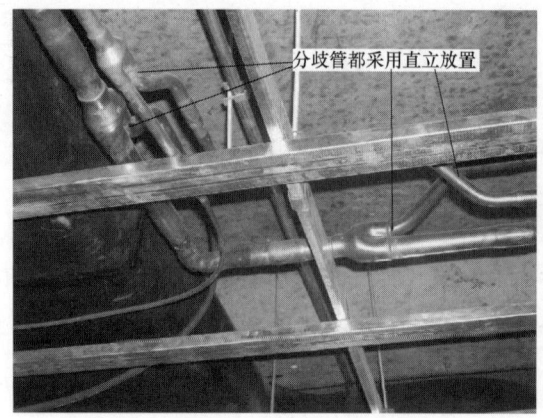

图3-66 分歧管水平安装角度错误示意图1

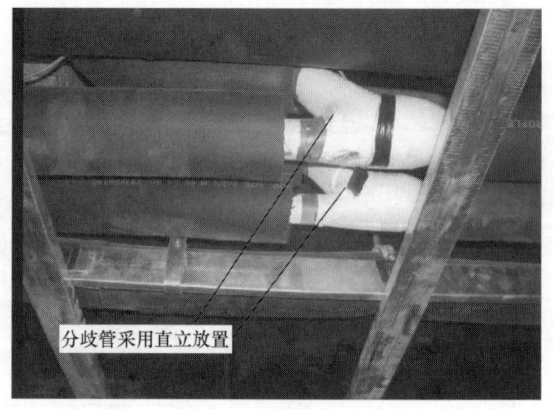

图3-67 分歧管水平安装角度错误示意图2

2. 分歧管与其前后折弯处的距离太近示例

如图3-68所示,分歧管与其前后折弯处的距离太近,会影响流经此处制冷剂的正常分流,使其下游的室内机制冷效果受到影响。所以必须要保证分歧管与其前后折弯处的距离在500mm以上。

同样,两个弯头(折弯点)之间的距离也要保证在500mm以上。

两分歧管也要按照同样原则进行安装(按图3-69所示安装的分歧管也不合格)。

3. 管路走向过于复杂示例

如图3-70所示,从管井里出来主管的分歧处走向过于复杂,有些管路甚至是走到一端后又重新折回,这样一方面浪费材料,更主要的是增加了管路阻力,削减了室内机的制冷能力。

4. 管路堆层敷设错误示例

敷设管路应按照"管路长度尽可能短,使用弯头尽可能少"的原则进行,否则将会影响机组将来的正常运行，甚至会损坏机组。

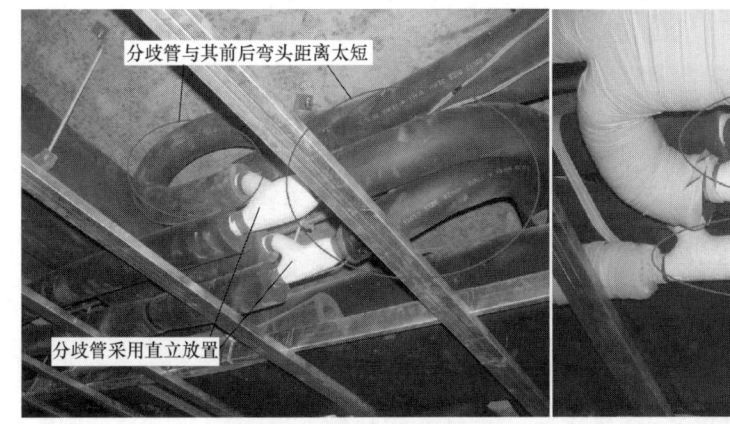

图 3-68　分歧管安装时折弯距离过近示意图

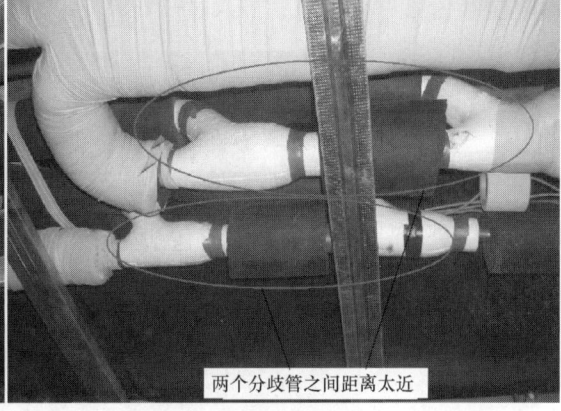

图 3-69　两个分歧管安装时间隔距离过近示意图

如图 3-71 所示，管路堆层敷设不利于系统的正常回油，会对主机正常运行遗留隐患。

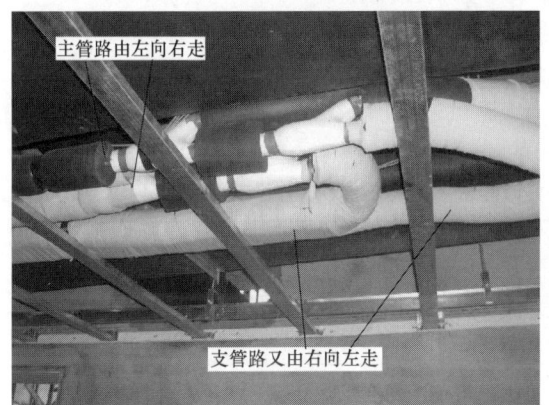

图 3-70　分歧管安装时走向过于复杂示意图

图 3-71　分歧管安装时管路堆层敷设错误示意图

5. 分歧管出管没有保留一定的直线段示例

如图 3-72 所示，分歧管分出的管路没有保留一定的直管段，而是分出后立即折弯，这对此分歧管后的室内机组将产生很大影响。

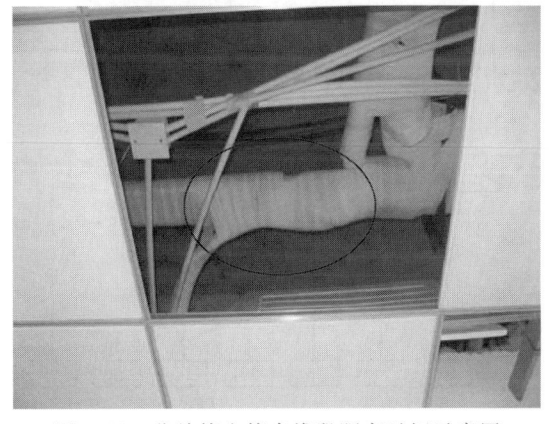

图 3-72　分歧管出管直线段距离过短示意图

6. 分歧管的焊接错误示例

分歧管管路焊接时，插入过长（图3-73）、过短，都会影响机组的正常运行。

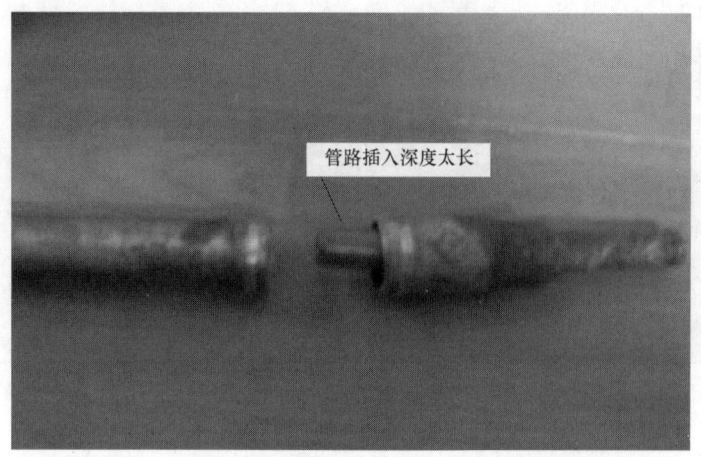

图3-73 分歧管焊接插入深度过长示意图

【实例3】三菱KX4系列多联机系统冷媒配管示例

1. 系统构成（表3-25）

表3-25 三菱KX4系列多联机的系统构成

室外机	FDCA280HKXE4
室内机	8台组合
配管方式	分歧管方式
支管套件	DIS-180-1×3套，DIS-22-1×4套
总容量	363（36300W）

2. 连接示意图（图3-74）

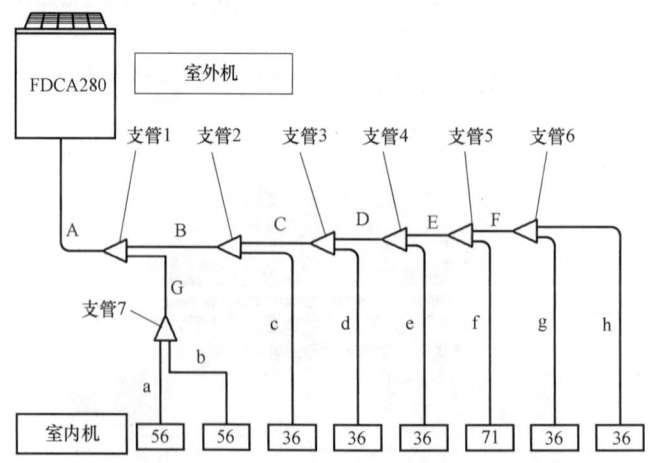

图3-74 三菱KX4系列多联机的连接示意图

3. 选择主配管尺寸（表 3-26）

表 3-26 主配管尺寸的选择

项目	选择步骤	配管尺寸/mm	
		气体管线	液体管线
A	同室外机配管尺寸	φ22.22①	φ9.52②
B	连接的室内机总容量 251	φ19.05	φ9.52
C	连接的室内机总容量 215	φ19.05	φ9.52
D	连接的室内机总容量 179	φ15.88	φ9.52
E	连接的室内机总容量 143	φ15.88	φ9.52
F	连接的室内机总容量 72	φ15.88	φ9.52
G	连接的室内机总容量 112	φ15.88	φ9.52
a	室内机配管尺寸（56）	φ12.7	φ6.35
b	室内机配管尺寸（56）	φ12.7	φ6.35
c	室内机配管尺寸（36）	φ12.7	φ6.35
d	室内机配管尺寸（36）	φ12.7	φ6.35
e	室内机配管尺寸（36）	φ12.7	φ6.35
f	室内机配管尺寸（71）	φ15.88	φ9.52
g	室内机配管尺寸（36）	φ12.7	φ6.35
h	室内机配管尺寸（36）	φ12.7	φ6.35

① 配管距离超过 90mm 时气体管线配管尺寸为 φ25.4mm。
② 配管距离超过 90mm 时气体管线配管尺寸为 φ12.7mm。

4. 选择分歧管尺寸（表 3-27 和表 3-28）

表 3-27 分歧管尺寸的选择

项目	选择步骤	分歧管套件
支管 1	连接的室内机总容量 363	DIS-180-1
支管 2	连接的室内机总容量 251	DIS-180-1
支管 3	连接的室内机总容量 215	DIS-180-1
支管 4	连接的室内机总容量 179	DIS-22-1
支管 5	连接的室内机总容量 143	DIS-22-1
支管 6	连接的室内机总容量 72	DIS-22-1
支管 7	连接的室内机总容量 112	DIS-22-1

注：1. 根据连接尺寸不同的分歧管套件的各配管的尺寸进行选择。
   2. 如果需要对分支连接和室内机侧进行直径调整，应在分支连接时进行调整。

表 3-28 分歧管和变径接头的形状

型号	类型	形状		类型	形状	
DIS-22-1	气管	φ12.7/φ15.88/φ19.05 — φ15.88/φ12.7/φ9.52，94，442	—	液管	φ9.52 — φ9.52/φ9.35，87，370	—
DIS-180-1	气管	φ15.88/φ19.05/φ22.22 — φ19.05/φ15.88/φ12.7/φ9.52，117，544	ID28.58 OD22.22，100；ID25.54 OD22.22，100	液管	φ9.52/φ12.7/φ15.88 — φ12.7/φ9.52/φ6.35，91，448	—

5. 安装连接

1）在室外机和第一个分支之间使用指定尺寸的配管。

2）对于支管和室内机之间的配管，应选择尺寸适当的变径接头，如图 3-75 所示。

3）变径接头的尺寸应匹配室内机的配管尺寸。

4）如图 3-76 所示，水平或垂直找出分歧管的位置。

① 分歧管附有隔热材料。

② 各配管根据现场情况在中央位置切断所使用的外圆。

③ 请务必把分歧管（气、液侧）均设置为"水平分支"或"垂直分支"。

分歧管水平或垂直安装的角度如图 3-76 所示。

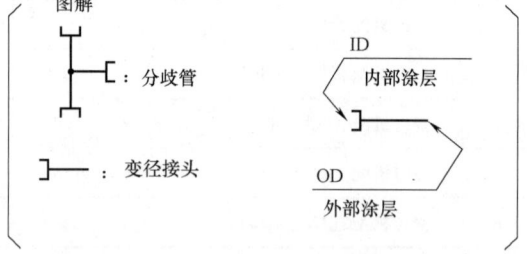

图 3-75 非分歧管变径连接

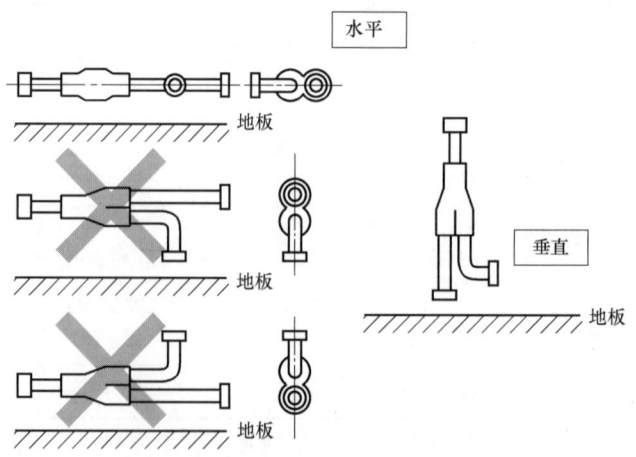

图 3-76 分歧管水平或垂直安装的角度

课题六　电气安装

【相关知识】

一、电气安装要点

电气系统安装，主要涉及外机电源系统的安装、内机电源系统的安装、内外机通信系统的安装以及外机模块之间通信系统的安装。如果采用线控器、集中控制器等，则还包括线控器以及集中控制器的安装。

1. 电气配线注意要点

1）现场所有的电气安装配线作业，必须由持证电工完成。

2）必须根据适用于国家电气安装的技术标准和其他法规进行电气安装作业。

3）请务必安装接地漏电断路器，防止电击或火灾事故。

4）空调机必须可靠接地，若接地不正确会导致触电或火灾。

2. 电气配线安装要点

1）所有电气安装务必由专业人士按当地法律、规章和相应的安装使用说明书进行。

2）室内机和室外机分别使用不同的电源，同一系统内的室内机电源必须统一供电，所有室内机只能由一个总电源开关控制。电源一定要使用额定电压及空调机组专用电源。

3）接地应可靠，应接在建筑物的专用接地装置上，一定要请专业人员安装。切勿将接地线连接到气管、水管、避雷针或电话接地线。

4）必须安装可切断整个系统电源的断路器和耐冲击性接地漏电断路器，以防止触电、误操作等引起的事故。断路器因同时具有磁脱扣和热脱扣功能，以保证短路和过载都得到保护。如果没有安装接地漏电断路器，可能会导致电击或火灾等事故。在完成电气作业前，请勿打开电源。维修时，务必断开电源。

5）在任何情况下，都不要使用电容器改善功率因数。

6）对于电源电缆，请使用导线管。

7）请勿将电子控制电缆（遥控和信号线）和其他电缆一起铺设在机器外面，否则会由于电噪声而可能导致机器运转失常或故障。

8）电源电缆必须始终连接到电源电缆接线板，并用机器中配备的锁紧接头固定，同时应避免它们接触到配管。电源线线径应足够大，电源线和连接线损坏必须用专用的电缆线来更换。连接电缆时，请确认电气部件盒中的所有电气部件都没有松动的连接器耦合或端子连接，然后牢固地安装电器盒盖（如果电器盒盖安装不当，有渗水的隐患，会导致机组不正常运转或短路）。

9）连接电源电缆前，必须连接接地线，提供比电源电缆更长的接地线。

10）现场接线时请以机身所贴线路图为准。

11）空调的电气连接一般应用专用分支电路，必须安装漏电保护开关（根据负载额定电流的总和的 1.5~2 倍来选择漏电断路器）。

12）配线与接线座连接时，用压线夹固定且不能有裸露部分。

13) 室内、外机连接配线系统和冷媒配管系统纳入同一系统。

14) 切勿将电源线连接到信号线的接线端。

15) 电源线与信号线平行时，将电线放入各自的电线管中，而且要留有合适的线间距离（电源线电流容量 10A 以下为 300mm，50A 以下为 500mm）。

二、电源线及断路器选型

1. 电源线及断路器选型要求

1) 电源线规格是指 BV 单芯线（2~4 根）穿塑料管时敷设且使用环境温度为 40℃时所选用的规格。如果现场实际安装条件有所改变，请按照厂家提供的电源线、断路器规格书酌情选择使用。

2) 断路器的额定值应大于机组工作的最大电流，不应大于下级线径的载流量。

3) 一些特殊情况下考虑断路器安装的环境变化是要考虑降容使用的，如并列安装、散热不佳或使用环境温度较高等。

4) 线径的载流量与敷设方式、环境温度、导线的材料或耐热等级有一定关系，但上述情况发生变化时，需对线径的选择重新确认。

2. 导线面积的选择要求

1) 线路电压损失应满足用电设备正常工作及起动时端电压的要求。

2) 按敷设方式及环境条件确定的导体载流量，不应小于计算电流。

3) 导体应满足动稳定与热稳定的要求。

4) 导体最小截面积要应满足机械强度要求。导线载流量应满足机组铭牌标识的最大电流或参考相关电气配线技术规范。

5) 当接地保护线（PE 线）所用材质与相线相同时，接地保护线截面积要求见表 3-29。

表 3-29 接地保护线截面积要求

相线芯截面积 S/mm^2	接地保护线最小截面积/mm^2
$S \leq 16$	S
$16 < S \leq 35$	16
$S > 35$	$S/2$

三、安装操作

1. 配电线路敷设

1) 敷设线路时应根据规定要求，对相线、零线和保护接地（零）线选用不同颜色的导线。

2) 接线导线的截面积应不小于相线的截面积。

3) 隐蔽工程的电源线和控制线禁止和冷媒配管捆扎在一起，必须分开套电线管，单独布置，并且控制信号线与电源线应至少间隔 300mm。

4) 采用穿管敷设导线时，应注意：

① 金属穿线管可用于室内、室外场所，但不宜用在有酸碱腐蚀的场合。

② 塑料穿线管一般用在室内场合或有腐蚀性的场所，但不宜用在有机械损伤的环境。

③ 穿管导线不得采用接头形式,如有接头时,应在相应位置加装接线盒。
④ 不同电压的导线不得穿在同一根电线管中。
⑤ 穿线管内部导线(包含绝缘层)的总截面积不得超过穿线管的有效面积的40%。
⑥ 穿线管支撑固定点的最大间距见表3-30。

表3-30 穿线管支撑固定点的最大间距

线管公称直径/mm	穿线管支撑固定点的最大间距/m	
	金属管	塑料管
15~20	1.5	1
25~32	2	1.5
40~50	2.5	2

2. 电源电缆连接

(1) 电源线的连接要求 同一机组的室内机要求统一供电,室外机单独供电。电源线连接方法如图3-77所示。

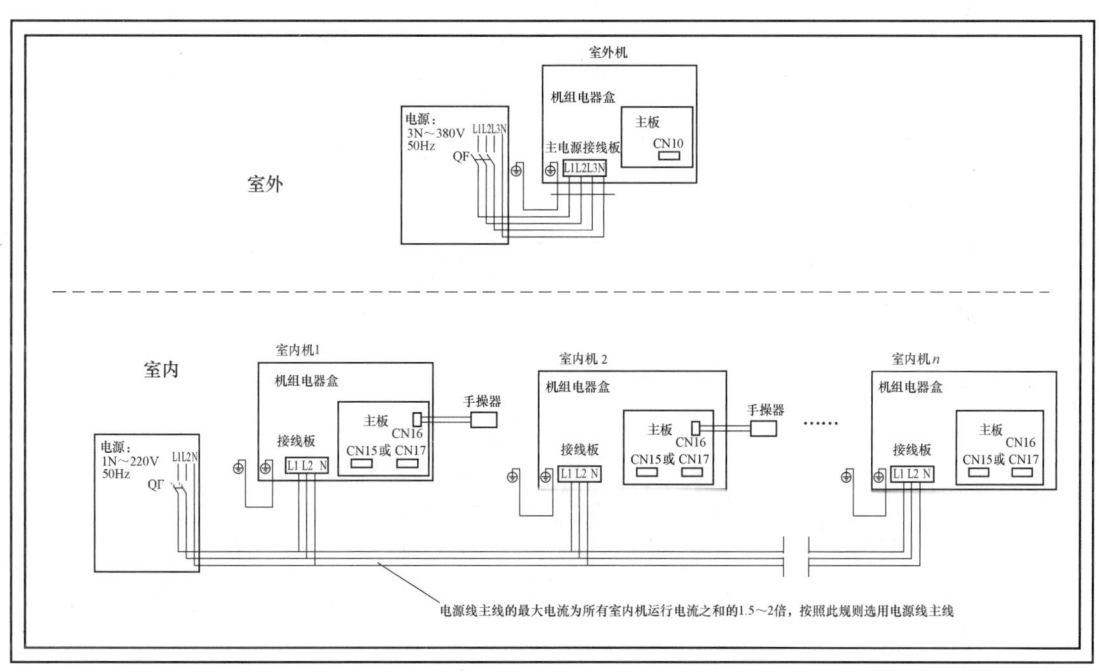

图3-77 电源线连接方法示意图

当该室外机连接的某台室内机为三相电时,可按方式1和方式2连接。

1) 方式1:在这个系统当中,室外机与室内机的三相电源统一供电。电源线连接方法如图3-78所示。

2) 方式2:室内机统一用三相电源,单相的室内机电源接其中两相。电源线连接方法如图3-79所示。

特别说明:多台机组时,室外机要求单独供电,也即有几个室外机必须几个室外机电源开关;同一机组的室内机统一供电,不同机组的室内机电源线不能串接。

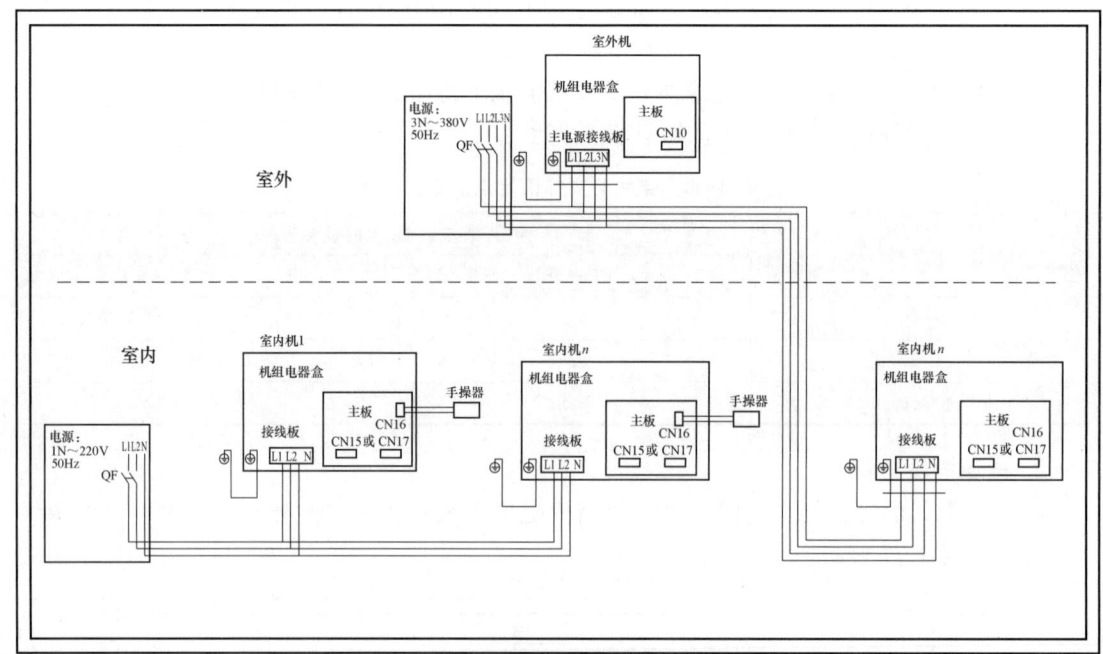

图 3-78 三相供电电源线连接方式 1

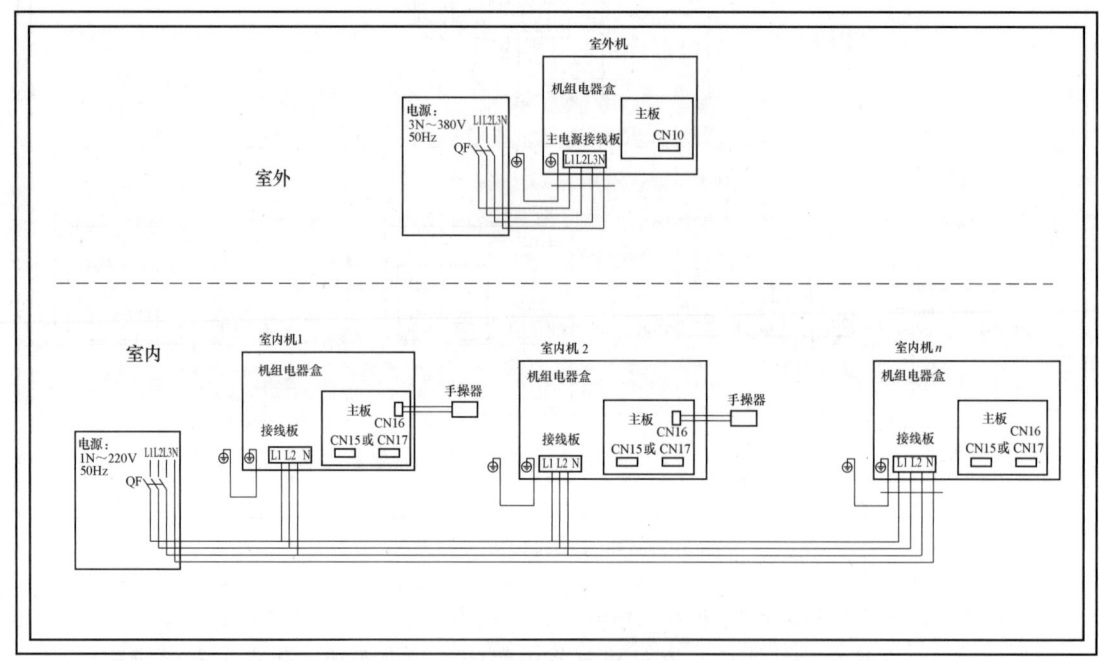

图 3-79 三相供电电源线连接方式 2

（2）连接电源电缆时的注意事项　电源电缆必须始终连接到电源接线板，并在电器盒进线处通过锁紧接头或固线夹夹紧固定。连接到电源接线板时，请使用圆形无焊端子。

1）配线时，请使用规定的电线，并将固定电源线的接线板螺栓拧紧，使电源线固定不受外力影响。

2）紧固接线板螺栓时，请使用尺寸正确的螺钉旋具。如果用过大的力紧固配线板螺钉，可能会使螺钉断裂。

3）电气安装作业完成时，请确定电器盒中的所有电气部件及端子都没有松动。

4）空调机组为Ⅰ类电器，请务必采取可靠的接地措施。空调机组内的黄绿双色线为接地线，切不可移做他用，更不可将其剪断；不能用自攻螺钉固定，否则将带来触电危险。

5）用户电源必须提供可靠的接地端。请不要把接地线接到下列地方：自来水管、煤气管、排污管、专业人士认为不可靠的其他地方。

（3）电源线安装步骤

1）切断分支断路器及断路器后，才能打开机组外盖板。

2）对照机组附带的电路图检查机组内接线是否完整无缺。

3）电源线（包括地线）应通过机组侧面的穿线孔进入，同时在打开敲穿孔时应注意
① 请用榔头等打开敲穿孔。
② 打通敲穿孔后，为了防锈，最好在孔边缘及周围涂防锈涂料。
③ 电线通过敲穿孔时，要修平孔周围的毛刺，并用保护胶带等包裹电线。

4）电源线穿过机组侧面的进口处后，须沿着侧板垂直于地面延伸到主接线板处。电源线同时须通过侧板上设有的固线钩进行夹紧固定。

5）打开位于主接线板下的固线夹，使电源线穿过固线夹，再拧紧固线夹两边的螺钉，使电源线能定位牢固，保证不受拉扯松动或变形。电源线安装操作如图3-80和图3-81所示。

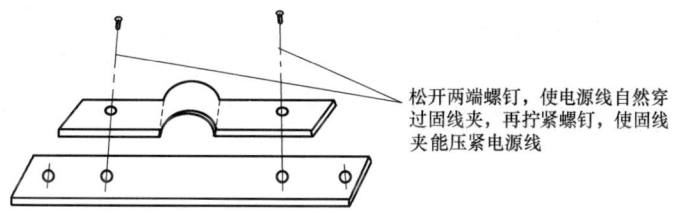

图3-80　电源线安装操作示意图1

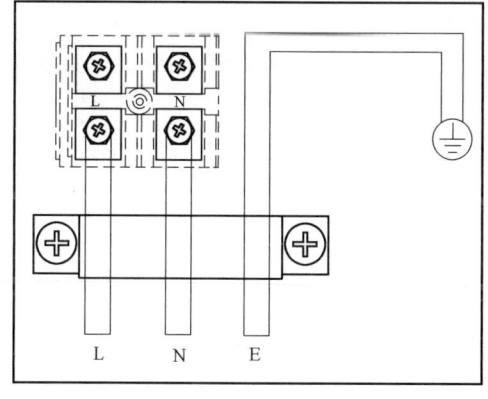

单相机组主电源接线示意图

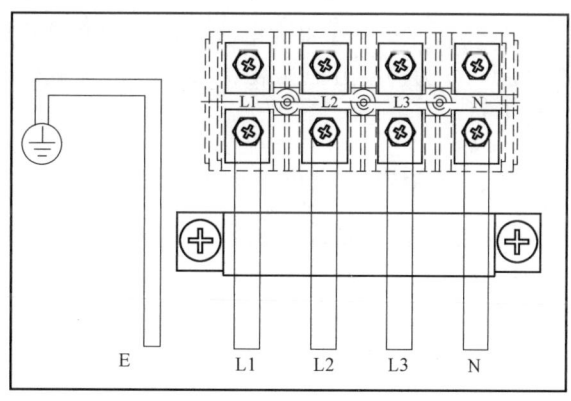

三相机组主电源接线示意图

图3-81　电源线安装操作示意图2

3. 信号线与通信线连接

（1）信号线与通信线连接重点注意事项

1) 系统中每台室外机模块都需要对模块地址进行设定，否则将无法正常运行。
2) 模块数量设定必须与实际模块数量相符合，否则系统将无法正常工作。
3) 请勿将室外机模块数量拨码与外机地址拨码弄错，否则系统将无法正常工作。
4) 室外机之间通信的终端电阻必须正确设定，否则会引起通信数据的错乱。

（2）控制电线及线控器安装

1) 应统一冷媒系统与室内、外连接线的关系。
2) 与电源线平行配线时，应适当地空出 300mm 的距离，防止干扰。
3) 分散控制电缆：信号电缆和电源电缆并列布线，由于电磁耦合的关系会造成动作失误。假如电缆被放在导线管中敷设，成组不同的导线放在同一导线管敷设时，室内、外机信号传输线应和铜管一起包扎敷设。
4) 控制线导线管用 $\phi16mm$PVC-U 管，暗盒用 120 型。重点：室内机与室外机都必须接地。
5) 线控器安装。线控器面板应紧贴墙面，四周无缝隙，安装牢固，表面光滑整洁、无碎裂、划伤，装饰帽齐全。同一室内线控器安装高度应一致。同一建筑物、构筑物的线控器采用同一系列的产品，线控器开关的操作位置、方式应一致，操作灵活，接触可靠。线控器安装位置应便于操作，开关边缘距门框边缘的距离为 0.15~0.20m，距地面高度为 1.30m。

【典型实例】

【实例1】 电器开关盒配电选择

一、单相电动机电流计算公式

单相电动机效率如未标明，一般按 0.75 选取。

$$额定电流（A）= 功率(kW) \times 1000/(220V \times 0.75)$$

每 1kW 产生额定电流约 6.1A。

$$最大电流（A）= 功率(kW) \times 1000/(220V \times 0.56)$$

式中，0.56 为功率因子（取 0.75）与电动机效率（取 0.75）的乘积，每 1kW 产生最大电流约 8.11A。

二、三相电动机电流计算公式

三相电动机效率如未标明，一般按 0.85 选取。

$$额定电流（A）= 功率(kW) \times 1000/(1.73 \times 380V \times 0.85)$$

每 1kW 产生额定电流 1.8A 每相。

$$最大电流（A）= 功率(kW) \times 1000/(1.73 \times 380V \times 0.72)$$

式中，0.72 为功率因子（取 0.85）与电动机效率（取 0.85）的乘积，每 1kW 最大产生约 2.11A 每相。

三、电流确定

1) 电气开关和配线的选择必须根据运行电流进行确定。

2）额定电流与最大电流差别较大，所以运行电流需根据设备的运行时间、使用工况综合确定。

3）机组的配线应按照最大电流来选取。

四、电气开关选择

设备的手动电气开关或熔体的额定电流一般按照运行电流的1.5~2.5倍选择。

五、配线选择

1）空调系统设备应按照国家有关电气规范充分接地。

2）空调主机或室内机设备电源为220V，电源线必须采用3线，分别为相线、零线、接地线；电源为380V，电源线必须采用3相5线制，分别为3根相线和零线、接地线，其中零线、接地线可为相线线径的一半。

3）电源线端部的电压（电源变压器侧）和尾部电压（机组侧）的电压降必须小于2%，若长度无法缩短，则电源线需加粗；相间的电压差不超过额定值的2%，且最高相与最低相电流差值应小于额定值的3%。

【实例2】 三菱KX4系列多联机信号线连接

1. 信号线连接方法

1）信号线为DC 5V，因此切勿将它们连接到220V/240V的电线。如果连接错误，所有印制电路板都会被烧毁。信号线没有极性。在室内机和室外机之间、室内机之间以及同号端子之间连接信号线，（A）和（A）之间连接，（B）和（B）之间连接。

2）请使用屏蔽线作为信号线（对于屏蔽线的接地，请找到与A、B线路配线板附近的金属壳的连接点）。室内和室外信号线连接如图3-82所示。

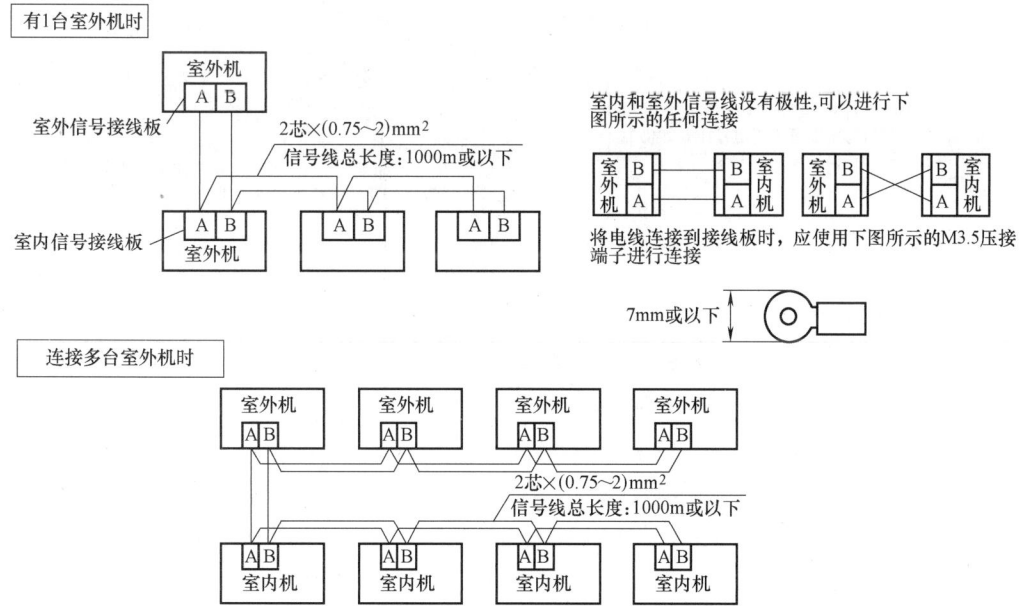

图3-82 室内和室外信号线连接示意图

3）如室内机的最大数量为 48 台，通过交叉配线方法，可以在室外机之间、室内机之间以及室内机和室外机之间使用两根电线。

4）超过 48 台的还可以用图 3-83 所示方法连接信号线。

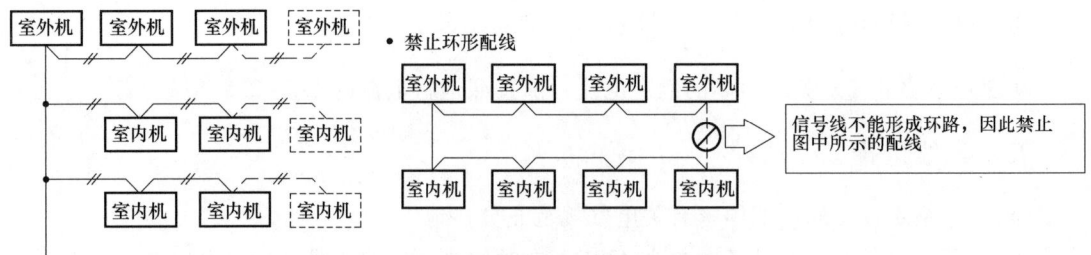

图 3-83　超过 48 台的可选连接示意图

2. 室外机信号线连接方法

1）具体主板上接通信线的连接请参考详细的机组引线图。

2）引出电器盒外的室外机信号线必须与电源线分开走，不能捆绑在一起，至少必须保持距离为 10cm，如果确实不能分开走线，则尽量避免平行走线。

3）室外机信号线必须通过电器盒内的压线夹（图 3-84）或是锁紧接头（图 3-85）进行固定。

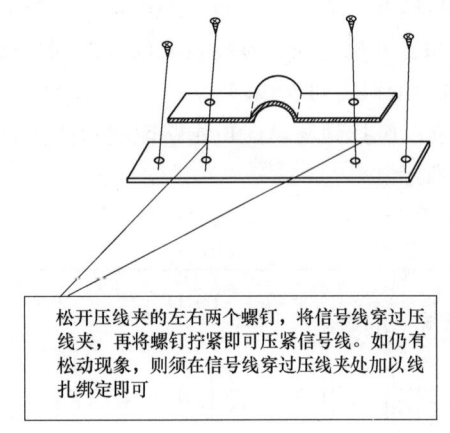

图 3-84　室内、外机通信线压线夹连接示意图

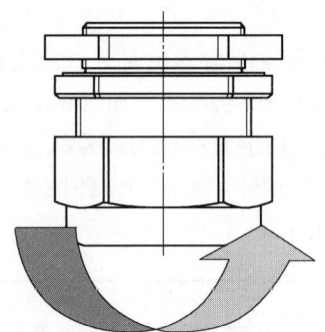

图 3-85　室内、外机通信线锁紧头连接示意图

3. 遥控器配线规格

1）对于遥控器而言，标准电线为 $0.3mm^2 \times 3$ 芯，最大长度可达 600m。如果电线长度超过 100m，请使用表 3-31 中列出的配线规格。

表 3-31　遥控器配线规格

长度/m	电线尺寸
100~200	$0.5mm^2 \times 3$ 芯
200~300	$0.75mm^2 \times 3$ 芯
300~400	$1.25mm^2 \times 3$ 芯
400~600	$2.0mm^2 \times 3$ 芯

2）如果遥控器线与另一条电源线平行或遥控器线受到来自高频装置等的室外噪声的影响，请使用屏蔽线。

3）务必仅对屏蔽线的一端进行接地。

【实例3】 三菱 KX4 系列信号线与电源线混线的判定

1. 混线形态示例（图3-86）

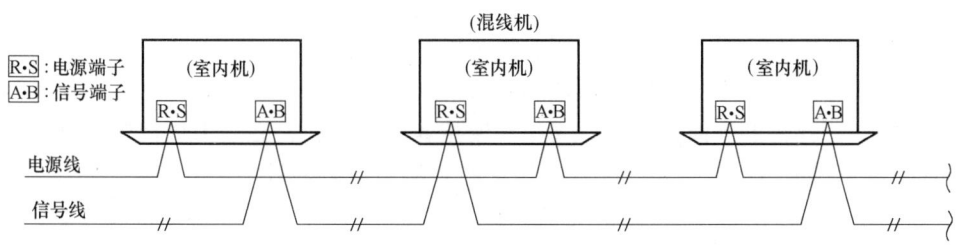

图3-86 信号线与电源线混线示意图

2. 判定顺序

1）通电前检查。

2）确认室内、外机遥控器数。

3）测 A、B 信号端抵抗值。

3. 判定方法

1）用下面公式计算抵抗值：

$$抵抗值（\Omega）= \frac{9100\Omega}{室内机台数+室外机台数+P}$$

式中，P 表示有 SL-1 时加台数，有 SL-2 时不加。

2）抵抗值在 80Ω 以下时，有 1 台以上混线。

3）信号线有断线时，抵抗值比正常值大很多。

混线抵抗值见表3-32。

表3-32 混线抵抗值

总台数	A、B 间正常抵抗值/Ω	1台混线时 A、B间抵抗值/Ω	2台混线时 A、B间抵抗值/Ω	3台混线时 A、B间抵抗值/Ω
2	4550	74	—	—
3	3033	73	37	—
4	2275	73	37	25
5	1820	72	37	25
6	1517	71	37	25
7	1300	71	36	25
8	1138	70	36	24
9	1011	70	36	24
10	910	69	36	24
20	455	64	35	24
40	228	56	32	23
60	152	50	30	22
80	114	45	28	21
97	94	42	27	20

课题七　冷媒充注

【相关知识】

一、冷媒追加准备

1）确认配管施工、配线施工、气密试验、真空干燥已完成。

2）如系统冷媒工质为 R410A，要特别确认钢瓶内是否有虹吸装置。

3）R410A 冷媒为共沸混合工质，气相和液相的成分不同，必须采用液体追加方式：有虹吸装置必须采用钢瓶正立方式，无虹吸装置的必须采用钢瓶倒立方式。

二、冷媒追加计算

查阅铜管加工记录，将同一管径的长度相加得到液管长度，再根据表 3-33 计算加注量。切忌过量追加以防止液击。

表 3-33　冷媒追加量

液管直径/mm	制冷剂量/(kg/m)	液管直径/mm	制冷剂量/(kg/m)
ϕ22.2	0.37	ϕ12.7	0.12
ϕ19.1	0.26	ϕ9.5	0.059
ϕ15.9	0.18	ϕ6.4	0.022

三、冷媒追加操作

1）真空干燥完成后，冷媒系统保负压合格后，可对系统追加冷媒。

2）不可使用定量加液筒，必须采用电子加液器定量追加。

3）应保证以液体形式充填，充填前必须将软管里面的空气排出后再进行充填。

4）将钢瓶连接至液管截止阀维修口（保持所有截止阀关闭），将冷媒罐、压力表、室外的检修阀用充填软管连接。

5）打开加液阀进行充注。

6）当机组处于停止状态无法将冷媒全部加入时应打开气管和液管截止阀对整个系统供电预热，并在主机上设定"冷媒追加运转"。

7）压缩机开始运转后，通过专用冷媒充填口加液。

8）充填完成后，关闭加液阀后退出"冷媒追加运转"模式。

9）冷媒充填完毕后用内六角螺钉旋具打开室外机各个模块机的气、液两侧截止阀，检查室内、外机扩口部分是否有冷媒泄漏。

10）将追加的冷媒量记录在室外机的冷媒追加指示板上，方便日后的检修。

11）施工人员按照追加制冷剂记录表进行，在大、小截止阀上的注氟嘴进行制冷剂的追加。

追加制冷剂需要用电子秤，不能采用家用空调掐表的做法；每套机组追加的制冷剂需要做好记录,以便日后有数据可查。

【典型实例】

【实例1】 格力 GMV 系列多联机冷媒追加量计算方法

1. 计算公式

格力空调系统工程配管冷媒追加量计算公式

$$追加制冷剂量 R = 配管冷媒追加量 A + \sum 每个模块冷媒追加量 B$$

2. 配管冷媒追加量 A 的计算方法

$$配管冷媒追加量 A = \sum 液管长度 \times 每米液管制冷剂追加量$$

格力 GMV 系列配管冷媒追加量的计算见表3-34。

表3-34 格力 GMV 系列配管冷媒追加量的计算

液管直径/mm	φ28.6	φ25.4	φ22.2	φ19.05	φ15.9	φ12.7	φ9.52	φ6.35
冷媒追加量/(kg/m)	0.680	0.520	0.350	0.250	0.170	0.110	0.054	0.022

3. $\sum$ 每个模块冷媒追加量 B 的计算方法

表3-35 格力 GMV 系列模块冷媒追加量的计算

每个模块冷媒追加量 B/kg		模块容量/匹				
内外机额定容量配置率 C	室内机配置数量	8	10	12	14	16
50%≤C≤70%	≤4台	0	0	0	0	0
	>4台	0.5	0.5	0.5	0.5	0.5
70%<C≤90%	≤4台	0.5	0.5	1	1.5	1.5
	>4台	1	1	1.5	2	2
90%<C≤105%	≤4台	1	1	1.5	2	2
	>4台	2	2	3	3.5	3.5
105%<C≤115%	≤4台	2	2	2.5	3	3
	>4台	3.5	3.5	4	5	5
115%<C≤135%	≤4台	3	3	3.5	4	4
	>4台	4	4	4.5	5.5	5.5

注:1. 室内、外机额定容量配置率 C = 室内机额定制冷量总和/外机额定制冷量总和。
    2. 如果室内机全部为 GMV-NX 系列全新风室内机,则每个模块冷媒追加量 B 均为 0kg。

【实例2】 格力 GMV 系列冷媒追加示例

1. 示例一

如果室外机由 GMV-280WM/B、GMV-400WM/B、GMV-450WM/B 三个模块组成,室内机由 8 台 GMV-N140PLS/A 组成,那么室内、外机额定容量配置率 $C = 140 \times 8/(280+400+450) = 108\%$,室内机台数大于 4 台,查表3-35可知

GMV-280WM/B 模块冷媒追加量 B = 3.5kg;

GMV-400WM/B 模块冷媒追加量 $B=5.0$kg；

GMV-450WM/B 模块冷媒追加量 $B=5.0$kg。

所以

$$\sum 每个模块冷媒追加量 B=(3.5+5.0+5.0)\text{kg}=13.5\text{kg}$$

假定配管冷媒追加量 A 为

$$A=\sum 液管长度 \times 每米液管冷媒追加量 = 25\text{kg}$$

则该系统总的追加制冷剂量为

$$R=(25+13.5)\text{kg}=38.5\text{kg}$$

2. 示例二

室外机由 GMV-450WM/B 一个模块组成，室内机由 1 台 GMV-NX450P/A（X4.0）新风室内机组成。那么该模块冷媒追加量 $B=0$kg，所以

$$\sum 每个模块冷媒追加量 B=0\text{kg}$$

假定配管冷媒追加量 A 为

$$A=\sum 液管长度 \times 每米液管制冷剂追加量 = 5\text{kg}$$

则该系统总的追加制冷剂量为

$$R=(5+0)\text{kg}=5\text{kg}$$

课题八　调试运转与验收

【相关知识】

一、一般规定

1）多联机空调系统安装完成后，应进行系统调试。

2）多联机空调系统工程验收前，应进行系统运行效果检验。

3）多联机空调系统工程验收应由建设单位组织安装、设计、监理等单位共同进行，合格后应办理竣工验收手续。

4）进行系统试运转与调试的工作人员，必须持有国家职业资格制冷工中级以上证书，并应持证上岗。

5）多联机空调系统工程空调水系统的调试运转、检验及验收应符合现行国家标准 GB 50242—2002《建筑给水排水及采暖工程施工质量验收规范》的有关规定。

6）多联机空调系统工程质保期不应少于两个采暖期和两个制冷期，并应保证空调房间的温度满足设计要求。

二、调试运转规范

1）多联机空调系统安装完毕后，对出厂未充注制冷剂的多联式空调（热泵）机组，应按设备技术文件的规定充注制冷剂。

2）系统调试所使用的测量仪和仪表，性能应稳定可靠，其精度等级及最小分度值应满足测试要求，并应符合国家现行有关计量法规及检定标准的规定。

3）多联机空调系统带负荷调试运转应按设备安装手册规定的流程进行，试运转工作前的准备工作应符合下列规定。

① 系统中各安全保护继电器、安全装置应经整定，其整定值应符合设备技术文件的规定，其动作应灵敏可靠。

② 应按设备技术的规定开启或关闭系统中相应的阀门。

③ 应按产品技术文件的要求进行压缩机预热。

4）冷凝水管安装完毕后，应按下列步骤对冷凝水系统进行调试。

① 室内机单机排水运转。

② 冷凝水管满水试验。

③ 冷凝水管排水通水试验。

5）试运转中应按要求检查下列项目，并应做好记录。

① 吸、排气的压力和温度。

② 载冷剂的温度（适用时）。

③ 各运动部位有无异常声响，各连接和密封部位有无松动、漏气、漏油等现象。

④ 电动机的电流、电压和温升。

⑤ 能量调节装置的动作是否灵敏、准确。

⑥ 各安全保护继电器的动作是否灵敏、准确。

⑦ 机器的噪声和振动。

三、检验规范

1）多联机空调系统工程验收前，应进行系统带负荷效果检验。

2）多联机空调系统工程带负荷效果检验应在满足多联式空调（热泵）机组技术文件中规定的使用温度范围条件下进行。

3）综合效果检验可包括下列项目：

① 送风口、回风口空气温度、湿度和风量的测定。

② 多联式空调（热泵）机组吸、排气的压力和温度，电动机的电流、电压和温升的测定。

③ 室内空气温、湿度的测定。

④ 室内噪声的测定。

⑤ 室外空气温度、湿度的测定。

⑥ 新风系统新风量、排风量的测定。

⑦ 各设备耗电功率的测定。

四、验收规范

多联机空调系统工程验收时，应检查验收资料，并应包括下列文件及记录。

① 图样会审记录、设计变更通知书和竣工图。

② 主要材料、设备、成品、半成品和仪表的出厂合格证明及进场检（试）验报告，其格式可按表3-36。

③ 隐蔽工程检查验收记录，其格式可按表3-37。

④ 制冷系统气密性试验记录,其格式可按表3-38。
⑤ 设备单机试运转记录,其格式可按表3-39、表3-40、表3-41。
⑥ 系统联合试运转记录,其格式可按表3-42。
⑦ 综合效果检验验收记录,其格式可按表3-43。
⑧ 风管系统、制冷剂管道系统安装及检验记录,其格式可按表3-36。

表3-36 设备、材料进场检查记录

工程名称		分部(或单位)工程	
设备名称		型号、规格	
系统编号		装箱单号	
设备检查	1. 包装 2. 设备外观 3. 设备零部件 4. 其他		
技术文件检查	1. 装箱单　份　张 2. 合格证　份　张 3. 说明书　份　张 4. 设备图　份　张 5. 其他		
存在问题及处理意见			
(盖章) 监理(建设)单位: 签名: 年　月　日		(盖章) 安装单位: 签名: 年　月　日	

表 3-37 隐蔽工程检查验收记录

工程名称			工程地点		
隐蔽工程内容	序号	名称	安装部位/检查结果	安装质量检查结果	备注
	1				
	2				
	3				
	4				
	5				
	6				
	7				
	8				
	9				
	10				
	11				
	12				
验收意见					

（盖章）

监理（建设）单位：
签名：

年 月 日

（盖章）

安装单位：
签名：

年 月 日

表 3-38 制冷系统气密性试验记录

工程名称			分部(或单位)工程		
试验部位			试验日期		
管道编号	气密性试验				
	试验介质	试验压力/MPa	定压时间/h		试验结果
管道编号	真空试验				
	设计真空度/MPa	试验真空度/MPa	定压时间/h		试验结果
验收意见					

(盖章)	(盖章)
监理(建设)单位: 签名: 年 月 日	安装单位: 签名: 年 月 日

表 3-39　室外机组试运转测试记录

项目名称：							
地　　址：			电话：				
供 货 商：		出货日期：		年　月　日			
安装单位：			负责人：				
调试单位：			负责人：				
系统追加制冷剂量：　　　kg			制冷剂名称：		（R22、R407C、R410A）		
调试状态：　　□制冷　　　□制热							

室外机组型号	单位	开机前	30min	60min	90min	备注
安装位置和编号						
室外环境温度	℃					
排气温度（定频/数码/变频）	℃					
油温度（定频/数码/变频）	℃					
高压	Pa					
低压	Pa					
风速	档位					
气管温度	℃					
液管温度	℃					
运转电流	A					
电压	V					

验收意见	
（盖章） 监理（建设）单位： 签名： 年　月　日	（盖章） 安装单位： 签名： 年　月　日

表 3-40　室内机组试运转测试记录

调试状态： □制冷		□制热				
室内型号：	单位	开机前	30min	60min	90min	备注
安装位置和编号：						
蒸发器进管/出管温度	℃					
室内出/回风温度	℃					
室内环境温度/室内设定温度	℃					
出风口风速	m/s					
回风口风速	m/s					

验收意见	
(盖章) 监理(建设)单位： 签名： 年　月　日	(盖章) 安装单位： 签名： 年　月　日

表 3-41　压缩机调试记录

调试状态：	□制冷	□制热						
压缩机报告：			单位	开机前	30min	60min	90min	备注
压缩机编号：	定容量压缩机	T1/T2/T3 电流						
		V1/V2/V3 电压						
	变容量压缩机	T1/T2/T3 电流						
		V1/V2/V3 电压						

验收意见	
(盖章) 监理(建设)单位： 签名： 年　月　日	(盖章) 安装单位： 签名： 年　月　日

表 3-42　系统联合试运转记录

工程名称		分部(或单位)工程	
设备名称		试运转日期	年　月　日
试运转内容			
试运转结果			
评定意见			
试运转人员			
(盖章) 监理(建设)单位： 签名： 年　月　日		(盖章) 安装单位： 签名： 年　月　日	

表 3-43　综合效果检验验收记录

工程名称		分部（或单位）工程	
设备名称		试运转日期	年　月　日
竣工日期		交验日期	年　月　日
工程内容			
验收资料	环境温度　℃,室内机出风口温度　℃,室内机回风口温度　℃ □室外机安装牢固　　　　　　　　□铜管连接无泄漏 □室外机和室内机通电运转正常无杂声　□温度控制器操作有效 □各送风口尺寸符合设计要求　　　□回风箱安装到位 □回风管道安装到位　　　　　　　□各回风尺寸符合设计要求		
验收评定意见			
（盖章） 监理（建设）单位： 签名： 年　月　日		（盖章） 安装单位： 签名： 年　月　日	

【典型实例】

【实例1】 约克多联机空调系统的调试与验收

1. 多联式空调机组系统调试

在机组调试前，必须对空调系统进行全面检测。

（1）调试前检查

1）确认机组是否已经送电预热超过8h。

2）确认系统是否经过气密性试验、是否已真空干燥、是否已按标准追加制冷剂；检查截止阀是否开启到位。

3）检查室内、外机防尘罩是否全部摘除、进出风系统是否畅通。

4）检查冷凝水排水管道是否安装完好，排水口有无遮挡物堵塞。

5）检查所有接线端子是否安装牢固，检查供电电压是否与机组要求匹配。

6）完成调试前五项检查才可开启机组。

（2）调试过程与记录

1）系统试运转的目的在于全面检查、测定系统安装的质量及制冷效果。正常试运转应不少于8h。

2）室内、外机试运转：室内、外机等设备应逐台起动投入运转，检查其基础、转向、传动、润滑、平衡、高压、低压、温升等的牢固性、正确性、灵活性、可靠性、合理性等。

3）冷（热）态调试：按不同的设计工况进行试运行，调整至符合设计参数；设定与调整室内的温度、湿度，使之符合设计规定数值。

4）综合调试：根据实际气象条件，让系统连续运行不少于24h，并对系统进行全面的检查、调整，考核各项指标，以全部达到设计要求。以上调试过程应做好书面记录。

（3）开机调试流程（表3-44）

表3-44 约克多联机空调的开机调试流程

	开机调试步骤	操作内容	备注
1	开机调试准备	1. 确认空调系统全部安装完毕 2. 确认现场有正式供电 3. 确认现场可以进行开机调试工作	1. 不得在系统安装未完成的情况下开机调试 2. 不得使用临时供电调试机组
2	开机调试前检查	1. 确认机组是否已经送电预热超过8h 2. 确认系统是否经过气密性试验、是否已真空干燥、是否已按标准追加制冷剂 3. 检查截止阀是否开启到位 4. 检查室内、外机防尘罩是否全部摘除、进出风系统是否畅通 5. 检查冷凝水排水管道是否安装完好，排水口有无遮挡物堵塞 6. 检查所有接线端子是否安装牢固，检查供电电压是否与机组要求匹配	完成调试此六项检查方可开启机组
3	机组运转	按第三单元内容运转机组	
4	调试运转记录	按表3-42填写机组调试运转记录	
5	交付验收	开机调试后，立即交付相关人员签署验收结果	

2. 安装质量标准与验收

（1）安装质量要求 设备的安装、清洗、试漏、抽真空、填充制冷剂等操作应严格按照生产商提供的说明书进行，并应符合 GB 50736—2012《民用建筑供暖通风与空气调节设计规范》、GB 50243—2002《通风与空调工程施工质量验收规范》、JGJ 174—2010《多联机空调系统工程技术规程》中的有关规定和图样的技术要求。

（2）多联式空调机组系统检查、调试记录用表 制冷系统气密性试验记录见表3-38，室外机组试运转测试数据记录见表3-39，室内机组试运转测试数据记录见表3-40。

【实例2】 志高多联机空调系统的调试

系统安装完毕后，需要对系统进行试运行及相应调试，以确认系统是否正常。

1. 室外机点检说明

室外机试运行时，需要从室外机上读取相关参数，此处介绍室外机运行参数读取办法，以方便调试。

CMV-[V]直流变频模块式多联机室外机主电控板上设有三位数码显示管及点检按钮，用于显示相关系统参数，调试时，以手单击点检按钮，数码管上即会按固定的顺序依次显示相关信息。

三位数码管信息显示说明如下：

1）待机时数码管显示当前连接并进行通信的室内机台数。
2）压缩机运转时数码管显示频率值。
3）化霜时数码管下两位显示"dF"。
4）回油时数码管下两位显示"dO"。

点检时，数码管按表3-45中的顺序循环显示相关信息。

表3-45 室外机点检顺序

	显示内容	备注
正常显示①		
1	室外机地址	0,1,2,3
2	室外机本机能力	8,10,12,14,16
3	模块室外机台数	主机有效
4	室外机总能力之和	能力需求
5	室外机能力总需求	主机有效（室内发送过来的总需求）
6	主机修正后的总能力需求	主机有效（T4修正之后）
7	运转模式	0,1,2,3,4②
8	该外机实时输出能力	模块实际能力输出（在各种保护之后）
9	风机状态③	
10	T2 平均/T2B 平均	实际值④
11	T3 室外冷凝器管温	实际值
12	T4 室外环境温度	实际值
13	变频排气温度	实际值
14	定频1排气温度	实际值
15	定频2排气温度	实际值

(续)

	显示内容	备注
16	变频电流	实际值
17	定频 1 电流	实际值
18	定频 2 电流	实际值
19	电子膨胀阀 A 开度	实际值
20	电子膨胀阀 B 开度	实际值
21	室内机台数	实际值⑤
22	系统排气压力	实际值(MPa)
23	系统吸气压力	实际值(MPa)
24	最后一次故障或保护代码	没有保护或故障时显示 00
25	当前运行频率	
26	—	点检结束

① 正常显示：待机时为室内机台数；压缩机运行后为压缩机当前运转频率；有保护或故障时显示保护代码或故障代码；有多个保护或故障代码时，循环显示保护或故障代码；模块运行过程当中，变频压机当前运行频率也参与循环显示。
② 运转模式（0 表示关机；1 表示送风；2 表示制冷/除湿；3 表示制热；4 表示强制制冷）。
③ 风机状态（关机；01~7 分别表示室外风机由低到高 7 档风速）。
④ 制冷时显示 T2B 平均（室内蒸发器出口平均温度），制热时显示 T2 平均温度（室内蒸发器中点平均温度）。
⑤ 室内机台数（能与室外机正常通信的室内机）。

2. 系统试运行

CMV-[V] 直流变频模块式多联机试运行时，需按制冷制热两种模式试运转，且必须选择几种典型的组合进行测试，具体为：

1）所有末端设备必须同时起动运行。
2）系统最远距离的末端设备单独试运转。
3）系统最小能力的末端设备单独运转。
4）中间自由选定 2 种或 3 种组合试运转。

>> **注意** 每种测试运行时间不少于 2h，并填好调试记录单。

如按上述组合测试时，各项指标均达到 GB 50243—2002《通风与空调工程施工质量验收规范》中的要求，即可判定试运转合格，可验收。

【习题】

一、填空

1. 施工图样会审须在以下各部门及人员的共同参与下进行：设计人员、_____，土建、装潢、水电各专业工种等。

2. 施工图样必须是经过设计单位、_____最后共同签字确认的。

3. 工程施工人员应严格按照施工图样施工，如需修改，应征得设计及_____认可，并形成书面文件即设计变更记录。

4. 对多联机空调系统安装过程，合理地编制和认真贯彻_____，是保证施工顺利进行、缩短工期、确保工程质量和提高经济效益的重要措施。

5. 在多联机空调系统安装过程中，若室内机机组安装区域相对湿度≥_____时，应对室内机追加绝热材料。

6. 在多联机空调系统安装过程中，室内机安装位置要保证室内机送风、回风在_____内。

7. 在多联机空调系统安装过程中，在室内机电控盒及铜管接头下方必须预留_____。

8. 在多联机空调系统安装过程中，室内机需_____、机身平稳，以保证冷凝水顺利排放，降低振动与噪声。

9. 在多联机空调系统安装过程中，室内机的_____可用随机附带的包装对其包裹进行。

10. 在多联机空调系统安装过程中，可伸缩性金属或非金属软风管的长度不宜超过_____，不能有死弯或塌凹。

11. 在多联机空调系统安装过程中，室外机安装基础高度要求大于_____。

12. 在多联机空调系统安装过程中，用地脚螺栓把室外机组固定在机座上，地脚螺栓凸出部分要求为_____。

13. 在多联机空调系统安装过程中，室外机与基础之间应加厚度不少于_____的条形减振垫。

14. 在多联机空调系统安装过程中，室外机搬运时应注意保持垂直，需倾斜时，倾斜角应小于_____。

15. 在多联机空调系统安装过程中，冷凝水管应外套_____厚的难燃BI级橡塑保温材料绝热包扎，避免表面结露。

16. 在多联机空调系统安装过程中，应在排水管路上增设通气口，通气口间距_____，并使通气口朝下。

17. 在多联机空调系统安装过程中，冷凝水管安装结束后，应进行_____，一方面检查排水是否畅通，另一方面检查管道系统是否漏水。

18. 在多联机空调系统安装过程中，冷凝水管吊架间距：_____ 0.8～1m，_____ 1.5～2.0m，每支立管不得少于两个。

19. 在多联机空调系统安装过程中，室内机排水区分_____和提升泵排水。

20. 在多联机空调系统安装过程中，排水配管方方式主要包括水平配管和_____。

21. 在多联机空调系统安装过程中，冷媒管使用之前需要进行清洁处理；如果是R410a冷媒系统，铜管必须经过_____。

22. 在多联机空调系统安装过程中，只能使用_____切割铜管，严禁使用钢锯、砂轮锯等。

23. 在多联机空调系统安装过程中，弯管加工必须使用_____，避免铜管弯瘪变形。

24. 在多联机空调系统安装过程中，钎焊温度应比铜管的熔点温度低，控制在_____之间。

25. 在多联机空调系统安装过程中，钎焊必须使用_____火焰或氧丙烷火焰进行钎焊。

26. 在多联机空调系统安装过程中，管径 φ22mm 以下的制冷铜管由于管道较小，可将成品抱箍设置于保温层外，以防_____产生。

27. 在多联机空调系统铜管系统安装后，与室内机连接锁紧之前，需要用_____对冷媒管路进行管道吹扫清理。

28. 在多联机空调系统安装过程中，在进行气密性压力试验时，不得连接_____。

29. 耐热聚乙烯泡沫的耐热温度在_____以上，发泡聚乙烯的耐热温度在_____以上。

30. 在多联机空调系统安装过程中，_____的过程是利用真空泵将管道内的空气、不凝性气体及水分排出管外的。

31. 在多联机空调系统安装过程中，抽真空操作时，为防止真空泵中的润滑油回流，应加装_____。

32. 在多联机空调系统安装过程中，抽真空完成后，应先关闭_____，再关闭真空泵。

33. 在多联机空调系统安装过程中，抽真空后至追加冷媒之前，不能更换_____，防止空气进入系统。

34. 多联机空调系统的电气系统安装，主要包括室内、外机电源系统的安装，_____，以及室外机模块之间通信系统的安装。

35. 多联机空调系统的现场所有电气安装配线作业，必须由持证电工完成、安装_____。

36. 多联机空调系统必须安装可切断整个系统电源的断路器和耐冲击性_____。

37. 在多联机空调系统中，穿线管内部导线（包含绝缘层）的总截面积，不得超过穿线管有效面积的_____。

38. 在多联机空调系统中，控制电线与电源线平行配线时，要求保持_____以上的间距。

39. 多联机空调系统的室外主机或室内机设备电源为 220V 时，电源线必须采用 3 线制，分别为相线、零线、_____。

40. 多联机空调系统的电源为 380V 时，电源线必须采用，分别为 3 根相线和零线、接地线。

41. 在多联机空调系统中，电源线端部的电压（电源变压器侧）和尾部电压（机组侧）的电压降必须小于_____。

42. 在多联机空调系统中，如果冷媒工质为 R410A 冷媒，冷媒追加操作时，必须采用_____追加方式。

43. 在多联机空调系统中，冷媒追加操作，不可使用定量加液筒，必须采用_____定量追加。

二、选择

1. 在多联机空调系统安装过程中，室外机的安装空间必须满足机组换热的要求，应确保足够的吸气空间,以防止____。
   A. 短路循环　　　B. 断路循环　　　C. 开路循环　　　D. 闭路循环

2. 在多联机空调系统安装过程中,底座基础具有足够的强度和____,以确保机器不会振动或产生噪声。
   A. 水平度　　　　B. 垂直度　　　　C. 倾斜度　　　　D. 过热度

3. 在多联机空调系统安装过程中,冷凝水管安装坡度必须≥____。
   A. 0.01　　　　　B. 0.02　　　　　C. 0.03　　　　　D. 0.04

4. 在多联机空调系统安装过程中,冷凝水管应外套____厚的难燃 BI 级橡塑保温材料绝热抱箍。
   A. 1mm　　　　　B. 10mm　　　　　C. 1m　　　　　　D. 10m

5. 在多联机空调系统安装过程中,排水配管,____规格的排水管可用于汇流管。
   A. PVC20　　　　B. PVC25　　　　C. PVC32　　　　D. PVC45

6. 在多联机空调系统安装过程中,为确保斜度 1/100,排水管总的提升高度 H 为____。
   A. 550mm　　　　B. 650mm　　　　C. 750mm　　　　D. 850mm

7. 在多联机空调系统安装过程中,冷媒配管的铜管与分歧管之间连接采用____。
   A. 对接焊接　　　B. 平接焊接　　　C. 承插焊接　　　D. 搭接焊接

8. 在多联机空调系统安装过程中,分歧管的制冷剂入口侧要保证至少____的直管段。
   A. 200mm　　　　B. 300mm　　　　C. 500mm　　　　D. 800mm

9. 在多联机空调系统安装过程中,室内外机落差每隔____在气管侧增设一个回油弯头,确保机组回油正常。
   A. 2m　　　　　　B. 5m　　　　　　C. 10m　　　　　D. 15m

10. 在多联机空调系统安装过程中,冷媒管道分支管应按介质流向弯成____弧度与主管连接。
    A. 30°　　　　　B. 45°　　　　　C. 60°　　　　　D. 90°

11. 在多联机空调系统安装过程中,铜管弯管时,弯头两侧必须保持不小于管径____倍的直线部分。
    A. 1　　　　　　B. 2　　　　　　C. 3　　　　　　D. 4

12. 在多联机空调系统安装过程中,钎焊送料时,要求焊条和火焰呈____角。
    A. 30°　　　　　B. 45°　　　　　C. 60°　　　　　D. 90°

13. 在多联机空调系统安装过程中,分歧管安装应使支管和主管处于同一水平线上,倾斜不得大于____,不可以垂直敷设。
    A. ±30°　　　　B. ±45°　　　　C. ±60°　　　　D. ±90°

14. 在多联机空调系统安装过程中,分歧管前后____的距离内不能设置急弯(90°拐弯)或者连接其他分支接头。
    A. 200mm　　　　B. 300mm　　　　C. 500mm　　　　D. 800mm

15. 在多联机空调系统安装过程中,管道吹扫合格后必须进行系统试压确保系统的严密性,氮气瓶压力应不小于____MPa。
    A. 1　　　　　　B. 2　　　　　　C. 3　　　　　　D. 4

16. 在多联机空调系统安装过程中,保温材料应采用能耐管路温度的材料,液管侧要求耐温不低于____。
A. 60℃   B. 70℃   C. 80℃   D. 90℃

三、判断

1. 多联机空调系统的安装施工，可以允许没有设计图样，不一定要求按图样施工。（　　）
2. 在多联机空调系统安装过程中，室内机安装位置应保证有合适的冷凝水管安装空间。（　　）
3. 在多联机空调系统安装过程中，室内机安装位置要防止气流短路。（　　）
4. 在多联机空调系统安装过程中，冷凝水管管径不用满足室内机的冷凝水流量。（　　）
5. 在多联机空调系统安装过程中，冷凝管水平管长度要求尽可能长。（　　）
6. 在多联机空调系统安装过程中，冷凝水管尽可能短并应避免气封的产生。（　　）
7. 在多联机空调系统安装过程中，冷凝水管的排气口位置禁止在带提升泵的室内机提升管附近出现。（　　）
8. 在多联机空调系统安装过程中，冷凝水管向水平管的汇流尽量从上部汇流，从横向汇流容易回流。（　　）
9. 在多联机空调系统安装过程中，为了避免横向主排水管走得太长，应尽可能多地增加排水点，减少所连室内机台数。（　　）
10. 在多联机空调系统安装过程中，内有排水泵的机型与自然排水的机型，应汇合到同一排水系统中。（　　）
11. 在多联机空调系统安装过程中，冷凝水管在排水提升管段不用设置通气管。（　　）
12. 在多联机空调系统安装过程中，冷凝水管垂直向上后必须马上下斜放置。（　　）
13. 在多联机空调系统安装过程中，在排水试验前，就可以进行冷凝水管的保温施工。（　　）
14. 在冷媒配管焊接时，需要充氮保护，以减少氧化皮的产生。（　　）
15. 在多联机空调系统安装过程中，温差导致冷媒配管产生热胀冷缩现象，所以需要将保温后的配管完全夹紧。（　　）
16. 在多联机空调系统安装过程中，分歧管水平安装时要左右不得倾斜，竖直安装时不允许偏斜。（　　）
17. 在多联机空调系统安装过程中，分歧管的气管、液管可以分开保温，也可以将气管与液管包裹在同一根保温管中。（　　）
18. 在多联机空调系统安装过程中，铜管的弯曲半径要求取3.5~4倍的铜管直径，椭圆率不大于8%。（　　）
19. 在多联机空调系统安装过程中，对于R410A的冷媒配管，可以采用R22冷媒的扩口工具制作喇叭口。（　　）
20. 在多联机空调系统安装过程中，冷媒配管铜管采用钎焊进行连接时必须充氮焊接。（　　）
21. 在多联机空调系统安装过程中，钎焊操作宜向下或水平侧向进行，不宜仰焊和倒立

焊接。（ ）

22. 在多联机空调系统安装过程中，分歧管的主管与水平面可以呈垂直状态。（ ）
23. 在多联机空调系统安装过程中，要求对气管和液管要分别重复多次用氮气吹洗，吹洗压力为 0.5~0.6MPa。（ ）
24. 在多联机空调系统安装过程中，抽真空操作应从气管和液管同时进行。（ ）
25. 在多联机空调系统安装过程中，真空干燥时应同时开启真空泵和压力表阀门。（ ）
26. 在多联机空调系统安装过程中，室外机也可以抽真空。（ ）
27. 多联机空调系统的室内机和室外机分别使用不同的电源，同一系统内的室内机电源必须统一供电，所有室内机只能由一个总电源开关控制。（ ）
28. 当多联机空调系统的电源线与信号线平行时，要求将电线放入各自的电线管中，而且要留有合适的线间距离。（ ）
29. 在多联机空调系统中，不同电压的导线应穿在同一根电线管中。（ ）
30. 在多联机空调系统中，室外机为多台机组时，要求单独供电，也即有几个室外机必须有几个室外机电源开关。（ ）
31. 在多联机空调系统中，同一机组的室内机要求统一供电，不同机组的室内机电源线可以串接。（ ）
32. 在多联机空调系统中，设备的手动电气开关或熔体的额定电流一般按照运行电流的 1.5~2.5 倍选择。（ ）
33. 在多联机空调系统中，必须在冷媒管道系统真空干燥完成，保压合格后，方可对系统进行追加冷媒操作。（ ）
34. 在多联机空调系统中，冷媒追加操作应保证以液体形式追加，追加前必须将软管里面的空气排出。（ ）
35. 多联机空调系统不得在系统安装未完成的情况下开机调试。（ ）
36. 多联机空调系统可使用临时供电调试机组。（ ）
37. 在多联机空调系统试运行时，每种测试运行时间不少于 2h。（ ）

四、简答

1. 简述在多联机空调系统安装过程中，管道施工碰管原则。
2. 简述在多联机空调系统安装过程中，R410A 冷媒机组与 R22 冷媒机组施工工具有什么不同。
3. 简述在变频多联空调系统中，室内机与室外机组合超配带来的影响。
4. 简述多联机空调系统安装过程中，室内机不进行防尘保护的危害和后果。
5. 简述多联机空调系统冷凝水管安装的排水试验操作步骤。
6. 简述多联机空调系统安装过程中，冷媒配管安装施工三原则。
7. 简述什么叫作钎焊。
8. 简述在多联机空调系统安装过程中，长管路时的吹扫步骤。
9. 多联机空调系统安装过程中，冷媒管道如何判断抽真空过程是否合格。
10. 计算单相电动机每 1kW 的最大电流，功率因子与电动机效率按 0.75 计算。

11. 计算三相电动机单相每 1kW 的最大电流，功率因子与电动机效率按 0.85 计算。
12. 请给出多联机空调系统中冷媒追加量的计算公式。
13. 简述多联机空调系统调试前的检查内容。
14. 简述多联机空调系统试运行的步骤。
15. 简述多联机空调系统的一般验收标准。

单元四

多联机空调故障分析与排除

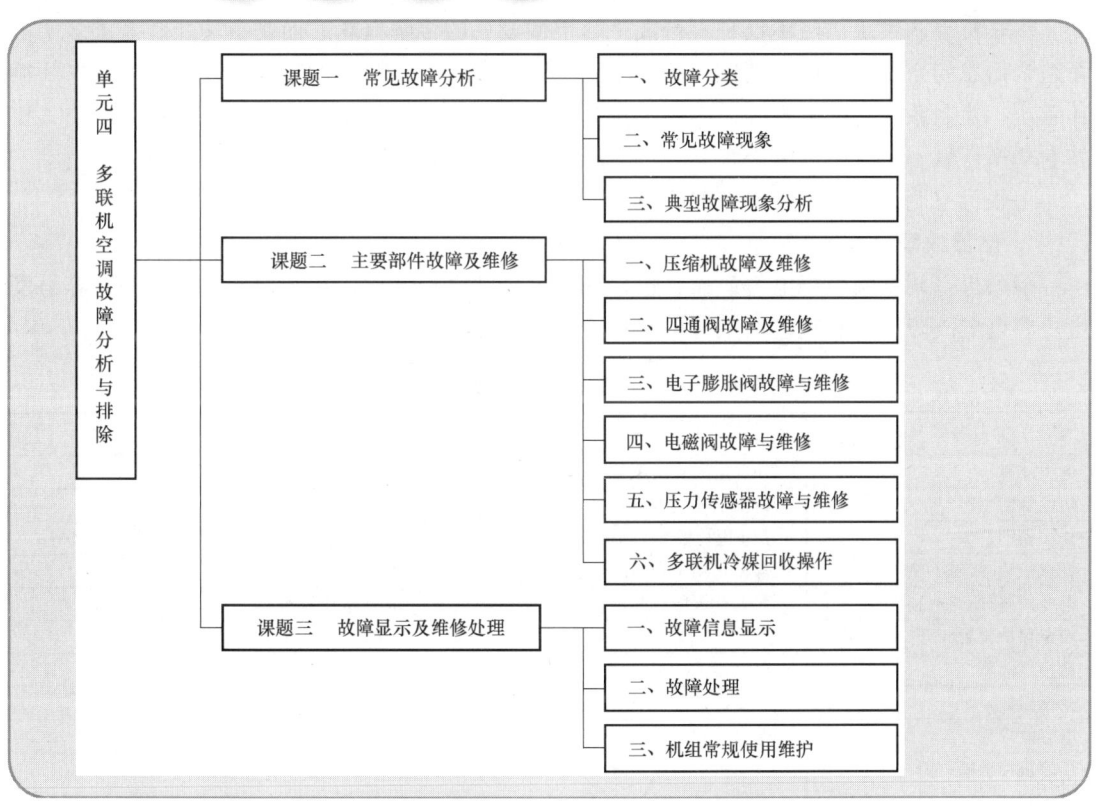

【学习引导】

目的与要求

1. 熟悉多联机常见故障的类型，能根据常见故障现象进行故障分析。
2. 能排除压缩机、四通换向阀、电子膨胀阀等主要部件的故障。
3. 能根据故障信息显示代码进行故障处理和排除。

4. 能对多联机进行常规使用和维护。

重点与难点

重点：1. 多联机常见故障现象的分析。
　　　2. 压缩机、四通换向阀、电子膨胀阀等主要部件的替换。

难点：1. 多联机常见故障现象的分析。
　　　2. 多联机故障信息显示代码及处理。

课题一　常见故障分析

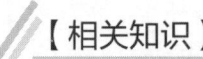【相关知识】

一、故障分类

多联机空调系统已经不仅是一台或一套空调设备的传统概念，而是由功能和需求多个方面组合而成的系统。其中包括制冷（热）冷媒循环系统、室内空气循环系统、室外空气循环系统、控制系统、配电系统、冷凝水排放系统等，这些系统既相互独立，又相互影响，比如空气循环量不足，将影响冷媒蒸发、冷凝的效果，导致制冷系统工作不正常等。

多联机空调运行过程中出现的故障主要可以分为电器故障和制冷系统故障两大类。

1. 电器故障

多联机空调系统属于电气产品，包括许多电器及电控部件，在长期使用过程中，容易发生一些电器故障。多联机空调系统中常见的电器故障见表4-1。

表4-1　多联机空调系统中常见的电器故障

故障类型	故障说明
电力故障	外部电力供给系统出现故障，如缺相、相序错、电压超高、电压过低等
熔丝烧断	如主电控板熔丝烧断
插头松动	如主电控板三相强电插头松动、变压器插头松动、各阀插头松动、电子膨胀阀插头松动等
触点松动，接触不良	常见于端子台、插拔式接插片、控制芯片等
电线短路、断路或损坏	如电磁阀电线断路等，电控内部连接线短路、通信线短路
安全保护装置断开	
温控器故障	温控器不能正常地闭合、断开
变压器故障	变压器被烧毁、输出电压不正常等
电容故障	电容器被击穿、电容不匹配（如单相风机系统）
压缩机接触器故障	压缩机接触器烧毁，无法正常吸合或无法正常断开等
风机故障	风机烧毁，或风机不能正常控制
继电器故障	继电器被烧毁，继电器无法吸合或无法断开等
压缩机故障	压缩机烧毁等
温度传感器故障	温度传感器短路、断路、测量值失真等
压力传感器故障	压力传感器损坏、测量值失真等
电磁阀故障	电磁阀线圈烧毁或断路
电子膨胀阀故障	电子膨胀阀线圈坏、无驱动输出等
四通阀故障	四通阀线圈断路、短路等
通信故障	通信线断开、短路或接线错误

2. 制冷系统故障

制冷系统在长期使用过程中,也会出现一些故障。常见的制冷系统故障见表 4-2。

表 4-2 常见的制冷系统故障

故障类型	故障说明
冷凝器变脏	在一些环境下,空气中尘埃过多,冷凝器长期使用后,翅片上粘满灰尘变脏,使得换热效果变差
冷凝环境温度过高	由于机组安装位置通风不畅或其他原因,引起冷凝环境温度过高后,易引起系统冷凝效果相对变差,系统负荷增大,引起系统故障
冷却风量不足	由于系统换热器表面或回风口被堵塞,导致系统冷却风量不足
蒸发器风量不足	由于室内机安装问题,如过长的送风管道或风道堵塞,引起室内机风量不足,易引起系统故障
冷媒流动受阻	由于过长的配管或过高的落差,或者管道被碰扁,引起系统总体流动阻力增大,系统冷媒循环量减少,易引起系统报故障
空气过滤器变脏	多发生于室内机,由于空气过滤网在长期使用后粘上大量灰尘,妨碍空气流通,使室内机风量减少,易引起系统报故障
制冷剂短缺	制冷剂填充过少或者泄漏,引起系统制冷、制热压力下降,易引起系统报故障
制冷剂过量填充	在空调系统中,当制冷剂填充过量时,易引起系统报故障
系统中混入空气	当系统中混入空气后,易引起系统运行不正常甚至烧毁压缩机
系统进水	系统进水后,易引起压缩机电镀铜现象,从而引起压缩机磨损毁坏,还有可能引起冰堵,从而引起系统故障
膨胀阀阻塞	在空调系统中,膨胀阀处极易累积微小杂质引起膨胀阀阻塞,引起系统故障
膨胀阀泄漏	当膨胀阀发生泄漏时,会引起系统运行不正常,从而引起系统报故障
电磁阀泄漏	在空调系统中,如果有电磁阀发生泄漏,易引起冷媒流动旁通,导致系统运行不正常,从而引起系统故障
四通阀、电磁阀或电子膨胀阀被卡住	由于系统存在一些固体杂质,易引起四通阀、电磁阀或电子膨胀阀等被卡住,无法正常工作,从而引起系统故障
压缩机缺油	压缩机缺油,会引起压缩机磨损毁坏,密封性能变差,压缩机能力下降等一系列问题,从而引起系统故障
压缩机液击	系统在运行时,如果过多的液态冷媒进入压缩机压缩腔,会引起压缩机液击,从而损坏压缩机,引起系统故障
系统能力不足	在多联机中,由于安装问题或系统超配,引起系统能力不足
系统分流不均	在多联系统中,由于安装问题(如分歧管不合适等)引起系统分流不均,部分室内机能力不足,甚至引起模块之间分流不均,引起系统故障

二、常见故障现象

多联机空调系统出现故障时,故障原因与故障现象之间存在一定的关联。空调系统常见故障原因与故障现象之间的关系见表 4-3。

表 4-3 空调系统常见故障原因与故障现象之间的关系

故障原因 \ 故障现象	冷凝压力过高	冷凝压力过低	蒸发压力过高	蒸发压力过低	压缩机电流偏大	压缩机电流偏小	制冷效果不好
冷凝器变脏	√				√		√
冷凝环境温度过高	√				√		√
冷却风量不足	√				√		√
蒸发器风量不足				√		√	√
冷媒流动受阻				√		√	√
空气过滤器变脏(室内机)				√		√	√
制冷剂短缺		√		√		√	√
制冷剂过量填充	√		√		√		√
系统中混入空气	√						
系统分流不均							√
膨胀阀阻塞	与膨胀阀的位置和功能有很大关系						√
膨胀阀泄漏	与膨胀阀的位置和功能有很大关系						√
电磁阀泄漏	与电磁阀的位置和功能有很大关系						
四通阀、电磁阀或电子膨胀阀被卡住	与膨胀阀的位置和功能有很大关系						
压缩机缺油	常常引起压缩机磨损和烧毁						
压缩机液击	常常引起压缩机烧毁						

注：本表是按多联机空调系统制冷进行描述的。

三、典型故障现象分析

多联机空调系统运行过程中，常见故障现象主要有排气压力过高、吸气压力过低、吸气压力过高、制冷剂短路等。

1. 排气压力过高

多联机空调系统排气压力过高，会引起压缩机长期超负荷运行，大大减短压缩机寿命，加大压缩机磨损，严重时会引起压机烧毁等。

排气压力过高的原因及处理方法见表4-4。

表 4-4 排气压力过高的原因及处理方法

故 障 原 因	故 障 分 析	处 理 方 法
冷凝器变脏或局部堵塞	纸片、树叶等杂物淤积在翅片上，使得冷凝机组不能进行正常的热量交换工作	进行翅片清洗
制冷回路中混入空气或其他不可凝的气体	空气或其他不可凝气体进入冷凝器，排气压力会异常升高，超过同制冷剂蒸汽冷凝温度相应的压力。检查会发现低压和高压压力表上的指针都在抖动	放出冷媒，抽真空并且重新加注冷媒
制冷剂填充过量	制冷循环中的制冷剂填充过量，液态制冷剂从储液器回流到冷凝器，减少了可用于冷凝的表面积。其结果是造成排气压力值异常升高	回收机器中所有的冷媒，抽真空，再重新加注冷媒

(续)

故障原因	故障分析	处理方法
冷凝风量不足或冷凝风机转速不够	发生与冷凝器堵塞类似情况,会造成制冷剂与冷却介质之间传热不充分。发生冷凝器出风口被阻,风扇带轮松动或打滑等情况,也会造成冷凝器风量不足,冷却介质减少	进行翅片清洗,调整修理风机
冷凝环境温度过高	冷凝机组周围的空气温度开始升高,冷凝机组的排出压力也相应升高	给室外机配备遮阳罩,防止它受到阳光直射,同时应将机组安装在开阔通风的地方
空气冷凝周期缩短	如果室外冷凝机组位置是紧靠墙面或障碍物,经冷凝器后排放出的高温空气就会被它重新抽入,相当于环境温度偏高,这会升高制冷剂的高压值,使高压开关作用而制动压缩机	机组安装在开阔通风的地方,如果难以做到,应该在排风口上加导风风罩,防止冷凝气流短路

2. 吸气压力过低

(1) 通过蒸发器盘管的风量不足 故障原因与分析:穿过蒸发器盘管的风量不足,是导致吸气压力过低的最常见原因。当空气滤网变脏、蒸发器盘管堵塞时,穿过蒸发器盘管的空气流动速度会变慢,制冷剂和空气之间正常的热传递也会相应地减弱,即当制冷剂从空气中取得的用以进行蒸发过程的热量变少,制冷剂的温度就会降低,相应的吸气压力也就变低了。形成原因一般是安装时风道过长、风道偏小、风道气流不畅等。

处理办法:对空气过滤器进行清洗,对蒸发器等进行吹洗。

(2) 制冷剂流动受阻 为了使制冷剂能够通过与压缩机容量相配的冷却盘管,有效地进行蒸发,并且从空气中吸收一定的热量,蒸发器中需要数量充足的制冷剂。任何对制冷剂的流动妨碍都意味着冷却盘管从空气中吸收热量的能力减弱。制冷剂在通道上的这种阻力很容易根据它的位置找到,因为在受阻的这一点温度有明显地降低。制冷剂流动受阻的原因及处理方法见表4-5。

表4-5 制冷剂流动受阻的原因及处理方法

故障原因	故障分析	处理方法
膨胀阀堵塞	膨胀阀存在机械问题:它有时会基本关闭,或被污垢、水蒸气冻结粘着完全关闭,减少蒸发器的制冷剂流量。如果膨胀阀被完全塞住,制冷剂低压将降低至开关动作、停止压缩机运转的程度。如果没有安装低压开关,压缩机就会继续运转下去,其结果是压缩机电动机不再被制冷剂蒸气冷却,使排气温度异常升高。因此,热保护器动作停止压缩机运转 如果没有安装低压开关,还会导致膨胀阀出口渗水或结霜,并使冷却盘管和吸入管道变热	更换电子膨胀阀,如果发现是脏堵,还需要对系统进行清洗吹污
干燥过滤器堵塞	液路上的干燥过滤器有时会被灰尘和污垢堵塞,故障发生时,制冷剂流出干燥过滤器时的温度会低于流入时的温度。如果堵塞严重,会导致它的出口渗水或结霜	清理或更换干燥过滤器
液路上阀门局部堵塞和液路受阻	如果液路上的阀门没有全开,液路里的液体温度在流过阀门之后就会降低,低于在冷凝器中时的温度。如果液路上存在障碍,则障碍物之后的液路温度会低于障碍物之前。在极端的情况下,障碍物之后的管线会发生渗水或结霜,而冷却盘管和吸入线路则会变暖	疏通液路,开大阀门

（3）吸气压力过高　导致多联机空调系统吸气压力过高的原因有：负荷过重、过热度调节过低、室内机超配、温度传感器安装错误、液态制冷剂过量并流入压缩机，以及压缩机不能有效工作等。吸气压力过高的原因及处理方法见表4-6。

表4-6　吸气压力过高的原因及处理方法

故障原因	故障分析	处理方法
负荷过重	负荷情况可能是因为外界工况而加重。这种工况下，排出和吸气压力都增加，系统并没有任何故障	降低外界工况负荷
过热度调节过低	在过热度设定值过低的工况下运转，可能导致吸气压力过高	适当调高过热度
室内机超配	在多联机空调系统中，如果室内机超配严重，也会引起吸气压力偏高	适当减少室内机工作数量
温度传感器安装错误	如果温度传感器安装错误，如安装在比控制温度偏高的地方，会引起膨胀阀控制错误，从而引起吸入压力过高	调整温度传感器安装位置
液态制冷剂过量并流入压缩机	如果液态制冷剂过量并流入压缩机，会使压缩机内部温度不均匀，从而使得压缩机线圈损坏。同时液态制冷剂溶解在润滑油当中，导致油被稀释损坏压缩机	1. 适当调高过热度 2. 检修压缩机，检查或更换压缩机油，检查制冷剂
压缩机不能有效工作	当压缩机不能有效工作或完全没有正作时，吸气压力会偏高	检修压缩机

（4）制冷剂短路　制冷循环当中的制冷剂短路，吸气温度和吸气压力都会升高。如果制冷剂短路相当明显，那么制冷剂蒸气就不能通过冷凝器进行有效地冷凝，以及从空气中有效地吸收热量。

【典型实例】

【实例1】管道内存留空气导致的故障及排除

1. 故障现象

房间温度达不到设计要求，线控器上显示"AE"故障码（低频时排气温度保护运行，室内机型号：MMD系列），室外机经常因排气温度过高而保护性停机。

2. 现场检查

根据线控器上"AE"故障码（低频时排气温度保护运行，室内机型号：MMD系列）显示是因室外机排气温度过高（110℃）而保护性停机。

室外机温度过高可能由以下几个方面而引起：

1) 室内机负荷太小。
2) 制冷剂短缺。
3) 储液罐与冷凝器之间的脉冲电动节流阀失灵。
4) 管道堵塞。
5) 室内机过滤器堵塞。

根据以上5点，现场逐一检查的情况是：室内机均在使用（室外气温6~15℃），室内热负荷不小；据计算与检测判断管道内的冷媒不短缺；拆开室外机检查测定脉冲电动节流阀、冷媒旁通阀均正常；室内机过滤网干净无堵塞；管道堵塞的可能性很小，因为该系统在故障前已正常地运行使用了一个夏季，室内温度均达到设计与使用要求。

造成室外机排气温度过高的5个因素均检查过，没有问题，那么是不是还有其他原因也会引起室外机排气温度过高呢？

3. 检查后的分析

根据现场检查情况，排除了以上5种原因而引起室外机排气温度过高的可能性，但在检测室内、外机时发现了其他异常情况：

1）压缩底部壳体温度较高，这是由于缺少冷冻润滑油所导致的。

2）每台室内机出风口的温度不稳定，这与冷媒量是否稳定有关。

经分析认为：缺少冷冻润滑油，以及管道内可能有空气。

经过详细了解：该空调系统在发生故障前一个月因主气管破裂，管道内的冷媒大量泄漏而重新充灌过，重新充灌冷媒时没有补充冷冻润滑油，而且在充灌冷媒前没有对管道系统进行抽真空。

综合以上原因，分析判定：造成系统内缺少冷冻润滑油使压缩机壳体温度升高和管道内存留了大量的空气，阻碍了冷媒在管内的流动，流回压缩机的冷媒量减少使排气温度升高（超过110℃）而自动保护性停机，从而造成空调系统不能正常运行，房间温度达不到使用要求。问题已经找到了，排除系统的故障就容易了。

4. 故障的排除

将管道系统内的冷媒全部放掉，对管道系统进行抽真空，重新充灌冷媒和冷冻润滑油。故障排除后该空调恢复了正常运行，达到设计与使用要求。

【实例2】冷媒分配器故障及排除

1. 故障现象

空调系统的部分房间温度忽高忽低，反复无常。

2. 现场检查

由于定频多联机空调系统无故障自诊功能系统，因此，不能在线控器和室外机上显示故障检查码，给检查维修工作带来很大的麻烦，检查工作只能根据故障的情况假设几种可能性：

1）管道系统缺少制冷剂。

2）管道系统内存留空气。

3）冷媒分配器失灵。

根据以上3种故障可能性逐一检查，排除了前2种可能性，当检查到冷媒分配器（拆开）时，经测定该冷媒分配器中的1个电磁阀失灵，处于关闭状态，使得该支管道无冷媒流过，造成该空调房间温度达不到使用要求。

3. 故障的分析

对工程使用某品牌的定频多联机有过统计，因冷媒分配器中电磁阀失灵的故障率达3.5%，有的同一个冷媒分配器中2个电磁阀会不同时出现失灵状态，根据现场检查情况分析，冷媒分配器中的电磁阀失灵不是因环境与其他因素造成的，而是产品本身的质量问题。

4. 故障的排除

将故障的冷媒分配器拆下，换上新的冷媒分配器，管道系统进行抽真空，补充冷媒后系统恢复正常运行。

【实例3】 四通阀"串气"失灵故障及排除

1. 故障现象

系统不能制热。

2. 现场检查

根据线控器上显示"b4"故障码（低压压力问题，室内机型号：MDV系列），造成这个问题的原因有：

1）低压压力传感器连接、配线不正确。
2）低压压力传感器的特性值不正常。
3）四通阀运转不好引起冷媒进入排气的弯路。

根据以上3点，现场逐一检查，低压压力传感器的连接、配线、特性值（检测）均正常，排除了因其引起故障的可能性，四通阀是否正常运转由感观难以判断。

3. 检查后的分析

根据现场对室外机的检查，压缩机起动后不久就处于热保护状态，压缩机本身没有故障，而且在夏季制冷工况时，空调系统运行是正常的，但管压小于0.9MPa。

由此分析判断：可能是四通阀"串气"。

4. 故障的排除

将四通阀拆下，换上1个新的四通阀后空调系统恢复正常运行。被拆下的四通阀经检测确实"串气"，失去使用功能。

【实例4】 室内机蒸发器和室外机冷凝器"内漏"故障及排除

1. 故障现象

空调系统在充氮气保压过程中压力不能保持恒定。

2. 现场检查

空调系统在保压过程中压力不能保持恒定时，通常有以下2种情况：

1）管道连接处因焊接质量问题（或管材"砂眼"）造成的泄漏。
2）室内、外机的"内漏"。

管道系统的泄漏点较好检查，一般在管道系统保压阶段（此时室内、外机没有与管道连接）就会被发现并很快找出泄漏点。

室内、外机的"内漏"一般是在整个空调系统保压时被发现，通用的查找方法是：

① 先检查室外机的冷凝器及其他连接处。
② 室内机检漏要用排除法，逐一地截断每台室内机的液气管进行系统压力的检测，直到查找到"内漏"点为止。

检查室内机"内漏"的工作量较大，费用也多。

3. 检查后的分析

根据现场情况分析，当保压工作程序分两个阶段（①管道系统的保压；②整个空调系统的保压）时，虽然安装工作工序增加，但检查与判断管道与空调设备"内漏"时比较方便快捷；当只做整个空调系统（带空调设备）保压时，虽然简化了安装工作的程序，减少了其相应的费用，但一旦发生空调系统泄漏，其检查工作量大，要先截断所有的室内机的连接管，检查管道系统，再查找室内机的"内漏"点。

4. 故障的排除

不论是管道的泄漏还是室内、外机的泄漏，当找到泄漏点后将其修补，重新保压。当空调设备的泄漏点无法修补时应更换之。

课题二　主要部件故障及维修

【相关知识】

一、压缩机故障及维修

压缩机是空调系统中最重要的部件，其工作性能直接关系整个空调系统的性能。

1. 压缩机常见故障及原因分析

压缩机常见故障及原因分析见表4-7。

表4-7　压缩机常见故障及原因分析

故障名称	故障描述	故障表现	故障原因
压缩机线圈短路故障	在压缩机处于冷态的情况下用万用表测得各端子之间或者各端子与地之间的电阻为0Ω	压缩机一起动电源，断路器漏电跳闸	1. 制冷系统进入空气和水分导致线圈绝缘变差，长时间高温高压运行，出现压缩机线圈短路 2. 系统供电电源质量不好，出现电压过低或者过高、缺相、偏相，造成压缩机线圈短路 3. 系统进入杂物将过滤器堵塞，制冷剂循环量过少，运行压力过低，压缩机过热运行，造成压缩机线圈短路
压缩机线圈开路故障	在压缩机处于冷态的情况下用万用表测得各端子之间的电阻为∞	1. 任一组线圈开路，压缩机无法起动，如果运行过程中任一组线圈开路，其他两组线圈电流很大，时间一长将导致压缩机内置保护或者另外两组线圈也会烧毁 2. 任两组线圈开路，压缩机无法起动 3. 三组线圈全部开路，压缩机无法起动，任何一组线圈都没有电流	1. 制冷系统进入空气和水分导致线圈绝缘变差，长时间高温高压运行，出现压缩机线圈开路 2. 系统供电电源质量不好，出现电压过低或者过高、缺相、偏相，造成压缩机线圈开路 3. 系统进入杂物将过滤器堵塞，制冷剂循环量过少，运行压力过低，压缩机过热运行，造成压缩机线圈开路

（续）

故障名称	故障描述	故障表现	故障原因
压缩机电动机卡死故障	压缩机轴承在润滑不良或者缺油运转的情况下,将会造成压缩机轴承磨损卡死	压缩机起动后马上出现电流保护或者出现压缩机内置保护器跳开	1. 制冷系统出现制冷剂泄漏时同时也造成润滑油泄漏,使得压缩机润滑油偏少 2. 系统中进入了空气和水分,压缩机在高温高压下长时间运行,使润滑油开始酸化及热化,最终变成胶状物质,造成压缩机卡死 3. 为了去除空调系统内部遗留的已酸化空调油,目前普遍使用四氯化碳（或其他清洗液）清洗空调管路系统,系统管壁上遗留的四氯化碳有时被冷媒及空调油稀释,被稀释后的四氯化碳随冷媒及空调油在压缩机的高温高压下长时间运转,使空调油开始酸化及热化最终变成胶状物质,出现压缩机抱死的现象 4. 系统中进入杂质、灰尘、焊料等污物,在压缩机运行过程中被冷媒带入压缩机压缩腔,导致压缩机动盘直接被卡死
压缩机液击故障	过多没有蒸发的液态制冷剂被吸入压缩机,造成压缩机液击,涡旋盘击毁	1. 压缩机无法起动,出现电流保护或者出现压缩机内置保护器跳开 2. 压缩机液击涡旋盘击毁后,涡旋盘碎片掉到电动机线圈上,破坏了线圈绝缘层,导致线圈烧毁 3. 压缩机能运行,却无高、低压压力,电流小	1. 制冷系统进行制冷剂追加时充注过多,出现压缩机液击 2. 系统制冷时,室内机风机不转或者电容容量变小,风机转速偏低、风道堵塞、过滤网脏和换热器脏,都可能造成制冷剂蒸发不完全,出现压缩机液击 3. 系统制热时,室外机风机不转或者电容容量变小,风机转速偏低、风道堵塞和换热器脏,都可能造成制冷剂蒸发不完全,出现压缩机液击 4. 制冷时,多联机系统中没有开的室内机电子膨胀阀无法动作,始终处在常开状态,这时的制冷剂没有蒸发吸热,出现压缩机液击
压缩机磨损	压缩机磨损常常是由于压缩机润滑不良或压缩机内进入固态杂质引起的	压缩机磨损最常见的判别依据是看压缩机油的状态,正常状态的压缩机油的颜色应该是清亮的、微黄色的液体	1. 呈现微红色液体时,表示压缩机已有轻微磨损,但暂时不影响使用 2. 呈现黑色稠性液体,并有杂质沉淀时,表明压缩机已严重磨损,压缩机油碳化,需要更换压缩机,对系统的油进行排油清洗,重新加油
直流变频压缩机退磁故障（直流变频压缩机特有）	直流变频压缩机都有退磁的可能性,引起退磁的原因有两点:压缩机高温运行,或压缩机大电流运行	直流变频压缩机退磁或部分退磁分很多种情况,现象也因此不一,常会引起压缩机能力减小,系统能力表现不足,压缩机运行噪声增大等现象	退磁严重时压缩机无法运转;发生退磁时,只能更换压缩机,并将坏压缩机退回厂家检测

2. 压缩机维修更换操作

当压缩机在确定有故障后,必须对压缩机进行维修更换,压缩机的维修更换原则如下:

1）对已坏压缩机润滑油的分析。如果压缩机润滑油颜色非常黑和浑浊,说明压缩机内部已经发生严重磨损,需进行如下操作:

更换压缩机,加注压缩机润滑油,更换低压储液罐,排空油分离器,对整个制冷系统进行吹扫。

2）如果压缩机润滑油颜色呈暗红色，但并不浑浊，说明压缩机内部发生了轻微磨损，需进行以下操作：

更换压缩机润滑油，更换低压储液罐，排空油分离器，对整个制冷系统进行吹扫。

3）压缩机更换并吹扫完毕后，还必须对制冷系统进行严格的抽空保压，按照系统要求充注制冷剂，开机运行半小时后，对系统的温度、压力和电流等性能参数进行检测，确保正常。

二、四通阀故障及维修

热泵型数码机组的室外机配有一个调节制冷剂流程方向的装置——四通阀，主要就是依靠此阀来实现热泵机组的制冷、制热转换，在热泵系统中是不可或缺的切换元件。

1. 四通阀故障分析

四通阀常见的故障有四通阀换向不良和四通阀串气。其中，四通阀串气实际上是由于四通阀换向不良引起的。

引起四通阀换向不良的原因有以下几种：

1）线圈断线或者电压不符合线圈性能规定，造成先导阀的阀芯不能动作。
2）外因导致先导阀部件变形，造成阀芯不能动作。
3）外因导致先导阀毛细管变形，流量不足，形成不了换向所需的压力差而不能动作。
4）外因导致主阀体变形，活塞部被卡死而不能动作。
5）杂物进入四通阀内，卡死活塞或主滑阀而不能动作。
6）钎焊配管时，主阀体的温度超过120℃，导致内部零件发生热变形而不能动作。
7）空调系统冷媒发生泄漏，冷媒循环量不足，换向所需的压力差不能建立而不能动作。
8）压缩机的冷媒循环量不能满足四通阀换向的必要流量。
9）变频压缩机转速频率低时，换向所需的必要流量得不到保证。
10）涡旋压缩机使系统产生液压冲击，造成四通阀活塞部破坏而不能动作。

2. 四通阀换向不良故障的判定

（1）故障现象　当发生四通阀泄漏或换向不良故障时，系统会出现压力异常，高压偏低，低压偏高。严重时，高、低压直接导通，系统无法建立压差，四通阀上下四根管管温基本一致，排气温度无法正常上升。

（2）故障判断　在系统制冷运行情况下，用手摸四通阀上面的管路及下面的三根管路（图4-1），看A管是否与B管温度一致，A管温度是否比其他两管C和D要高，

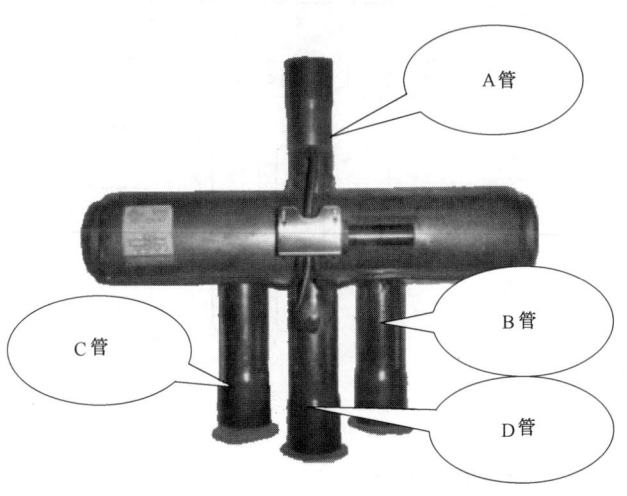

图4-1　四通阀示意图

A管与D管是否存在明显的温差，A管是否温度较高，C管和D管是否较凉，可以判定四通阀是否发生明显泄漏。

接着让系统按制热运行，听听四通阀换向的声音是否正常，然后再次用手摸感受四通阀四个管路的温度，此时，A管和C管与D管和B管应该存在明显的温差，且前者温度明显远高于后者，如果没有，说明四通阀换向不良。

3. 四通阀换向不良的排查步骤

四通阀换向不良的排查步骤如图4-2所示。

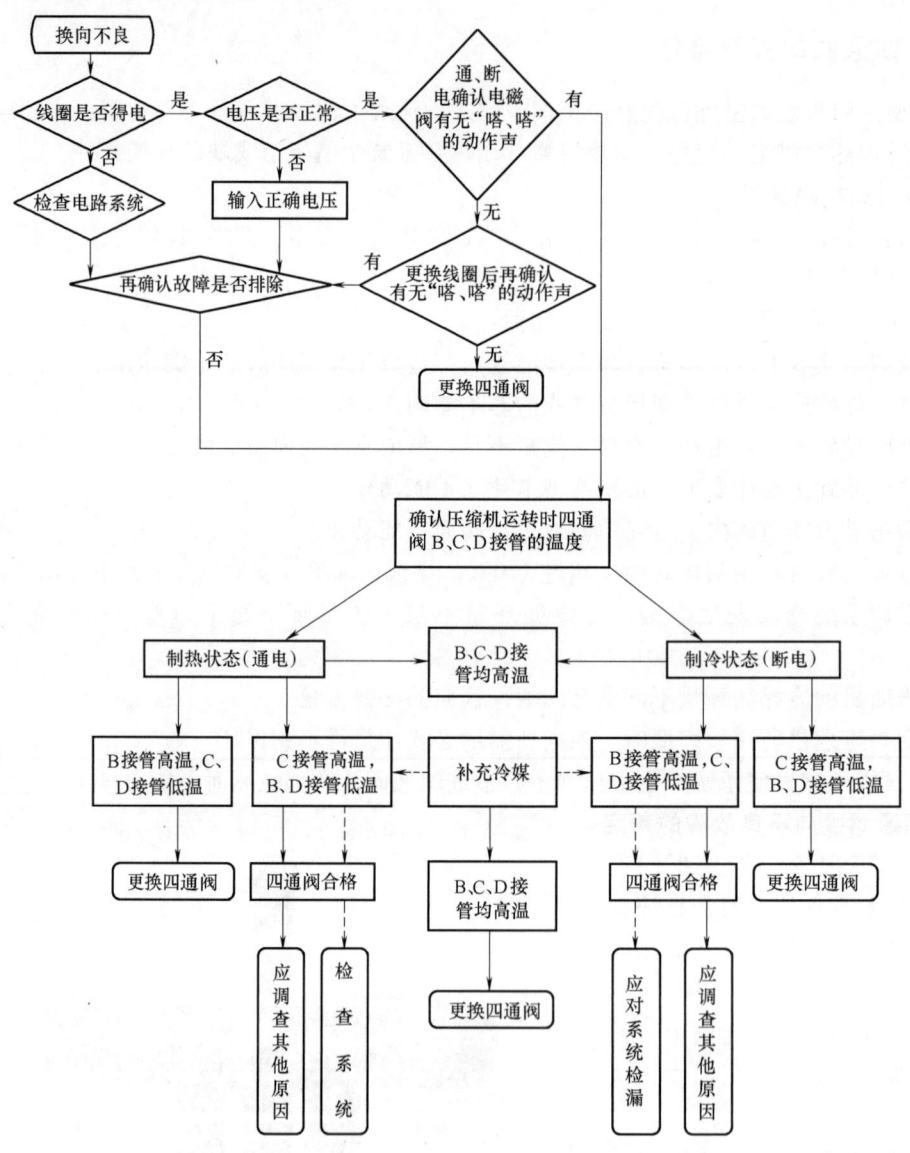

图4-2 四通阀换向不良的排查步骤

4. 四通阀的维修操作

四通阀的维修必须注意以下几点：

1）四通阀被异物卡住时，可以在系统运行时，将四通阀手动反复上电断电，同时用软木棍或较软的物体敲击四通阀主阀体，将异物冲走；如果不行，则必须更换四通阀。

2）拆下四通阀主体时，要先取下线圈，也不要让阀体内、外部受热，以免烧坏主滑块，影响故障分析。

3）焊接新的四通阀时，要防止水进入阀体内部。

4）使用水冷却时，要防止水进入阀体内部。

5）在充填冷媒时，要防止过量充填或充填量不足，以免四通阀动作不良。

6）修理空调机后，要切记打开高、低压阀门，以免四通阀受到异常高压冲击。

四通阀的更换操作要点：

1）替换的四通阀要采用和原来一样的型号。

2）管路连接要和原来的四通阀一致。

3）焊接时四通阀体要用湿布包裹，以防止阀体内的滑块被烧坏，也不能让水流入管路里。

4）在焊接时，一定要保证充氮焊接，氮气压力为 $0.1 \sim 0.3 \mathrm{MPa}(1.0 \sim 3.0 \mathrm{kgf/cm^2})$。

三、电子膨胀阀故障与维修

电子膨胀阀分室外机电子膨胀阀和室内机电子膨胀阀，本节主要讲述室外机电子膨胀阀的故障分析与维修处理过程。

1. 室外机电子膨胀阀常见故障

1）电子膨胀阀线圈引线断开或者接插件松脱。

2）电子膨胀阀线圈未卡到位。

3）电子膨胀阀线圈部分损坏，电阻异常，导致调节失效。

4）空调系统主板故障，输出有误。

5）电子膨胀阀阀体被杂质卡滞，不能正常转动。

6）电子膨胀阀管路或本体泄漏。

7）电子膨胀阀阀体部分碰撞，转子部分被卡住。

2. 室外机电子膨胀阀故障排查与处理

室外机电子膨胀阀故障的排查与处理分两大步进行，首先对电子膨胀阀线圈的故障进行排查，在确认线圈部分正常后，再进行阀体的故障分析与处理。

（1）电子膨胀阀线圈故障分析处理流程　室外机电子膨胀阀线圈故障排查流程如图 4-3 所示。

（2）电子膨胀阀阀体故障分析及处理流程　确定线圈部分正常后，按下述流程对阀体进行检查。

电子膨胀阀阀体故障排查流程如图 4-4 所示。

阀体部分检查时，确定线圈部分电阻及接插件正常后，通电让机组运行，用手握住阀体部分，感觉阀体是否有动作，阀体从全开到全关时间大约是 6s，全开或全关位置时，如果继续施加电压，阀体会发出较大的咔嗒咔嗒声。如果动作时间过短或不动作，则阀体限位机构或阀针可能被卡滞，此时应做如下处理：

1）拆下线圈检查阀体不锈钢外壳是否有碰撞痕迹，如果有，则更换阀体。

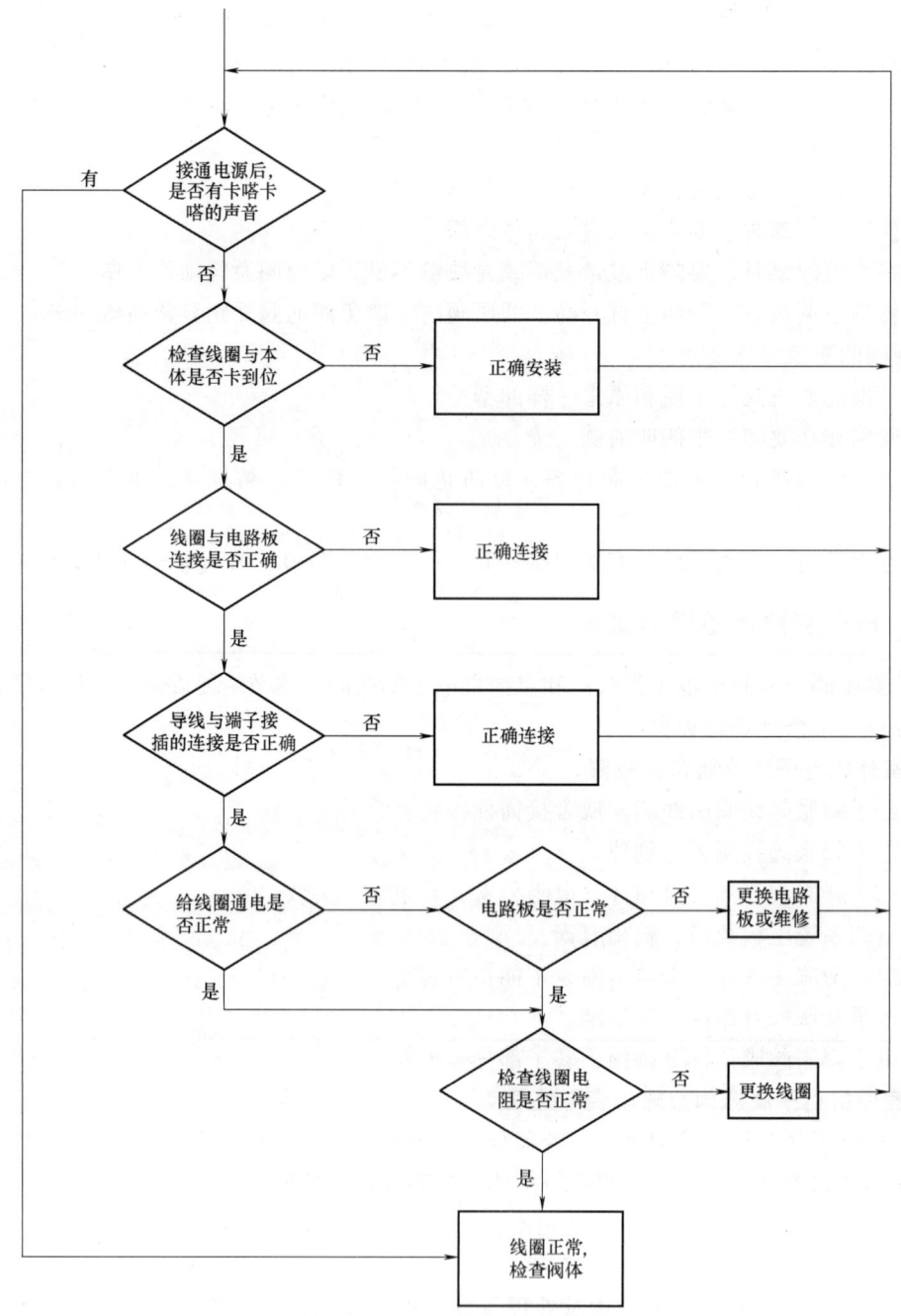

图 4-3 室外机电子膨胀阀线圈故障排查流程

2）阀体不动作，轻轻敲击阀体本体部分，如果还不动作，转向下一步。

3）反复开机关机，如果是冷暖型设备，反复制冷/制热转换 3 次，上电后如果阀体动作，则说明系统内有杂质卡滞，如果仍不动作，拆下电子膨胀阀。

4）对拆下的电子膨胀阀分别正、反向用洁净氮气进行吹洗，然后对单体给与脉冲信号，看阀体是否动作，如果无动作则返回工厂进行再分析。

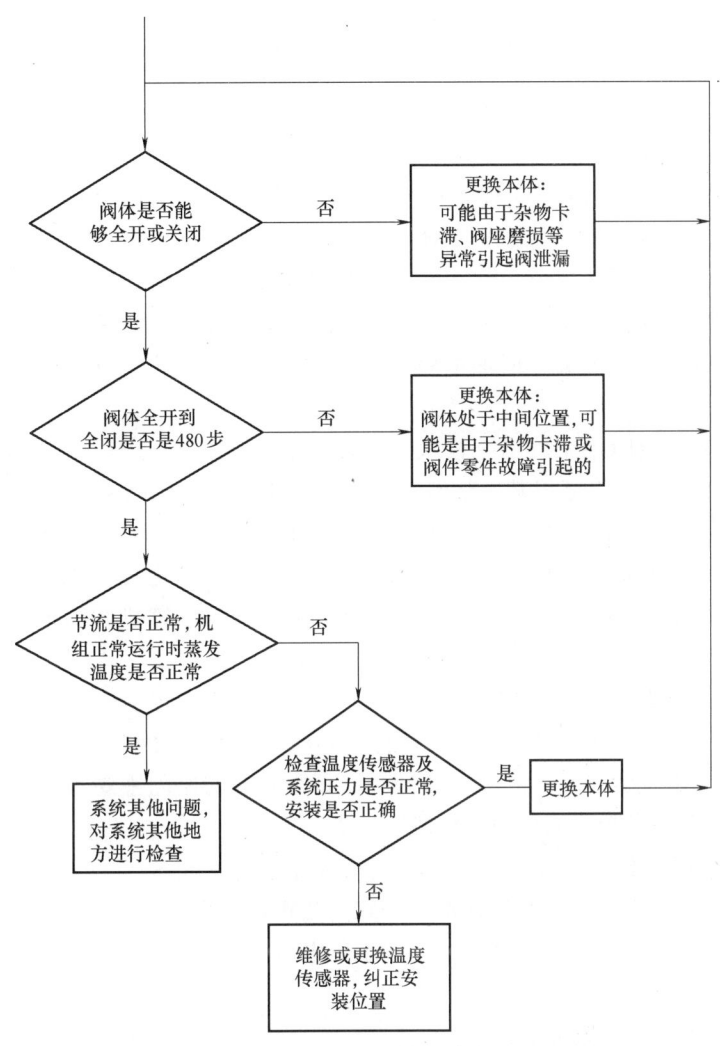

图 4-4　电子膨胀阀阀体故障排查流程

5）经上述步骤后，单体正常可重新装机使用。装机前必须对制冷系统进行清洁，防止杂质再次卡滞。

（3）电子膨胀阀部件故障分析及处理　室内机电子膨胀阀部件的故障分析可以参考室外机电子膨胀阀的故障分析及处理，但由于电子膨胀阀部件还包括一些接头、过滤器等接管部件，故当发生故障时，也需要对这一些接管部分进行检查：用肥皂水涂抹在管路上各焊接部位及螺母连接部位，看是否有气泡产生；如果有泄漏，重新进行焊接或调整。

四、电磁阀故障与维修

电磁阀在多联机系统中主要用于旁路控制及一些冷媒流路通断控制，像液旁通流路通断控制、气旁通流路通断控制、均油油路的通断控制等。本小节内容以 CMV-[V] 直流变频模块式多联机为例讲解。

1. 电磁阀常见故障现象

（1）模块电磁阀故障现象　在 CMV-[V] 直流变频模块式多联机系统中，模块电磁阀的主要作用是截断该模块的冷媒，禁止模块参与整个系统的运行。

当该电磁阀无法正常打开时，制冷时对整个系统影响不大；制热时，该模块回气压力降低，排气温度升高，压缩机会发生严重的过热，甚至烧毁压缩机。

当该电磁阀无法正常关闭时，制冷时会引起系统中其他所有正在工作的模块的回气压力下降、排气温度上升、排气压力下降、压缩机发生过热反应；制热时会引起与制冷类似的现象，同时，本模块冷凝器有发生凝水及结霜的现象。

（2）液旁通电磁阀故障现象　在正常运行时，液旁通电磁阀处于常闭状态，当液旁通电磁阀发生泄漏时，会引起排气、回气温度偏低，排气压力偏低等现象。

（3）回油电磁阀故障现象　回油电磁阀发生故障无法打开时，压缩机会发生缺油甚至烧毁。

（4）均油电磁阀故障现象　当某模块的均油电磁阀无法正常打开时，会造成该模块压缩机运行缺油并引起压缩机磨损甚至烧毁；当某个模块均油电磁阀无法正常关闭时，则会造成并行的其他室外机模块的压缩机运行缺油，严重时引起压缩机烧毁。

（5）变频压缩机卸荷电磁阀故障现象　当变频压缩机卸荷电磁阀发生故障无法打开时，可能会引起变频压缩机运行不正常，如起动失败等；当变频压缩机卸荷电磁阀发生泄漏时，电磁阀出口管会明显发热，此时需要对该阀体进行更换。

2. 电磁阀常见故障分析与处理

电磁阀最常见的故障有电磁阀无法正常打开和电磁阀泄漏两种。

（1）电磁阀无法正常打开　导致电磁阀无法正常打开的原因主要有如下几点：

1）电磁阀线圈引线断开或接插片松脱。

2）电磁阀线圈型号不对。

3）电磁阀线圈部分损坏，电阻异常，导致无法正常工作。

4）电磁阀输入电压达不到电磁阀的正常工作电压。

5）电磁阀阀芯被杂质卡住。

6）电磁阀阀体被外力破坏。

7）电磁阀环境压力超过电磁阀的允许工作压力等。

（2）电磁阀泄漏　电磁阀泄漏是指电磁阀在未通电的情况下，电磁阀控制的流路有冷媒流过，导致故障的常见原因有以下几点：

1）电磁阀阀芯被杂质卡住，无法关闭。

2）电磁阀阀体因外力发生变形损坏，致使电磁阀无法正常关闭阀芯。

（3）电磁阀维修操作　电磁阀故障的排查与处理分两大步进行：首先对电磁阀线圈的故障进行排查，在确认线圈部分正常后，再进行阀体的故障分析与处理。

1）电磁阀线圈故障排查流程（图4-5）。

2）电磁阀阀体故障分析及处理流程。确定线圈部分正常后，按下述流程对阀体进行检查。

电磁阀阀体故障排查流程如图4-6所示。

阀体部分检查时，确定线圈部分电阻及接插件正常后，给电磁阀通电，电磁阀应该能够听到明显的"嗒、嗒"声，同时用手握住线圈部分，能感觉到阀体有明显的发热现象；如果没有，则说明电磁阀工作不正常。

单元四　多联机空调故障分析与排除

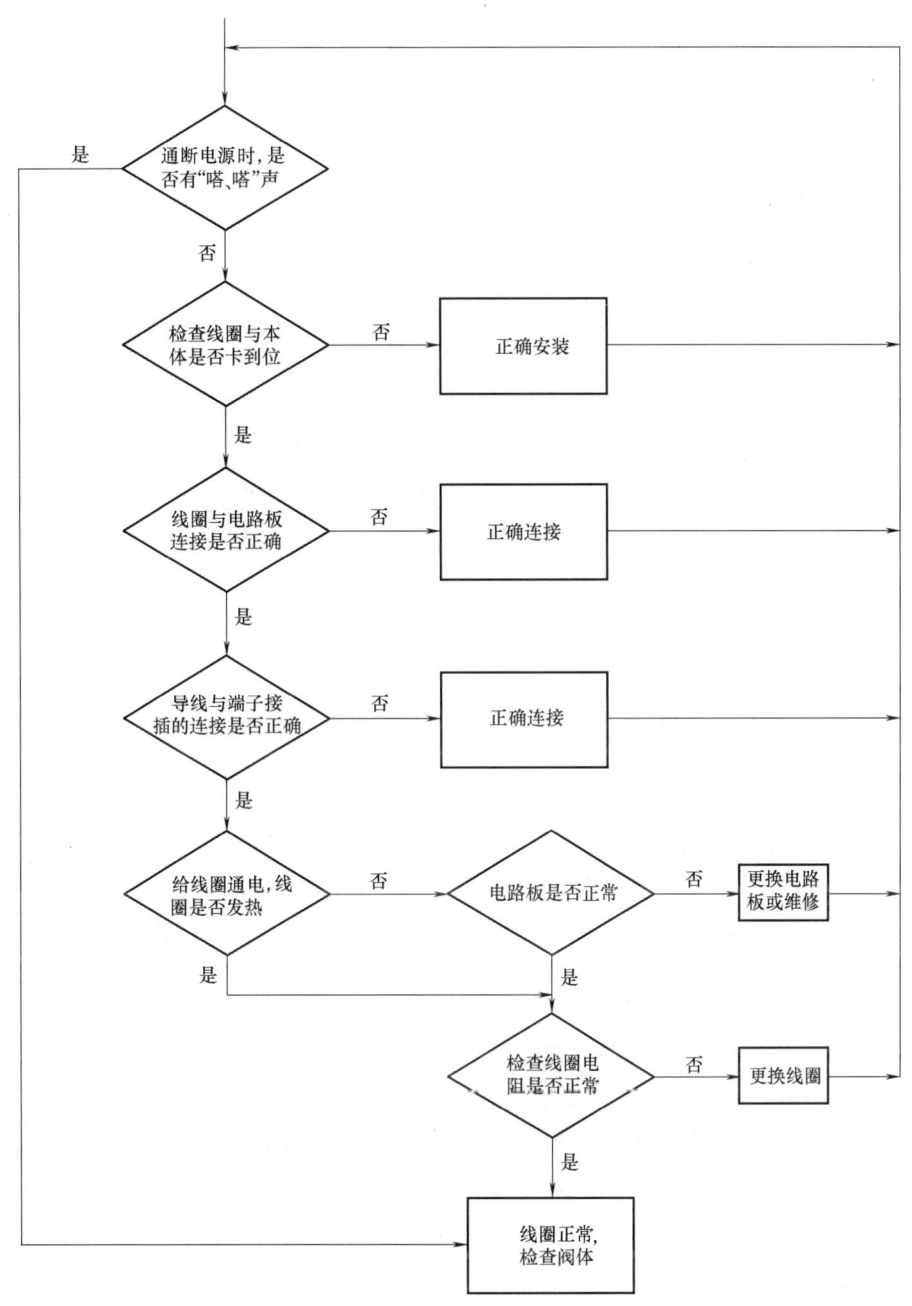

图 4-5　电磁阀线圈故障排查流程

五、压力传感器故障与维修

压力传感器常见的故障为测量不准或直接损坏，由于压力传感器为塑封在一起的整体，当发生损坏时，一般只能进行更换。对压力传感器进行维修时，可以按以下步骤进行：

1）对比压力传感器测得压力值与压力表测得值是否一致；如果不一致，则说明传感器或电控存在异常。

163

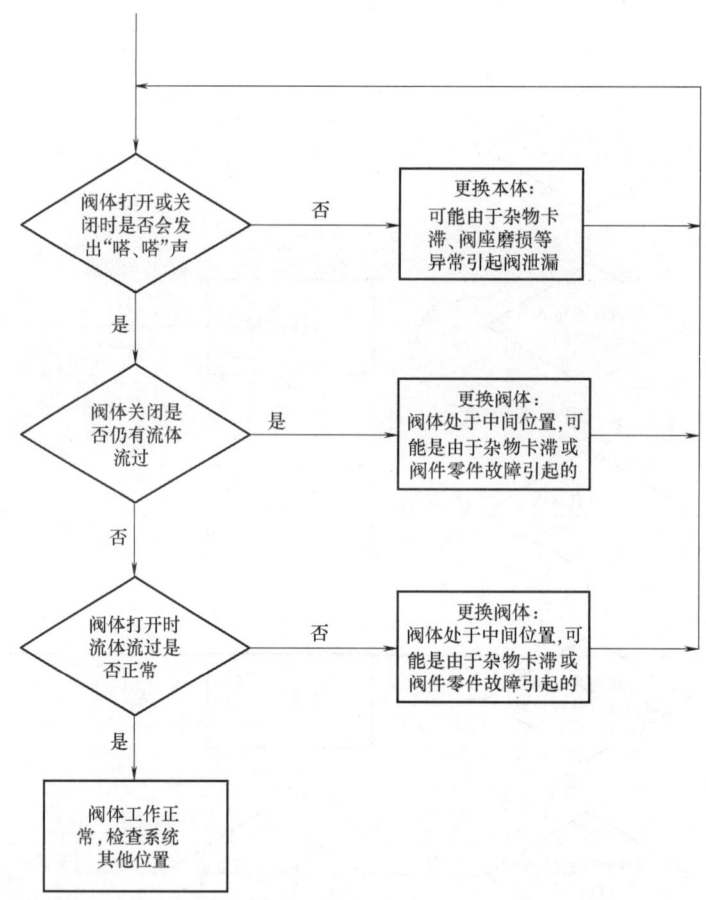

图 4-6 电磁阀阀体故障排查流程

2）对电控的压力传感器的 Vdd 与 GND 端进行测量，看电控是否有 +5V 的电压输出；有，说明电控正常，可以对传感器进行检测。

3）检测传感器的连接线是否牢固，中间是否有断路的情况。

4）传感器连接正常后，如果仍有异常，则必须对传感器本体进行更换。

压力传感器连接线拆换操作如下：

1）在实际工程维修中，若要拆掉压力传感器，需先拆除压力传感器连接线。压力传感器的合体如图 4-7 所示。

图 4-7 压力传感器合体

2）拆除时，需使用拇指用力按图 4-8 中所示凸台，然后向两侧拉开即可。

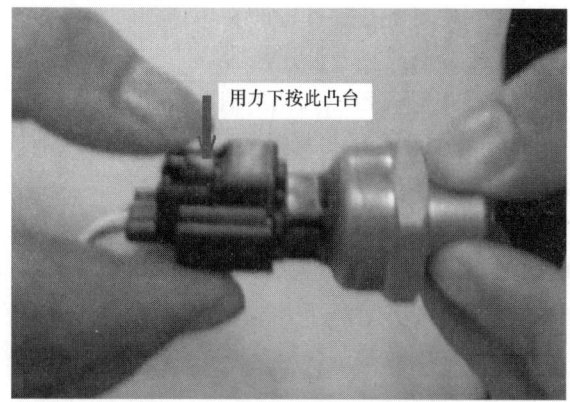

图 4-8　压力传感器拆除示意图

六、多联机冷媒回收操作

冷媒价格很高，而多联机系统需要充注大量的冷媒，当需要对室外机或室内侧进行维修时，从成本考虑，可回收一定量的冷媒。

从理论上分析，可将冷媒回收至室外机或室内侧，或者任意的室外机和室内侧，但若操作欠妥将有一定的危险性。

本小节内容以志高 CMV-[V] 直流变频模块式多联机为例，讲述冷媒回收操作的要点。

如图 4-9 所示，冷媒回收操作有如下几种方式：

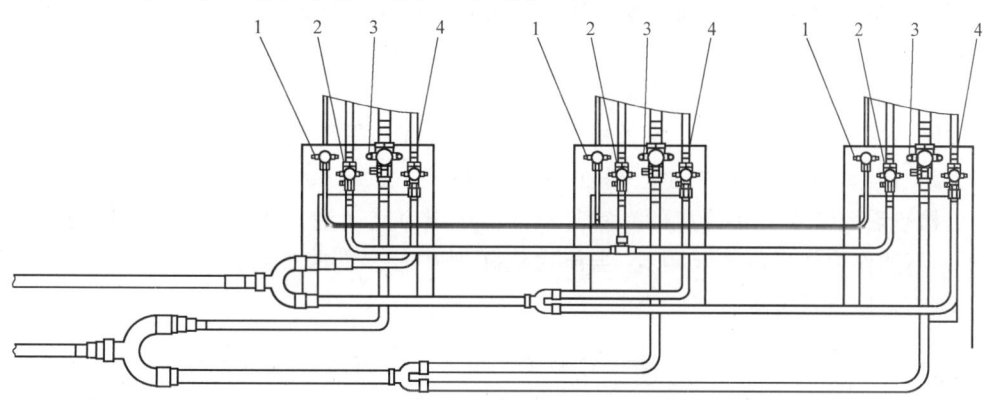

图 4-9　冷媒回收操作连接示意图
1—油平衡截止阀　2—气平衡球阀　3—低压球阀　4—高压球阀
注：所有三通必须水平摆放，否则严重影响效果

1. 将冷媒回收到三台室外机

在志高 CMV-[V] 直流变频模块式多联机空调系统中，模块电磁阀的主要作用是截断该模块的冷媒，禁止模块参与整个系统的运行。

将冷媒收到三台室外机时，按如下顺序操作：

1）系统上电。

2）点按强制制冷键，让系统按强制制冷运行起来。

3）待压缩机全部起动后，关闭所有室外机的高压球阀。

4）点检查看系统的低压压力值或查看低压压力表。

5）当系统低压压力值达到 0 时，迅速关闭所有室外机低压球阀，然后迅速断电（所有室外机最好同时操作，需要多人配合，以尽量缩短压缩机真空运转时间）。

2. 将冷媒回收到室内侧

如需要将冷媒回收到室内侧，则应按如下顺序操作：

1）将所有室外机的四通阀接线改接在模块电磁阀接口上。

2）系统上电。

3）点按强制制冷键，让系统按强制制冷运行起来。

4）关闭所有室外机的高压球阀。

5）点检查看系统的低压压力值（此时，低压球阀处压力为高压，故此处的压力表值不能作为低压压力值观察）。

6）当系统低压压力值达到 0 时，迅速关闭所有室外机低压球阀，并迅速断电；所有室外机必须同时操作，需要多人配合，以尽量缩短压缩机真空运转时间；关闭球阀后必须立即断电，停止压缩机运行。

>> **注意** 此回收操作在低压达到 0 后，必须先关闭低压球阀，再迅速断电。

3. 将冷媒回收到其他室外机和室内侧

如需要冷媒回到其他室外机和室内侧时，可按如下顺序操作：

1）将室外机各模块的四通阀线圈改接在模块电磁阀接口上面。

2）系统上电。

3）点按强制制冷键让系统运行起来。

4）关闭（需要排出冷媒的）室外机的气平衡球阀和油平衡截止阀。

5）关闭（需要排出冷媒的）室外机的高压球阀。

6）点检查看（需要排出冷媒的）室外机的低压压力值（注：此时该机低压球阀处的压力为高压，不能作为低压值来观测），当压力值降到 0 时，迅速关闭该室外机的低压球阀，然后立即断电，停止系统运行。

>> **注意** 这种回收冷媒的操作需要多人配合，当有多台室外机需要排出冷媒时，这些外机必须同时操作，当压力值达到 0 后，关闭低压球阀和断电等操作，需要操作迅速，否则会损坏压缩机。

【典型实例】

【实例 1】格力 GMV 数码压缩机的拆装操作

压缩机是整个制冷系统的心脏，当确认压缩机有损坏时，要马上更换，同时为了保证系统管路的清洁度，一些相应的配套零部件也要更换，包括油分离器、气液分离器和干燥过滤器。当压缩机是双压缩机结构时，只要其中一台损坏，另一台也要更换。

本实例讲解双压缩机的更换方法。

1. 首先要切断室外机电源（图 4-10）

在拆除压缩机电源线时，要做好每根线与相应接线柱的标识，以便于维修后接线的恢复。

2. 压缩机的更换

1）格力 GMV 数码压缩机系列中，双压缩机的并联采用气平衡管和油平衡管连接（图 4-11）。

2）新换的压缩机要放置到压缩机支架上固定好。为避免焊接使润滑油炭化，要先将压缩机倾斜一段时间后，再拔掉油平衡口橡胶塞，如图 4-12 所示。

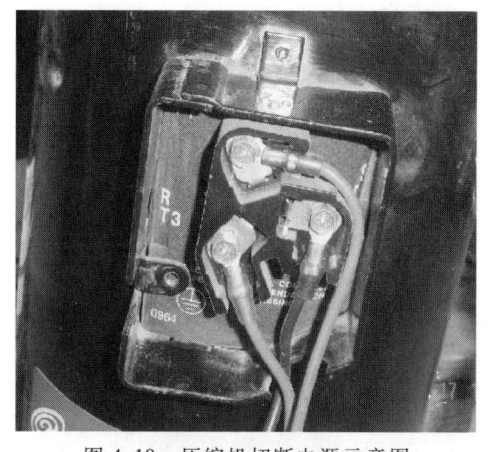

图 4-10　压缩机切断电源示意图

图 4-11　双压缩机并联的油、气平衡管连接示意图

图 4-12　新换压缩机倾斜示意图

3）油平衡管橡胶塞拔掉后，要马上将油平衡管焊接上（图 4-13），然后再将压缩机放平稳。

4）将压缩机放正后，拔掉其余接口的橡胶塞，马上将其连接管路（排气管、吸气管及气平衡管，其中数码压缩机还包括卸载管路件）焊接上。压缩机气平衡管焊接示意图如图 4-14 所示。橡胶塞拔掉后，不能将压缩机长时间放置，否则会有水分进入。在焊接管路时，一定要保证充氮焊接，氮气压力为 $1.0 \sim 3.0 \text{kgf/cm}^2$。

3. 将机组恢复至更换压缩机前的状况

1）原来装有加热带的要装上。

2）油温感温包、排气感温包除采用原来的方法固定在原位置外，还要用保温棉保温。

3）压缩机电源线安装后，要上电点动压缩机看其是否反转（若反转，压缩机会发出沉闷的声音）。

4）润滑油一旦有泄漏，要马上追加，数码压缩机的润滑油为矿物油，规格为 4GS，泄漏量即为要追加的量。

图 4-13 压缩机油平衡管焊接示意图　　图 4-14 压缩机气平衡管焊接示意图

【实例2】 格力 GMV 电子膨胀阀的拆装操作

格力 GMV 数码机组的节流装置采用电子膨胀阀，单冷型仅室内机有电子膨胀阀，热泵型则室内、外机均有电子膨胀阀。这样可以按各台室内机的不同实际需求分配给其不同的制冷剂流量，真正达到了"各尽所能，按需分配"。

当确定某电子膨胀阀确实有问题，并需更换时，要马上替换掉，即使该室内机暂时不投入使用，否则会影响整套系统的正常运行。

更换要求：

1）替换的电子膨胀阀要采用和原来一样的型号。

2）焊接前要将线圈取下，焊接时阀体要用湿布包裹，以防止阀体内的滑块被烧坏，也不能让水流入管路里。

3）在焊接时，一定要保证充氮焊接，氮气压力为 $1.0 \sim 3.0 \text{kgf/cm}^2$。

4）连接管路焊接完毕后，再将线圈套上，此时要注意线圈上的凸台与阀体上的凹包要啮合。

5）更换新电子膨胀阀后，要对机组进行一次断电再重新上电过程。若电子膨胀阀线圈插头曾被拔离过主板，再次插上后，也要对机组进行一次断电再重新上电过程。

6）电子膨胀阀线圈的拆除。在实际工程中，若需要将电子膨胀阀线圈从电子膨胀阀阀体上取下，请注意一定的技巧：

① 正常情况下，线圈上凸台与阀体上凹包是相互啮合的，如图4-15

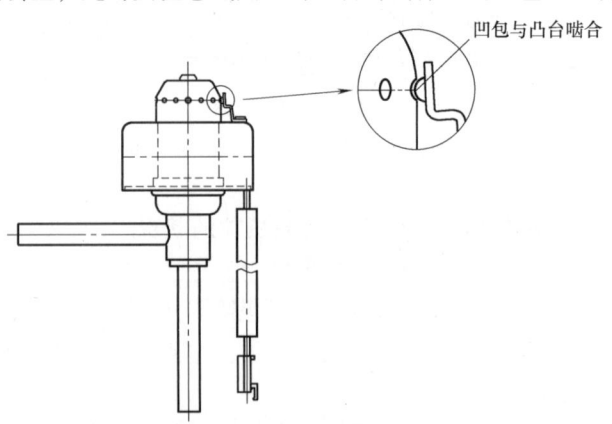

图 4-15 电子膨胀阀线圈啮合示意图

所示。

② 在拆除前，请将线圈顺时针或逆时针转动一小角度，让凸台转到两相邻凹包之间，使凸台脱离凹包，如图4-16所示。

③ 凸台从凹包里脱离出后，就可按图4-17所示方向，把线圈从阀体上拆除。

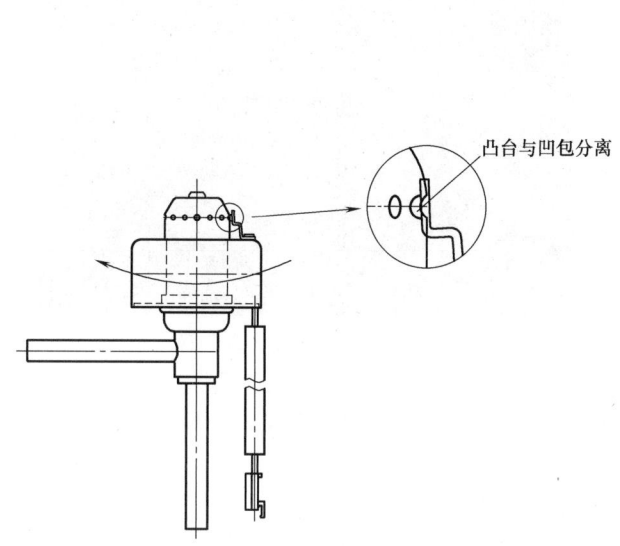

图4-16 电子膨胀阀线圈分离示意图

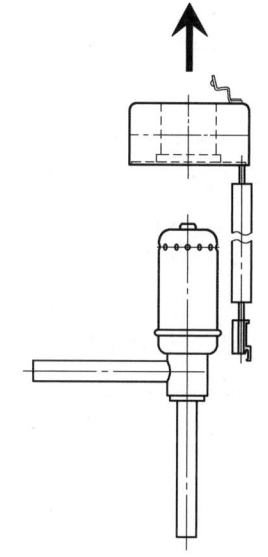

图4-17 电子膨胀阀线圈拆除示意图

课题三　故障显示及维修处理

【相关知识】

不同品牌的多联机空调系统，故障现象及维修处理方法基本一致。但不同品牌系统的面板故障代码显示略有不同，本节以志高CMV-[V]直流变频模块式多联机系统为例，进行讲解。

一、故障信息显示

CMV-[V]直流变频模块式多联机采用智能化控制，系统在运行时，能够实时检测系统各个参数及各功能部件的工作状态；一旦发现系统参数不正常或存在功能部件工作不正常，系统会以多种方式提醒使用者，以便及时进行维修或处理，同时系统本身会进行一些必要的保护动作，防止故障进一步扩大；当发生故障或运行不正常时，系统会以以下几种方式提醒使用者。

方式1　在室外机主电控板上三位数码管以特殊字符显示故障和保护。
方式2　在室内机上以特殊的闪烁序列闪烁灯板上面的指示灯。
方式3　在室内机操作板上面以特殊字符显示故障和保护。
方式4　当室内机为挂机时，会在面板的双数码管上显示相应代码并报警。

1. 室外机故障显示说明

在室外机主电控板上的三位数码管以特殊字符显示故障和保护，如图 4-18 所示。

1）当系统正常没有运行时，室外机三位数码显示管会显示连接到该系统上的室内机的台数，此时，显示代码以"h"开头，如"h05"，表示连接到该系统上的室内机的台数为 5 台。

2）当压缩机正常运行时，三位数码显示管显示的为变频压缩机的当前运转频率，此时，显示代码以"F"开头，如"F62"，表示变频压缩机当前运行频率为 62Hz。

3）当系统发生保护或故障时，三位数码管会马上显示保护代码或故障代码，

图 4-18 三位显示数码管

此时，三位数码管显示会以"E"或者"P"开头，并且当存有多个保护或故障代码时，数码管会循环显示这多个保护或故障代码，以提醒使用者，及时检测和维护，但当系统运行过程当中，变频压缩机当前运行频率也参与循环显示。

4）室外机三位数码显示管显示的代码及各代码所代表的意义见表 4-8。

表 4-8 室外机三位数码显示管显示的代码及各代码所代表的意义

序号	代码	故 障 说 明
变频压缩机保护代码与故障代码		
1	E01	变频器模块异常（故障类）
2	P01	变频压缩机交流输入电流过大停压缩机
5	P02	变频压缩机排气温度过高
6	P03	变频压缩机排气温度传感器异常
7	E02	直流母线电压采样异常（故障类）
8	E03	室外机主芯片与变频驱动芯片通信故障（故障类）
系统保护代码与故障代码		
9	P04	高压开关（排气压力开关）断开
10	P05	低压开关（吸气压力开关）断开
11	P06	系统排气压力过高保护（压力传感器）
12	P07	系统吸气压力过低保护（压力传感器）
13	P08	吸气压力过低降能需保护状态
14	P09	排气压力过高降能需保护状态
15	P10	排气温度过高降能需保护状态
16	P11	排气压力传感器异常
17	P12	吸气压力传感器异常
18	E04	缺氟故障
19	P13	制冷时冷凝温度过高
20	P14	冷凝器温度传感器异常

(续)

序号	代码	故障说明
21	P15	室外环境温度传感器异常
22	P16	交流输入电压过低或过高保护状态
23	E05	三相交流电源缺相或相序错误
24	P17	室外机之间通信线路故障
25	E06	室外机地址冲突
26	E07	室外机地址错误
27	E08	室外机与所有室内机通信故障
28	E09	模块能力拨码错误
29	E10	模块数量拨码错误故障
30	E11	模块数量减少故障
31	E12	模块数量增加故障
32	E13	模块冷凝风机驱动异常
33	E14	压缩机运行过程中失步
定频压缩机保护代码与故障代码		
34	P18	定频 F1 压缩机电流过大保护停机
35	P19	定频 F1 压缩机排气温度过高
36	P20	定频 F1 排气温度传感器异常
37	P21	定频 F2 压缩机电流过大保护停机
38	P22	定频 F2 压缩机排气温度过高
39	P23	定频 F2 压缩机排气温度传感器异常
40	P24	室外环境温度过低保护

2. 室内机故障显示说明

（1）室内机显示灯板以特殊的闪烁序列闪烁灯板上的指示灯 室内机显示灯板如图 4-19 所示。

显示灯板由电源指示灯、运行灯、定时灯、保护灯、接收窗和应急开关组成。室内灯板的部件名称及功能见表 4-9。

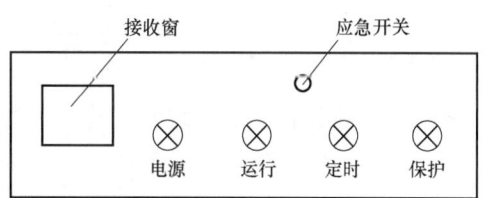

图 4-19 室内机显示灯板示意图

表 4-9 室内灯板的部件名称及功能

部件名称	功能说明
电源灯	空调器有电时点亮,红色
运行灯	空调运行时点亮(空调停机时熄灭),绿色
定时灯	空调进入定时状态时点亮,黄色
保护灯	空调进入保护状态时点亮,红色
应急开关	用于显示室内机马力匹数

当CMV-[V]直流变频模块式多联机系统在运行过程中发生故障或保护时，系统会在室内机显示灯板上面以特殊的闪烁序列闪烁灯板上面的指示灯。室内机灯板显示代码见表4-10。

表4-10 室内机灯板显示代码

运 行 信 息	发光管代码	说 明
除霜提示	闪烁1次	开机显示，运行灯闪亮
防冷风提示	闪烁2次	开机显示，运行灯闪亮
非优先提示	闪烁3次	关机显示，运行灯闪亮
室外机带故障提示	闪烁4次	始终显示，运行灯闪亮
室外环境温度过低保护	闪烁5次	始终显示，运行灯闪亮
故 障 信 息	发光管代码	说 明
本机与室外机通信故障	闪烁1次	关机显示，保护灯常亮，运行灯闪亮
室温传感器故障	闪烁2次	关机显示，保护灯常亮，运行灯闪亮
管温中点传感器故障(T2)	闪烁3次	关机显示，保护灯常亮，运行灯闪亮
室外机故障	闪烁4次	关机显示，保护灯常亮，运行灯闪亮
室内蒸发器结霜保护	闪烁5次	关机显示，保护灯常亮，运行灯闪亮
管温出口温度传感器故障(T2B)	闪烁6次	关机显示，保护灯常亮，运行灯闪亮
室内风机故障（电动机为PG电动机时用）	闪烁7次	关机显示，保护灯常亮，运行灯闪亮
制热管温中点T2温度过高保护	闪烁8次	关机显示，保护灯常亮，运行灯闪亮
水泵故障	闪烁9次	关机显示，保护灯常亮，运行灯闪亮
网络模块与室内机通信故障	闪烁13次	关机显示，保护灯常亮，运行灯闪亮，装在网络模块上才有此故障

注：1. 上面所有闪烁方法为：连续闪N次后，停5s的方式，循环闪烁；闪烁N次时，统一为亮1s灭1s的方式。
2. "室外机带故障提示"表示室外机发生一些故障，处于带故障运行状态，如室外传感器故障下带故障运行状态，或发生屏弊模块运行状态。"室外机故障"表示室外机发生故障，系统停机，整系统不能开机。室外机发生保护时不在室内机显示。

（2）在室内机操作板上以特殊字符显示故障和保护 当系统出现故障、保护或其他运行状态时，室内机线控器上可以在液晶屏上显示相应代码并报警。线控器显示信息代码见表4-11。

表4-11 线控器显示信息代码

运 行 信 息	发光管代码	说 明
除霜提示	dF(区分大小写)	开机显示
模式冲突	P1	
故 障 信 息	发光管代码	说 明
本机与室外机通信故障	E0	关机显示
线控器与室内机通信故障	E1	关机显示
室温传感器故障	E2	关机显示
管温中点传感器故障(T2)	E3	关机显示

(续)

故障信息	发光管代码	说明
室内蒸发器结霜保护	E4	关机显示(不显示)
管温出口传感器故障(T2B)	E5	关机显示
室内风机故障(电动机为PG电动机时用)	E6	关机显示
水泵故障	E7	关机显示
室外环境T4温度过低	E8	关机显示(不显示)
室外机故障	E9	关机显示
室内机高温保护	EC	装在网络模块上才有此故障(豪华型线控器)
网络模块与室内机通信故障	Ed	装在网络模块上才有此故障(豪华型线控器)

(3) CMV-[V] 直流变频挂机的故障显示 在 CMV-[V] 直流变频模块式多联机中,当系统出现故障、保护或其他运行状态时,挂机会在面板的双数码管上显示相应代码并报警。挂机的故障显示信息代码见表 4-12。

表 4-12 挂机的故障显示信息代码

运行信息	数码管显示代码	说明
除霜提示	闪烁 1 次	开机显示,运行灯闪烁
防冷风提示	闪烁 2 次	开机显示,运行灯闪烁
非优先提示	闪烁 3 次	关机显示,运行灯闪烁
室外机带故障提示	闪烁 4 次	始终显示,运行灯闪烁
故障信息	发光管代码	说明
本机与室外机通信故障	E0	关机显示
室温传感器故障	E2	关机显示
管温中点传感器故障(T2)	E3	关机显示
室内蒸发器结霜保护	E4	关机显示
管温出口传感器故障(T2B)	E5	关机显示
室内风机故障(电动机为PG电动机时用)	E6	关机显示
水泵故障	E7	关机显示
室外环境T4温度过低	E8	关机显示
室外机故障	E9	关机显示
过零保护	EA	关机显示
EPROOM 故障	EB	上电显示 20s
制热管温中点 T2 温度过高保护	EC	开机显示

二、故障处理

下面对保护及故障代码所表达的故障分别进行分析说明,并对其处理办法进行介绍。

1. 室外机部分

(1) E01——变频器模块异常

1) 原因：变频器模块在运行过程中，会由于外部电磁干扰，电源品质差或模块自身故障等原因，造成变频器模块工作异常。此时，室外机电控主板会显示 E01 代码。

2) 处理：当室外机主电控板报出 E01 故障时，应按图 4-20 所示流程进行检修。

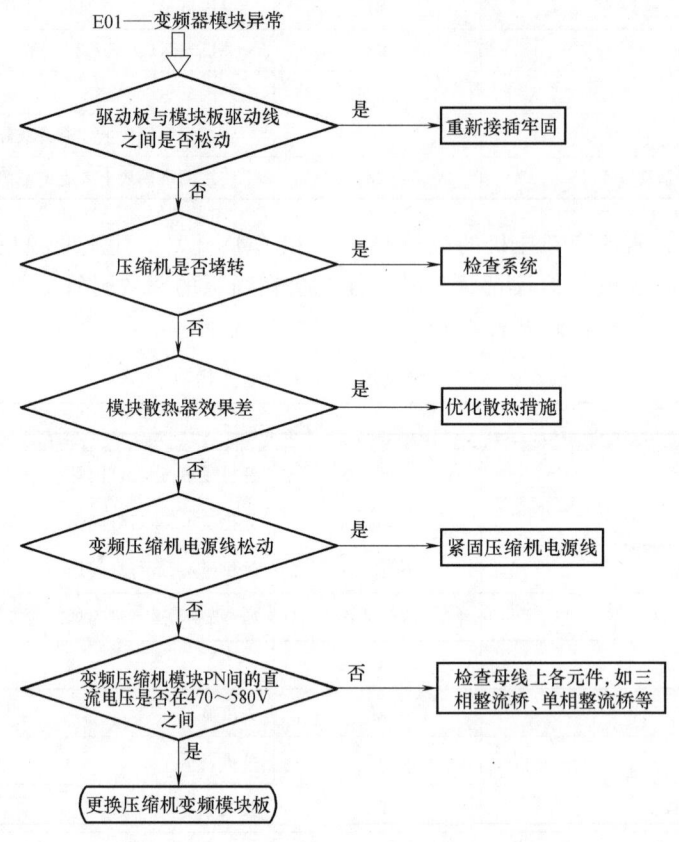

图 4-20　E01——变频器模块异常检修流程

(2) E02——直流母线电压采样异常

1) 原因：当系统电控检测到直流母线电压采样异常时，会显示 E02 代码。引起直流母线电压异常常见的原因有室外机三相输入电压过高或过低，或者三相电源断相等。

2) 处理：当发生 E02 故障时，应检查电源是否正常。

(3) E03——室外机主芯片与变频驱动芯片通信故障

1) 原因：当室外机主芯片与变频驱动芯片之间发生通信异常或故障时，系统会显示 E03 代码。导致该通信故障的原因有电控板故障、驱动板故障或通信线断路等，大的电磁干扰也会引起该通信故障。

2) 处理：当发生 E03 故障时，应按图 4-21 所示流程进行检修。

(4) E04——缺氟故障

1) 原因：当系统在停机状态下检测到高压压力低于 0.35MPa，或者系统在 45min 内连

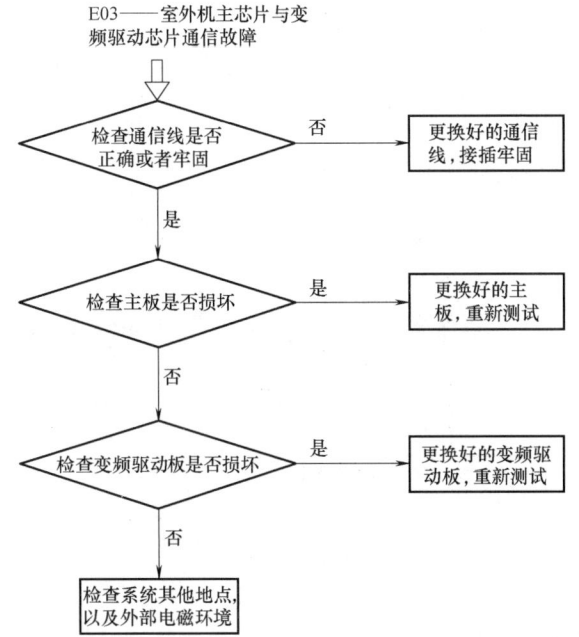

图 4-21　E03——室外机主芯片与变频驱动芯片通信故障检修流程

续四次以上出现压力过低跳机,系统会显示 E04 代码。

2) 处理:当发生 E04 故障时,应按图 4-22 所示流程进行检修。

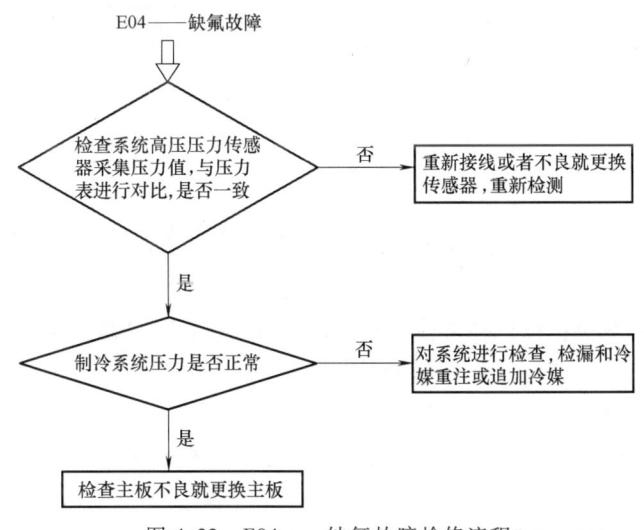

图 4-22　E04——缺氟故障检修流程

(5) E05——三相交流电源缺相或相序错误

1) 原因:当外部三相电源发生断相或安装时将三相电源相序接错时,系统会显示 E05 代码。

2) 处理:当发生 E05 故障时,应按图 4-23 所示流程进行检修。

(6) E07——室外机地址错误

1) 原因:当室外机地址被拨到错误的位置时,系统会显示 E07 代码。

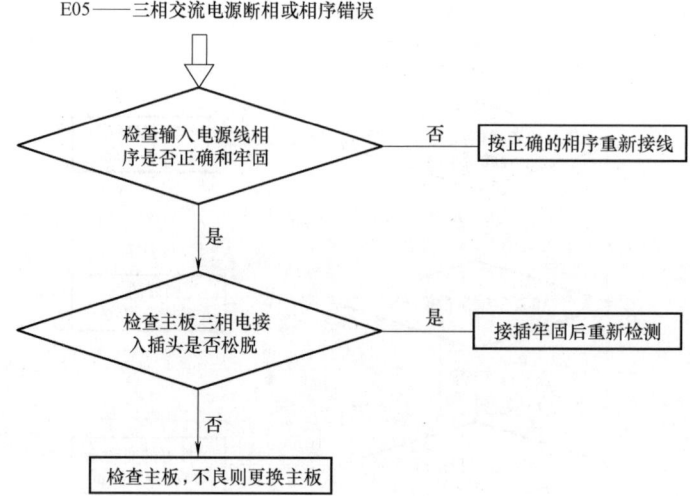

图 4-23　E05——三相交流电源断相或相序错误检修流程

2）处理：当发生 E07 故障时，应按图 4-24 所示流程进行检修。

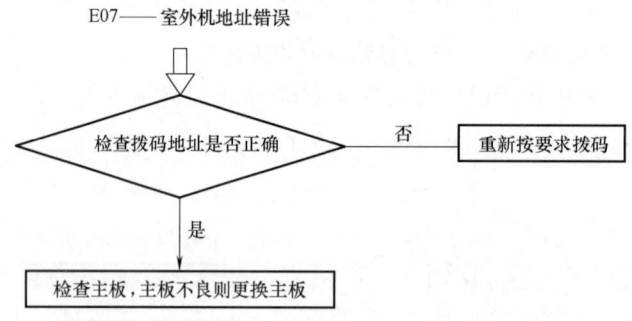

图 4-24　E07——室外机地址错误检修流程

室外机地址拨码说明：主机地址拨码必须为 00，从机 1、2 地址拨码分别为 01、10。当出现其他拨码时按故障处理，系统显示 E07 代码。

（7）E08——室外机与所有室内机通信故障

1）原因：当室外机与室内机之间的通信线被错误连接、漏接或其他原因引起室内、外机之间无法正常通信时，室外机电控系统会显示 E08 代码。

2）处理：当发生 E08 故障时，应按图 4-25 所示流程进行检修。

（8）E09——模块能力拨码错误

1）原因：当室外机模块能力拨码发生错误时，系统会显示 E09 代码。但能力拨码在出厂前已设定好，出厂后不得随意更改，否则会引起不良后果。

2）处理：当系统发生 E09 故障时，应向销售人员或厂家技术部咨询，获得确认后，方可进行维修。维修时按图 4-26 所示流程进行。

（9）模块数量故障

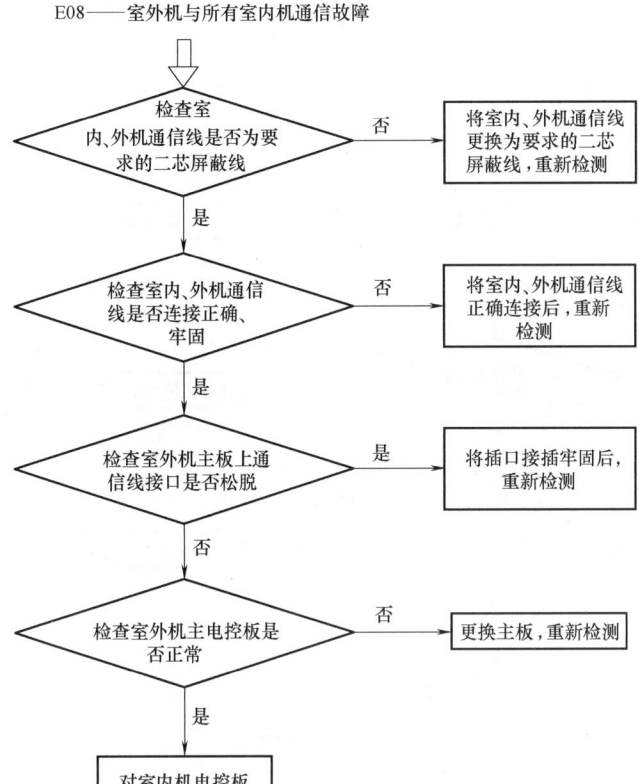

图 4-25　E08——室外机与所有室内机通信故障检修流程

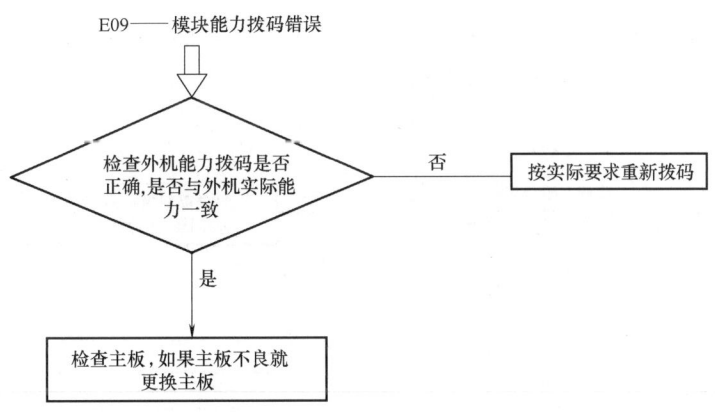

图 4-26　E09——模块能力拨码错误检修流程

1）原因：CMV-[V] 直流变频模块式多联机主机会自动检测系统中室外机的实际台数和设定台数，当实际检测到的数量与拨码设定的台数不一致时，系统会提示错误：

① 当模块数量拨码错误时，显示 E10 代码。
② 当实际模块数量比拨码设定的台数要少时，显示 E11 代码。
③ 当实际模块数量比拨码设定的台数要多时，显示 E12 代码。

2）处理：当发生 E10、E11、E12 故障时，应按图 4-27 所示流程进行检修。

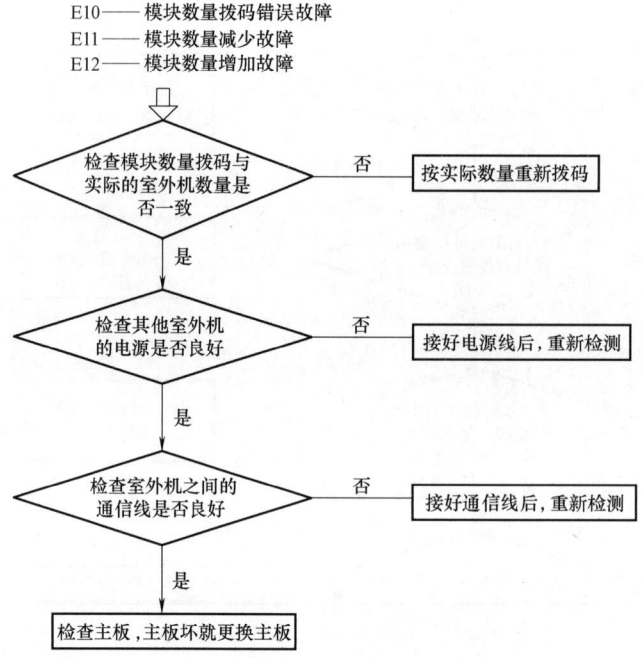

图 4-27　E10、E11、E12 故障检修流程

（10）E13——模块冷凝风机驱动异常

1）原因：CMV-[V] 直流变频模块式多联机冷凝风机采用交流变频风机系统。在使用过程当中，当风机出现故障或风机过热保护开关断开等原因引起风机运行异常时，系统会显示 E13 代码；

2）处理：当系统发生 E13 故障时，应按图 4-28 所示流程进行检修。

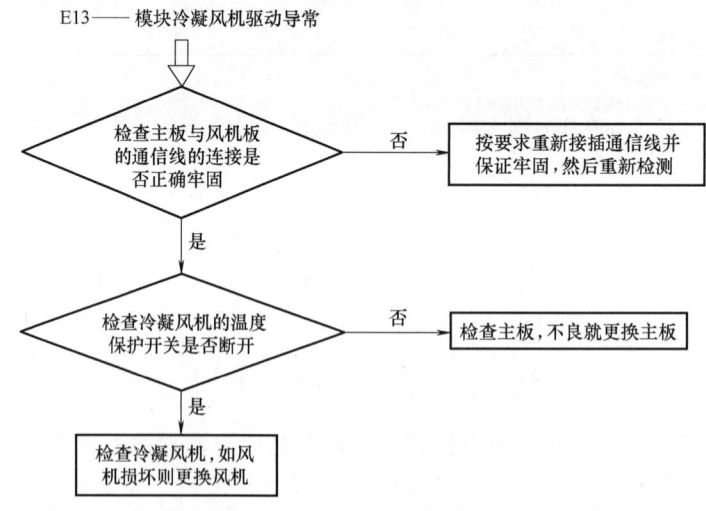

图 4-28　E13——模块冷凝风机驱动异常检修流程

（11）P01——变频压缩机交流输入电流过大停压缩机

1) 原因：当负载过大或其他因素引起系统检测到变频压缩机电流大于 16A 时，系统会显示 P01 代码，并停止该压缩机运行。

2) 处理：当系统发生 P01 故障时，应按图 4-29 所示流程进行检修。

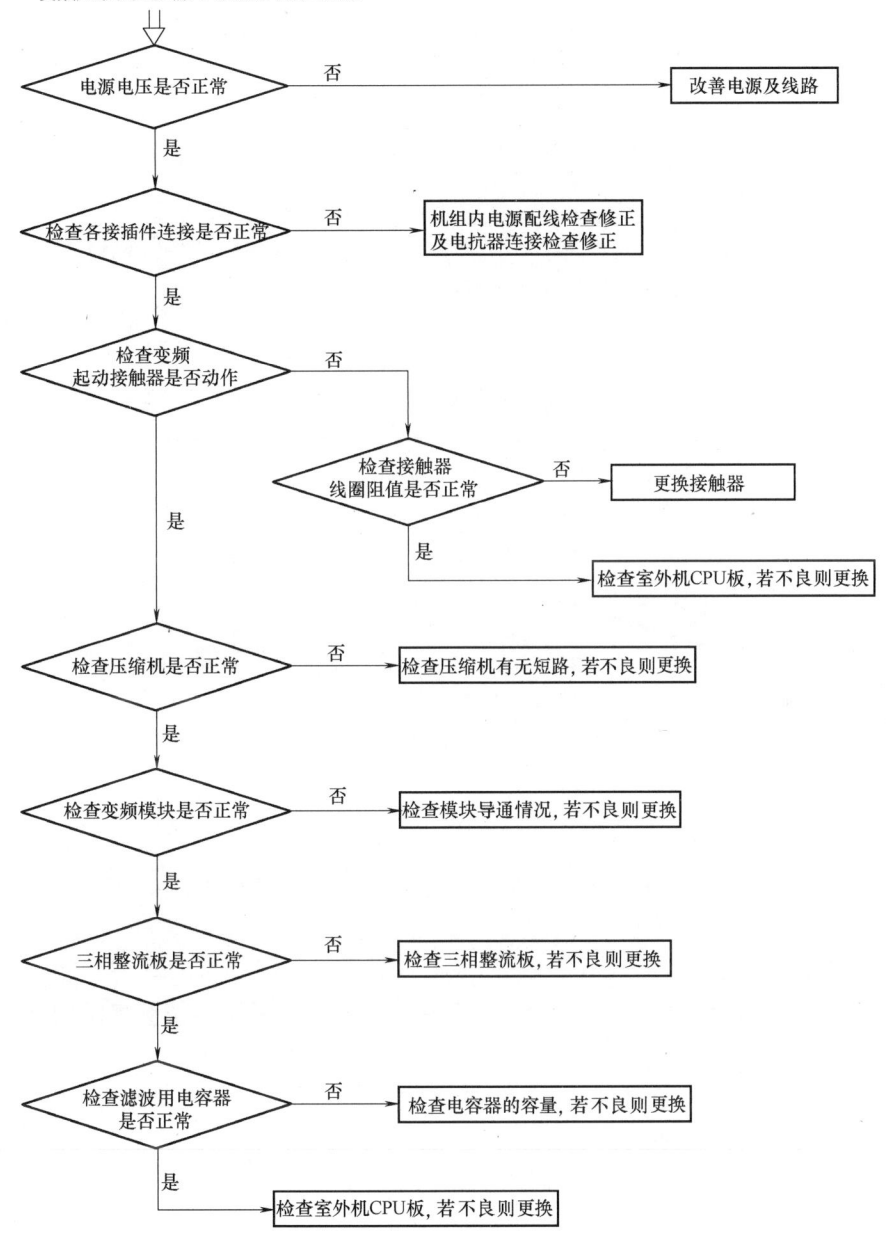

图 4-29　P01——变频压缩机交流输入电流过大停压缩机检修流程

（12）压缩机排气温度过高

1) 原因：系统在运行时，当压缩机排气温度达到 120℃ 时，系统会提示压缩机排气温度过高保护，分别如下：

① P02——变频压缩机排气温度过高。
② P19——定频 F1 压缩机排气温度过高。
③ P22——定频 F2 压缩机排气温度过高。

2）处理：当系统提示压缩机排气温度过高保护时，应按图 4-30 所示流程进行检修。

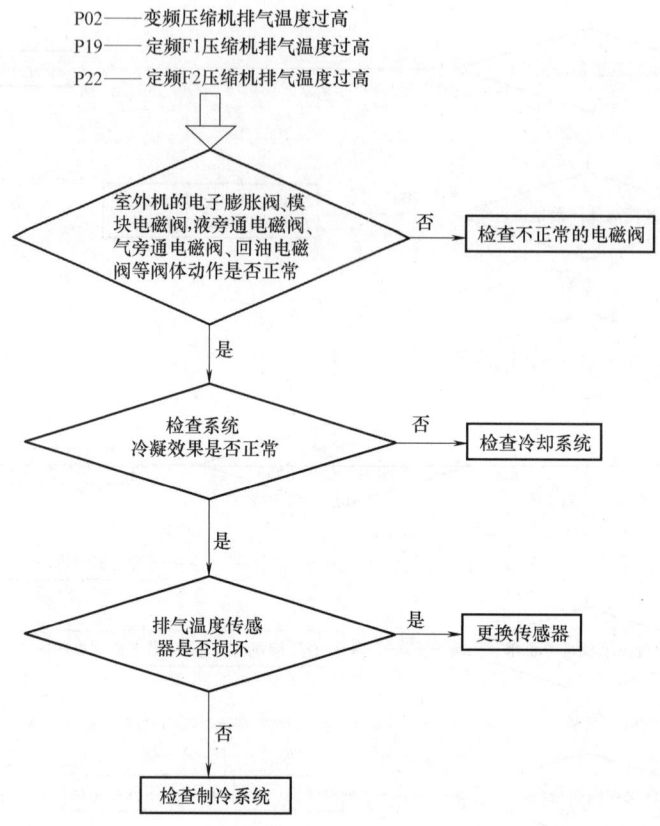

图 4-30　P02、P19、P22 故障检修流程

(13) 温度传感器异常

1）原因：当温度传感器发生故障或主板发生故障时，外机系统会提示相应的温度传感器异常，分别如下：

① P03——变频压缩机排气温度传感器异常。
② P14——冷凝器温度传感器异常。
③ P15——室外环境温度传感器异常。
④ P20——定频 F1 排气温度传感器异常。
⑤ P23——定频 F2 压缩机排气温度传感器异常。

2）处理：当系统提示温度传感器异常时，应按图 4-31 所示流程进行检修。

(14) 压力类故障

1）原因：当系统压力本身出现过高或过低，或者压力元器件本身发生故障，或者与电控板接插不良时，会引起系统显示该类故障代码，分别如下：

P03——变频压缩机排气温度传感器异常
P14——冷凝器温度传感器异常
P15——室外环境温度传感器异常
P20——定频F1排气温度传感器异常
P23——定频F2压缩机排气温度传感器异常

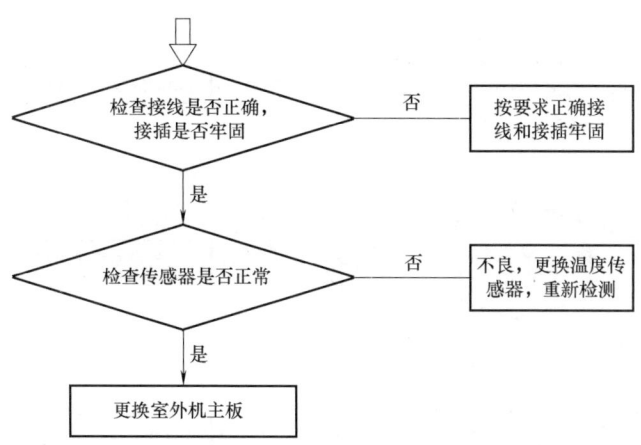

图 4-31 P03、P14、P15、P20、P23 故障检修流程

① P04——高压开关（排气压力开关）断开。
② P05——低压开关（吸气压力开关）断开。
③ P06——系统排气压力过高保护（压力传感器）。
④ P07——系统吸气压力过低保护（压力传感器）。

2）处理：当系统提示 P04、P05、P06 和 P07 故障时，应按图 4-32 所示流程进行检修。

（15）降能需保护状态 CMV-[V] 直流变频模块式多联机在使用过程中，能够根据外部使用环境及用户使用情况，自动对自身运行进行调整和控制，以确保系统在任何时候都以最佳状态运行，规避危险。当系统提示 P08、P09、P10 这三个保护代码时，表示系统正在对自身状态进行调整。当系统提示这三个代码时，则需检查冷媒系统是否正常。

（16）压力传感器异常

1）原因：当压力传感器本身损坏或与主板接插松脱时，会引起系统报压力传感器异常故障，分别如下：

① P11——排气压力传感器异常。
② P12——吸气压力传感器异常。

2）处理：当系统提示压力传感器故障 P11 和 P12 时，应按图 4-33 所示流程进行检修。

（17）P13——制冷时冷凝温度过高

1）原因：制冷时，当系统检测到的冷凝温度超过 62℃ 时，系统会提示冷凝温度过高。

2）处理：当系统提示 P13 时，应按图 4-34 所示流程进行检修。

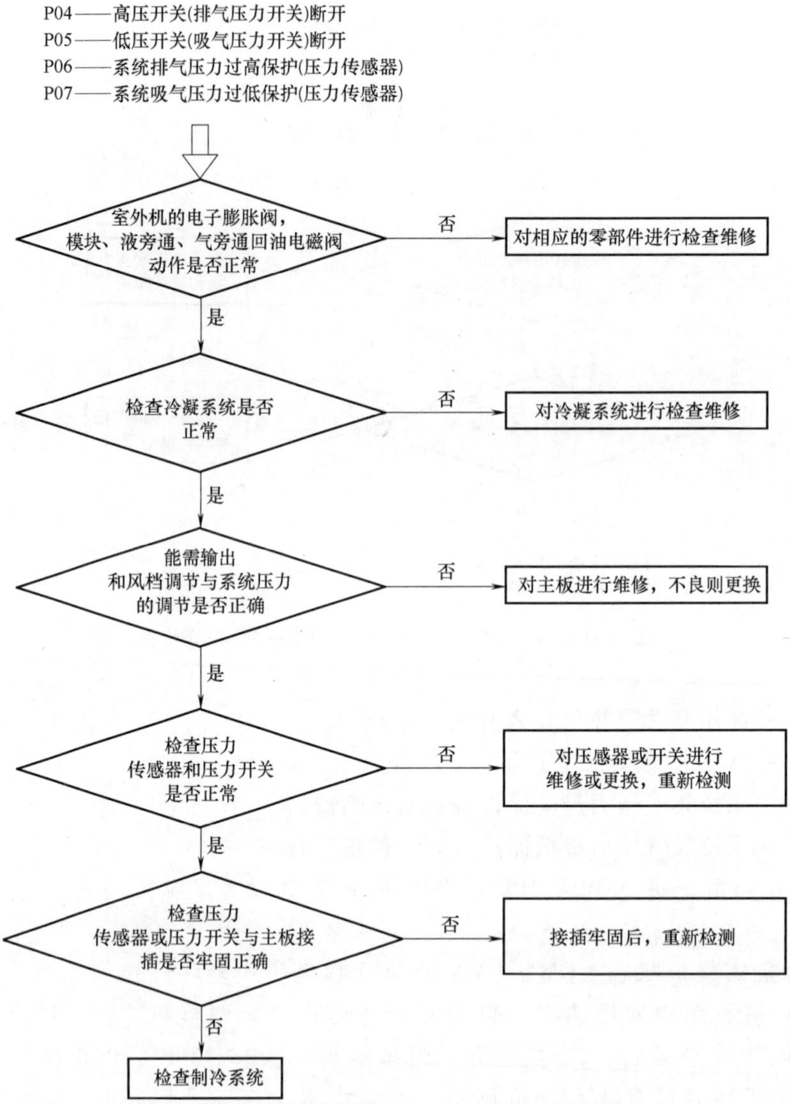

P04——高压开关(排气压力开关)断开
P05——低压开关(吸气压力开关)断开
P06——系统排气压力过高保护(压力传感器)
P07——系统吸气压力过低保护(压力传感器)

```
             ↓
   ┌─────────────────────┐
   │ 室外机的电子膨胀阀, │  否    ┌─────────────────────┐
   │ 模块、液旁通、气旁通回油电磁阀 ├──────→│ 对相应的零部件进行检查维修 │
   │   动作是否正常      │       └─────────────────────┘
   └─────────────────────┘
             │是
             ↓
   ┌─────────────────────┐
   │ 检查冷凝系统是否    │  否    ┌─────────────────────┐
   │      正常           ├──────→│ 对冷凝系统进行检查维修 │
   └─────────────────────┘       └─────────────────────┘
             │是
             ↓
   ┌─────────────────────┐
   │ 能需输出            │  否    ┌─────────────────────┐
   │ 和风档调节与系统压力 ├──────→│ 对主板进行维修,不良则更换 │
   │ 的调节是否正确      │       └─────────────────────┘
   └─────────────────────┘
             │是
             ↓
   ┌─────────────────────┐
   │ 检查压力            │  否    ┌─────────────────────┐
   │ 传感器和压力开关    ├──────→│ 对压感器或开关进行    │
   │   是否正常          │       │ 维修或更换,重新检测   │
   └─────────────────────┘       └─────────────────────┘
             │是
             ↓
   ┌─────────────────────┐
   │ 检查压力            │  否    ┌─────────────────────┐
   │ 传感器或压力开关与主板接 ├──→│ 接插牢固后,重新检测   │
   │ 插是否牢固正确      │       └─────────────────────┘
   └─────────────────────┘
             │否
             ↓
   ┌─────────────────────┐
   │   检查制冷系统      │
   └─────────────────────┘
```

图 4-32 P04、P05、P06、P07 故障检修流程

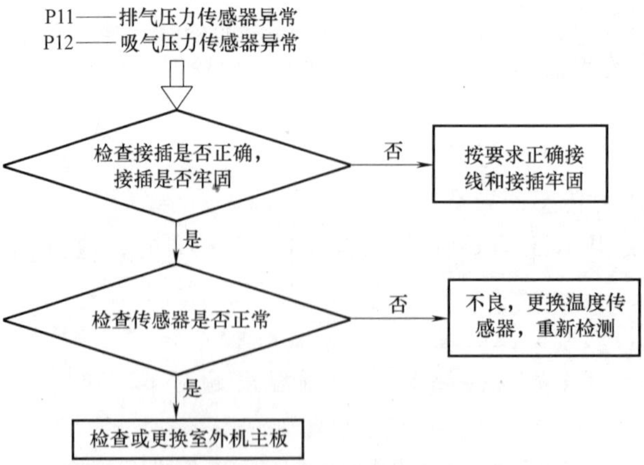

P11——排气压力传感器异常
P12——吸气压力传感器异常

```
             ↓
   ┌─────────────────────┐
   │ 检查接插是否正确,   │  否    ┌─────────────────────┐
   │   接插是否牢固      ├──────→│ 按要求正确接          │
   │                     │       │ 线和接插牢固          │
   └─────────────────────┘       └─────────────────────┘
             │是
             ↓
   ┌─────────────────────┐
   │                     │  否    ┌─────────────────────┐
   │ 检查传感器是否正常  ├──────→│ 不良,更换温度         │
   │                     │       │ 传感器,重新检测       │
   └─────────────────────┘       └─────────────────────┘
             │是
             ↓
   ┌─────────────────────┐
   │ 检查或更换室外机主板 │
   └─────────────────────┘
```

图 4-33 P11 和 P12 故障检修流程

单元四 多联机空调故障分析与排除

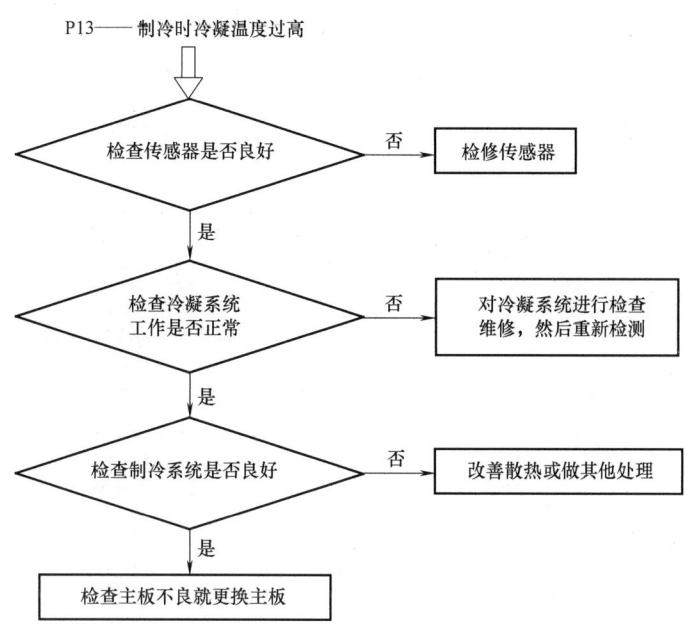

图 4-34　P13——制冷时冷凝温度过高检修流程

(18) P16——交流输入电压过低或过高保护状态

1) 原因：当电控检测到外部输入交流相电压低于 190V 或高于 270V 时（正常电压为 220V），系统会显示 P16 代码。

2) 处理：当系统发生 P16 故障时，应按图 4-35 所示流程进行检修。

(19) P17——室外机之间通信线路故障

1) 原因：当室外机之间的通信线被错接、断开等原因，引起室外机之间的通信出现异常时，室外机电控会显示 P17 代码，以提示用户。

2) 处理：当室外机发生 P17 故障时，应按图 4-36 所示流程进行检修。

(20) 定频压缩机电流过大保护停机

1) 原因：CMV-[V] 直流变频模块式多联机在运行过程中，会时刻检测压缩机的运行电流，当系统检测到压缩机的运行电流大于某一设定的值时，系统会提示压缩机电流过大保护停机，分别为：

① P18——定频压缩机 F1 电流过大保护停机。

② P21——定频压缩机 F2 电流过大保护停机。

设定的保护值大小与压缩机的型号有关。

2) 处理：当系统显示 P18、P21 代码时，应按图 4-37 所示流程进行检修。

(21) P24——室外环境温度过低保护

1) 原因：CMV-[V] 直流变频模块式多联机在起动运行时，会检测室外机环境温度，当环境温度低于 -14℃ 时，系统会禁止系统起动运行，并提示室外环境温度过低保护。

2) 处理：当系统显示 P24 代码时，应按图 4-38 所示流程进行检修。

183

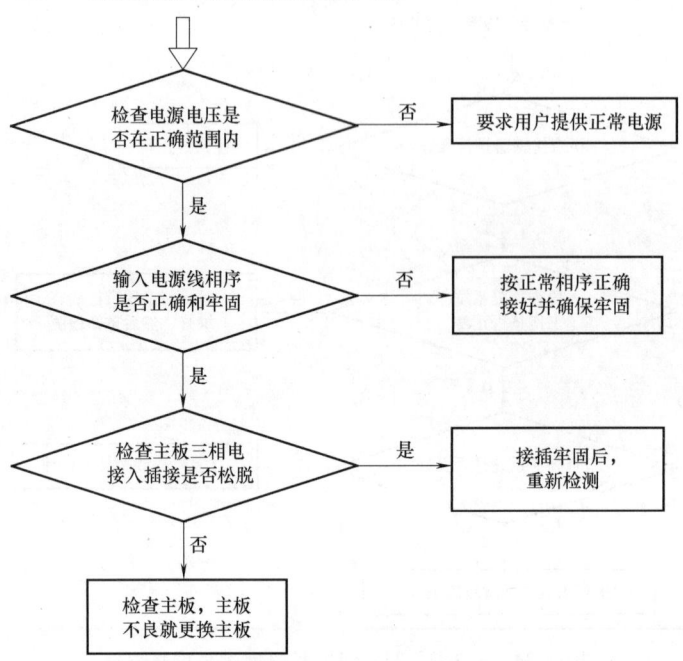

图 4-35　P16——交流输入电压过低或过高保护状态检修流程

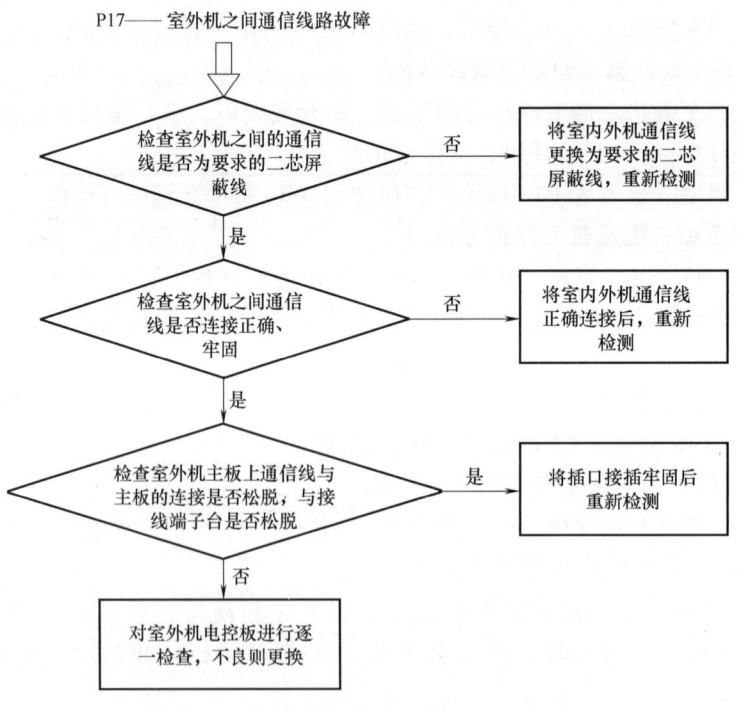

图 4-36　P17——室外机之间通信线路故障检修流程

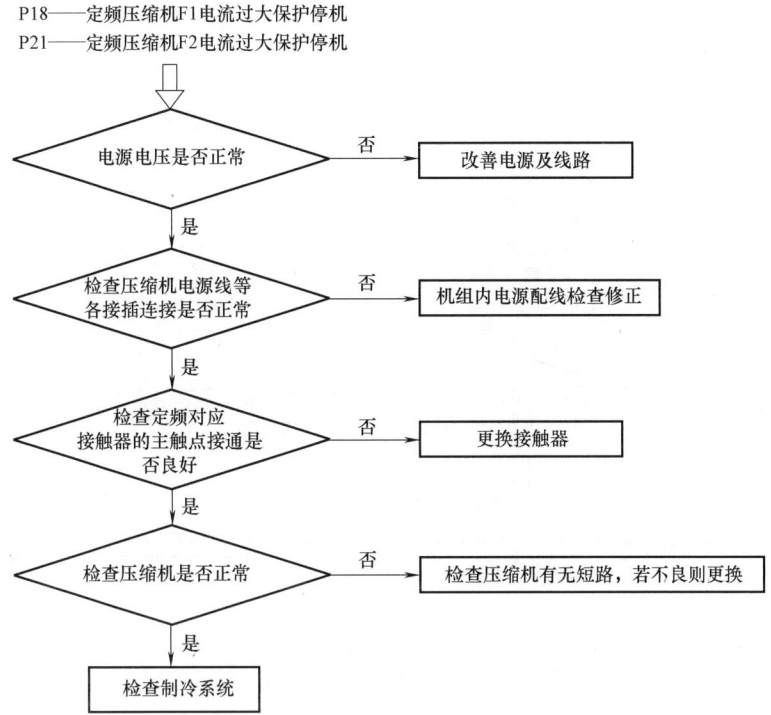

图 4-37 P18、P21 故障检修流程

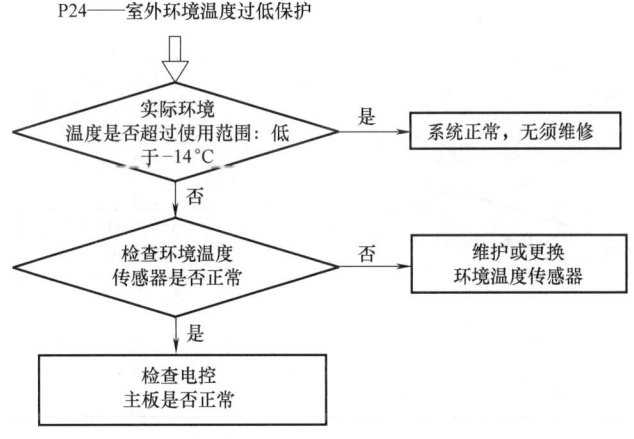

图 4-38 P24——室外环境温度过低保护检修流程

2. 室内机部分

1) 本机与室外机通信故障处理流程如图 4-39 所示。
2) 室温传感器故障处理流程如图 4-40 所示。
3) 管温中点传感器故障处理流程如图 4-41 所示。

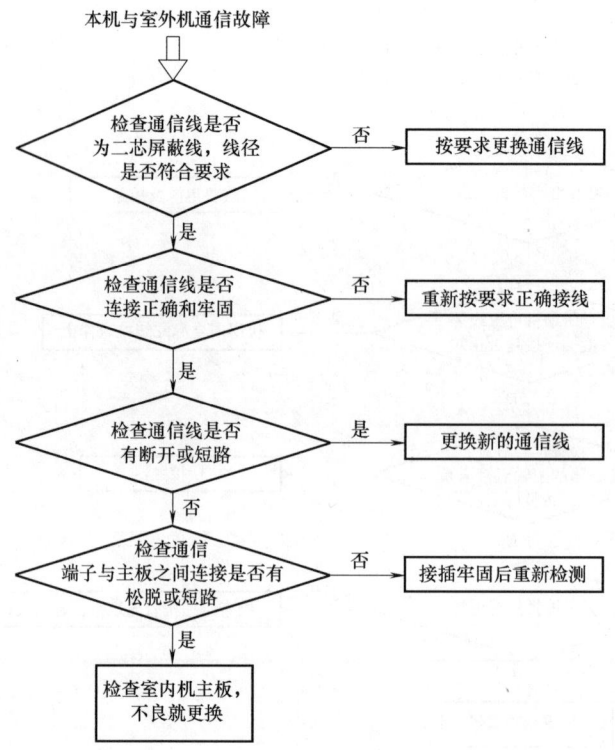

图 4-39 本机与室外机通信故障处理流程

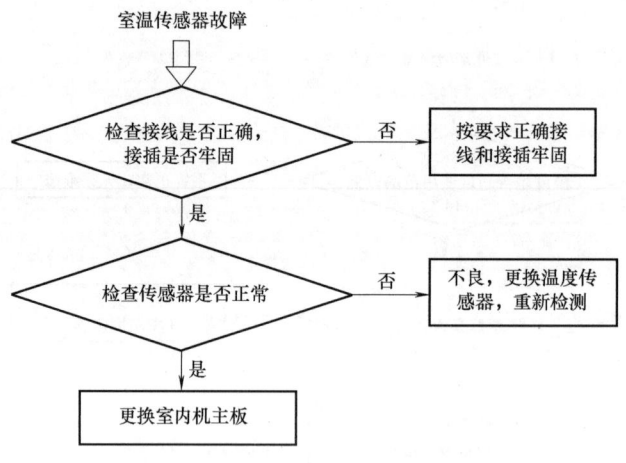

图 4-40 室温传感器故障处理流程

4)外机故障。

处理:当室内机提示室外机故障时,表示室外机存在故障并禁止系统运行,可以及时对室外机进行检查,根据室外机电控的提示进行检修。

5)室内蒸发器结霜保护。

① 原因:当室内电控检测到蒸发器中部温度连续 3min 小于 2℃时,电控会提示室内蒸

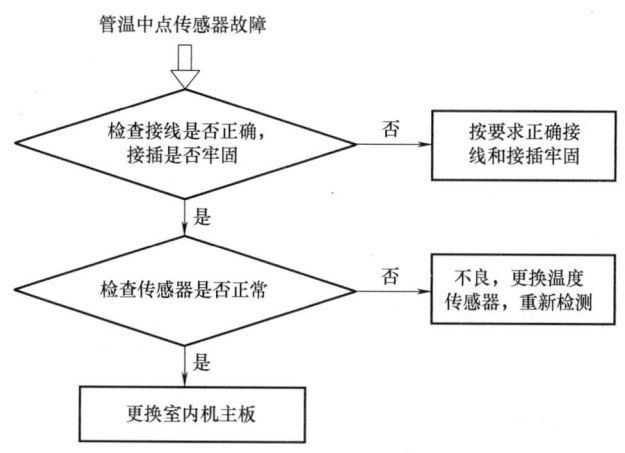

图 4-41 管温中点传感器故障处理流程

发器结霜保护,并停止该室内机运行,以防止室内机结霜。

进入保护后,当室内电控检测到蒸发器盘管温度大于或达到 7℃ 时,解除保护,电控会重新起动室内机运行。

② 处理流程如图 4-42 所示。

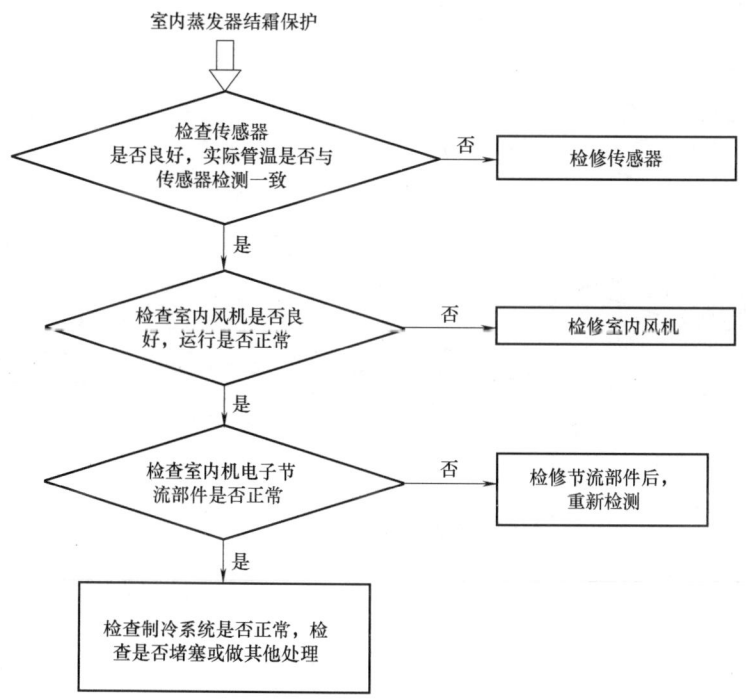

图 4-42 室内蒸发器结霜保护处理流程

6) 管温出口温度传感器故障处理流程如图 4-43 所示。

7) 室内风机故障处理流程如图 4-44 所示(注:该故障当室内电动机为 PG 电动机时适用。

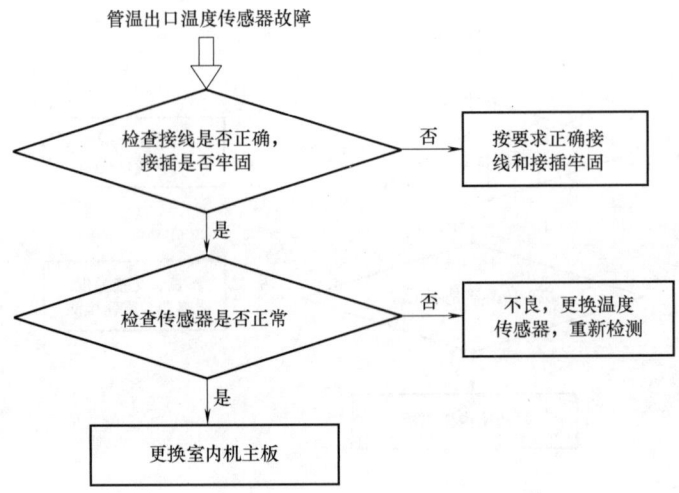

图 4-43 管温出口温度传感器故障处理流程

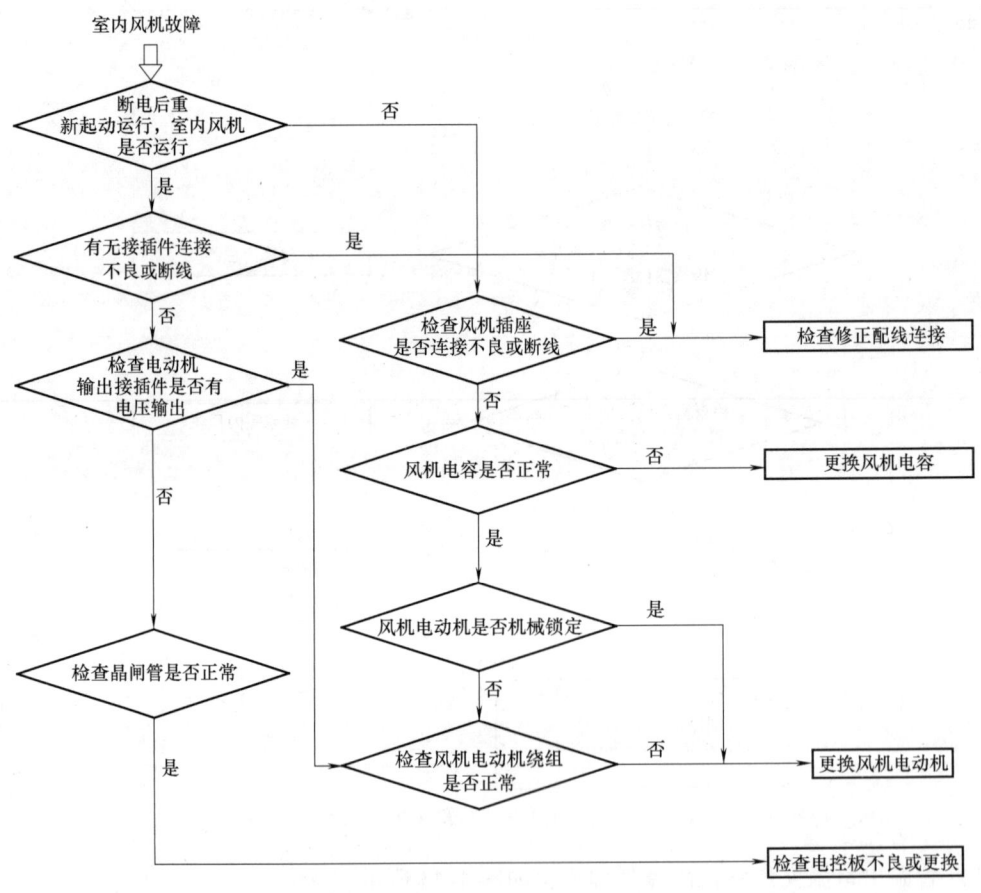

图 4-44 室内风机故障处理流程

8）制热管温中点温度过高保护。

① 原因：制热时，当室内电控检测到蒸发器中部温度大于或等于 62℃ 时，室内机会提示制热管温中点温度过高保护。当室内机电控检测到蒸发器盘管温度小于或等于 52℃ 时，解除保护。

② 处理流程如图 4-45 所示。

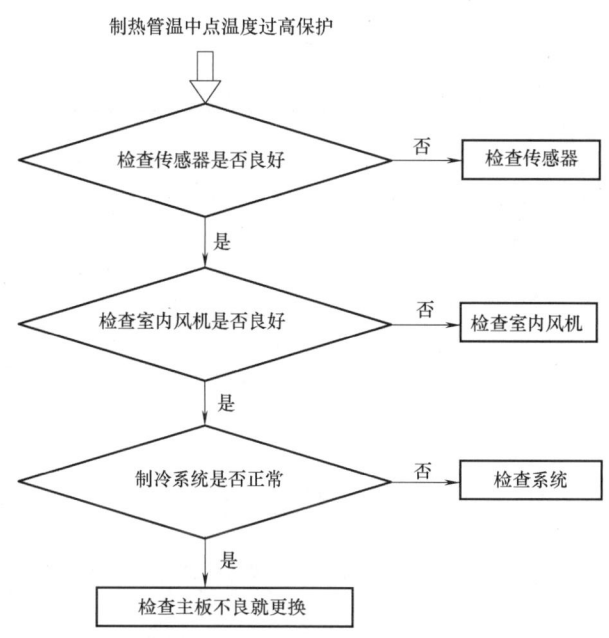

图 4-45　制热管温中点温度过高保护处理流程

9）水泵故障。

① 原因：制冷时，当室内电控检测到水位开关持续 5min 为断开状态时，室内报出此故障并停机，待故障解除后可重新开机。

② 处理流程如图 4-46 所示。

三、机组常规使用维护

变频多联空调系统较之冷水机组形式的中央空调，使用维护相对简单很多。为了保持室内机换热器的清洁，必须在回风口或回风管道中安装过滤网。过滤网的选配是按照风道或者装饰装修的回风口位置加装过滤网，暗装式室内机空调生产厂家一般不会标配室内机过滤网。清洁过滤网是变频多联空调系统维护的重要内容。

1. 室内机的维护

1）长时间运行后，一定程度的污物沉积在室内机过滤网上，影响机组性能，所以建议定期进行清洁干燥维护。

2）定期清洁室内机和空气进出口的灰尘，保持机组美观和空气流动的清洁。

3）系统运行期间，不要随意切断某些室内机的电源，以免影响其他室内机的使用。

2. 室外机组的维护

1）长时间运行后，一定程度的污物将会沉积在机组上，特别是翅片式换热器上污物过

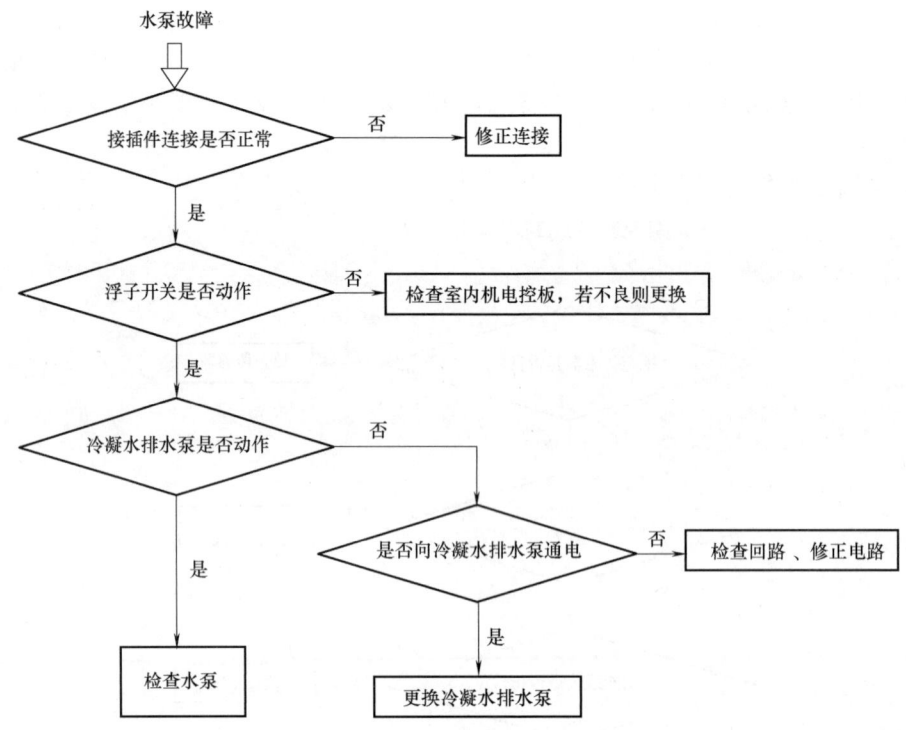

图 4-46 水泵故障处理流程

多将会影响机组性能甚至不能正常运行,所以建议定期进行专业维护。

2)定期检查室外机的空气进、出口,确保没有被杂物遮挡或灰尘堵塞。

3)长时间未使用的机组在开启之前,应该由专业人员做必要的电气安全检查。

3. 机组异常紧急处理

当机组发生以下状况时应立即关闭机组并切断电源。

1)电源连接线异常发热或破损时。

2)发生焦煳味时。

3)室内设备漏水时。

4)"ON\OFF"运行按钮无效时。

5)熔丝或漏电保护时。

6)有异响时。

7)有杂物落入机组内时。

8)与其他室内机的正常运转状态比较,有异常情况时。

【典型实例】

【实例 1】 格力 GMV-Pd140W/Na 通信故障维修处理

1. 故障现象

某工程使用格力 GMV-Pd140W/Na 机组,在机组调试运行的过程中,机组总是无法正常运行,全部室内机出现通信故障,机组显示 E6 代码,如图 4-47 所示。

2. 可能原因

室内外机主板不搭配、手操器地址码错误、室内外机主板损坏、通信线故障。

3. 原因排查

逐一排查以上可能原因,分析排查过程如下:

(1) 室内外机主板是否搭配 该工程使用格力 GMV-Pd140W/Na 机组配置了 3 台 GMV-R25P/Na 和 1 台 GMV-R50P/Na。室内机主板配置为 Z60351D,手操器显示板配置为 Z6035F。表 4-13 为格力 GMV 机组主板和显示板正确的配置方式,可见该机组的配置是没有问题的。

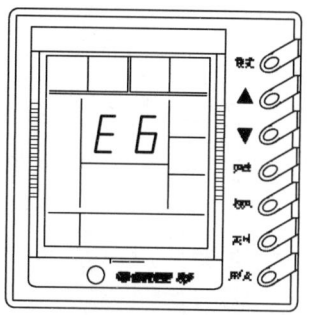

图 4-47 E6 通信故障

表 4-13 格力 GMV 机组主板和显示板正确的配置方式

物料		型号	接收板	可否带线控器	功能说明
风管机主板	H	主板 Z6015D	接收板 JD	是	单冷、无水泵
	H	主板 Z60351D	接收板 JD	是	冷暖带辅热、无水泵
	H	主板 Z60251D	接收板 JD	是	冷暖不带辅热、无水泵
	H	主板 Z6015N	接收板 JD	是	单冷、带水泵
	H	主板 Z6035N	接收板 JD	是	冷暖带辅热、带水泵
	H	主板 Z6025N	接收板 JD	是	冷暖不带辅热、带水泵
风管机显示板	H	显示板 Z6015F			中文风管机小手操器单冷带掉电记忆
	H	显示板 Z6035F			中文风管机小手操器冷暖带掉电记忆
	H	显示板 Z60151F			英文风管机小手操器单冷带掉电记忆
	H	显示板 Z60351F			英文风管机小手操器冷暖带掉电记忆

(2) 手操器地址码是否错误 手操器的地址编号与相应的室内机地址拨码必须一一对应,并且唯一,如果安装人员在拨地址码时,没能正确理解,会引起通信故障。因此工程安装人员在接通信线和拨内机地址码的过程中,必须清楚所安装的手操器和相对应的室内机地址拨码的意义。

拨码开关(address)如图 4-48 所示,室内机和线控器上的地址设定见表 4-14。

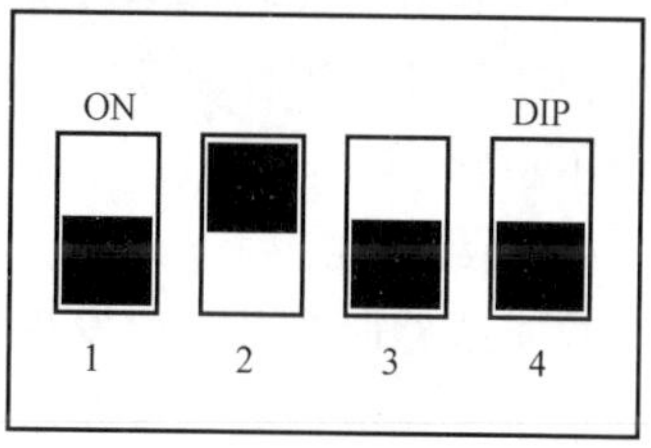

检查主板拨码开关 S1 和手操器拨码开关,均一一对应且唯一,因而拨码是没有问题的。

(注:黑色部分为拨杆)

图 4-48 手操器

(3) 确认室内外机主板是否损坏 室内外机通信方式如图 4-49 所示,采用并联的方式,由于有多台室内机且每台都显示 E6 代码,所以每台主板坏的可能性不大,暂不考虑室内机主板全部损坏。

表 4-14 室内机和线控器上的地址设定

1~4 位取地址									
8 (4)位 DIP 开关上对应的管脚									
4	3	2	1	表示地址	4	3	2	1	表示地址
0	0	0	0	1	1	0	0	0	9
0	0	0	1	2	1	0	0	1	10
0	0	1	0	3	1	0	1	0	11
0	0	1	1	4	1	0	1	1	12
0	1	0	0	5	1	1	0	0	13
0	1	0	1	6	1	1	0	1	14
0	1	1	0	7	1	1	1	0	15
0	1	1	1	8	1	1	1	1	16

注：拨到 ON 表示 "0"。

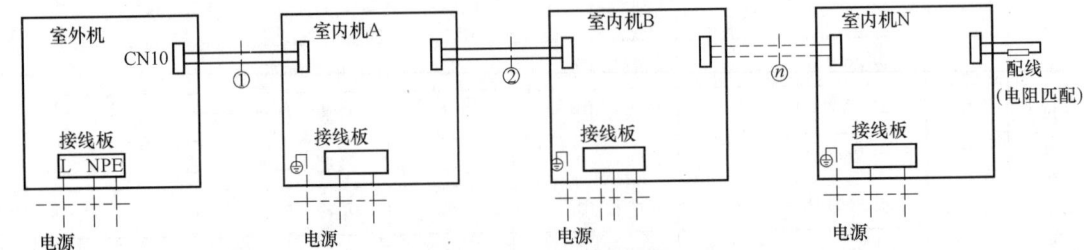

图 4-49 室内外机通信方式

室外机主板是否正常由以下两种方法检测：

1）用万用表检测通信端子（针座）A、B 两端的电压。由于是脉冲信号，万用表上电压值是一个不稳定的值，这可以粗略估计。

2）用示波器直接观察波形，只能观测电压，从电压来看是没有问题的。

（4）确认通信线是否正常　首先确认通信线是否短路和断路；其次，在安装时通信线和电源线不能交织在一起，必须分开走线，其最小间距应大于 200mm，否则可能导致机组通信不正常。

4. 最终结论

检查线路时在某一段发现：室内外机通信线由于工程安装时通信线不够长，施工人员在中间接了一段电话线，按要求换线后通信正常。

由于该室外机为直流变频机组，室内外机之间必须使用屏蔽通信线，否则可能通信不正常。

【实例 2】 格力 GMV-P120W/HS 机组高压保护处理

1. 故障现象

某工程使用格力 GMV-P120W/HS 机组，调试时发现，当机组全开室内机时总是在升到高频 83Hz 左右时出现高压保护代码 E1，机组总是无法正常运行，该机组按额定容量的

120%配置室内机，当地天气条件为约35℃，根据能力计算可知，该机组制冷时应该可以继续升频而不应该出现保护代码E1。

2. 可能原因

（1）高压开关误动作　该机组只设置有高压开关，没有高压传感器，高压开关保护值为3.0MPa，一直检测到高压大于3.0MPa时，高压开关断开，压缩机停止运行，并发"出错"信息给各室内机，关停所有负载，显示压缩机高压保护代码E1，不可再自动恢复。即使经过3min的停机保护也不能重启，清除高压保护的唯一办法是重新断电开机。

（2）排气高压异常或管中管温检测有误　该机组设置了排气高压保护功能，通过检测管中温度加补偿温度得到排气高压，高压温度值大于或等于73℃同样发出保护信号，不可恢复；如果检测有问题时同样可能出现高压。

3. 故障排查

（1）机组系统工作原理（图4-50）

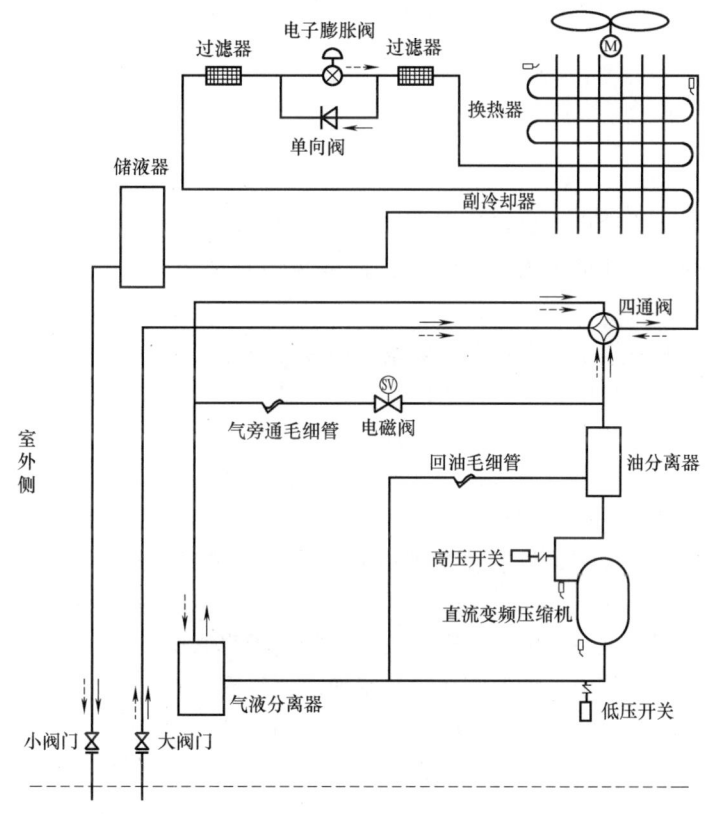

图4-50　机组系统工作原理

（2）故障排除步骤

1）确认大小阀门是否处于全开状态。这样的低级错误时有发生，确认没有问题。

2）测试系统压力是否确实到了高压保护值。机组压缩机排气侧没有检测口，只能检测机组大小阀门压力值，压力表显示小阀门压力值为18.5kgf/cm²，大阀门压力值为4.5kgf/cm²，远没有达到高压开关保护值3.0MPa（30kgf/cm²）。如果在小阀门和压缩机之间出现系统堵的现象，也可能出现实际高压过高从而出现保护的现象。如图4-50所示，在小阀门和压缩机之间有油分离器、四通阀、冷凝器部件（包括分液头组件）、电子膨胀阀组件（包括过滤器、单向阀、电子膨胀阀等）、过冷器以及储液器等，一般来说系统堵分液头组件和单向阀及过滤器堵塞的可能性比较大，但是要确认单向阀是否完全打开及过滤器、分液头组件是否堵塞，如果不拆卸下来是比较难判断的，只能通过摸管温人工粗略判断。

3）确认高压开关是否正常工作。由于系统远没有达到保护值，那么短接高压开关，同时注意观测大小阀门压力和压缩机电流，当压缩机频率升到 83Hz 时，压力表显示小阀门压力值为 18.3kgf/cm^2，大阀门压力值为 4.8kgf/cm^2，压力变化比较平稳，压缩机电流正常，没有出现抽真空现象，也说明系统堵的可能性不大，但是仍然出现高压保护。

4）确认排气高压值是否正确。由于没有带监控软件到现场，不能观测实际数据，确认管中温度是否正常，需要到外墙拆开电器盒盖和侧边板，且侧边扳离墙只有 400mm 的空间，最后发现冷凝器进管和管中感温包插反。

4. 最终结论

冷凝器进管和管中感温包插反了，调换后一切正常。

【习题】

一、填空

1. 多联机空调运行过程中出现的故障主要可以分为电器故障和_____两大类。
2. 多联机空调系统外部电力供给系统的故障主要有缺相、_____、电压超高、电压过低等。
3. 在多联机空调系统中，温控器故障是指温控器不能正常地_____、断开。
4. 在多联机空调系统中，变压器故障是指变压器_____、输出电压不正常等。
5. 在多联机空调系统中，电容故障是指电容器被_____、电容不匹配等。
6. 在多联机空调系统中，插头松动是指主电控板三相强电插头松动、变压器插头松动、各阀插头松动、_____插头松动等。
7. 在多联机空调系统中，温度传感器故障是指温度传感器短路、_____、测量值失真等。
8. 在多联机空调系统中，电子膨胀阀故障是指电子膨胀阀_____、无驱动输出等。
9. 在多联机空调系统中，四通阀故障是指四通阀线圈断路、_____等。
10. 在多联机空调系统中，电磁阀故障是指电磁阀线圈烧毁或_____。
11. 在多联机空调系统中，继电器故障是指继电器被烧毁，继电器无法吸合或_____等。
12. 在多联机空调系统中，压力传感器故障是指压力传感器损坏、_____等。
13. 在多联机空调系统在运行时，如果过多的液态冷媒进入压缩机压缩腔，会引起_____。
14. 在多联机空调系统中，压缩机缺油，会引起压缩机磨损毁坏，_____变差，压缩机能力下降等一系列问题。
15. 当多联机空调系统内部进水后，易引起压缩机_____现象，从而引起压缩机磨损毁坏，还有可能引起冰堵。

16. 在多联机空调系统中，由于系统_____表面或回风口被堵塞，易导致系统冷却风量不足。

17. 多联机空调系统制冷循环当中的_____，吸气温度和吸入压力都会升高。

18. 在多联机空调系统中，如果压缩底部壳体温度较高，这是由于缺少_____所导致的。

19. 多联机系统室内机检漏要用_____，逐一截断每台室内机的液气管，进行系统压力的检测，直到查找到"内漏"点为止。

20. 压缩机线圈_____是指在压缩机处于冷态的情况下用万用表测得各端子之间或者各端子与地之间的电阻为 0Ω。

21. 压缩机线圈_____是指在压缩机处于冷态的情况下用万用表测得各端子之间的电阻为 ∞Ω。

22. 压缩机液击故障是指没有蒸发的_____被吸入压缩机，造成压缩机液击，涡旋盘击毁等。

23. 压缩机磨损最常见的判别依据是看压缩机油的状态，压缩机油呈现微红色液体时，表示压缩机_____。

24. 引起直流变频压缩机退磁的主要原因有压缩机_____或压缩机大电流运行。

25. 多联机空调系统的四通阀常见故障有四通阀换向不良和四通阀串气，其中四通阀串气实际上是由于_____引起的。

26. 在多联机空调系统中，当某模块的均油电磁阀无法_____时，会造成该模块压缩机运行缺油并引起压缩机磨损甚至烧毁。

27. 在多联机空调系统中，当某个模块均油电磁阀无法_____时，则会造成并行的其他室外机模块的压缩机运行缺油，严重时引起压缩机烧毁。

28. 志高 CMV-[V] 直流变频模块式多联机，室外机数码管显示代码"h05"，表示连接到该系统上的室内机的台数为_____台。

29. 志高 CMV-[V] 直流变频模块式多联机，室外机数码管显示代码"F62"，表示变频压缩机当前运行频率为_____。

30. 志高 CMV-[V] 直流变频模块式多联机，室外机数码管显示以"E"或者"P"开头的三位数，表示系统_____。

31. 当机组发生以下状况时应立即_____。
①电源连接线异常发热或破损时；②发生焦煳味时；③室内设备漏水时；④"ON\OFF"运行按钮无效时；⑤熔丝或漏电保护时；⑥有异响时；⑦有杂物落入机组内时；⑧与其他室内机的正常运转状态比较，有异常情况时。

二、选择

1. 在多联机空调系统中，如果有_____发生泄漏，易引起冷媒流动旁通。
   A. 电子膨胀阀　　B. 电磁阀　　C. 四通阀　　D. 均油阀

2. 多联机空调系统排气压力过高，会引起_____长期超负荷运行。
   A. 压缩机　　B. 蒸发器　　C. 膨胀阀　　D. 冷凝器

3. 在多联机空调系统中，穿过_____盘管的风量不足，是导致吸入压力过低的最常见的原因。

A. 压缩机　　　　B. 蒸发器　　　　C. 膨胀阀　　　　D. 冷凝器

4. 在多联机空调系统中，制冷剂流动受阻可导致_____。

A. 吸入压力过低　B. 吸入压力过高　C. 排气压力过高　D. 排气压力过低

5. 在多联机空调系统中，如果制冷剂短路，制冷剂蒸气就不能通过_____进行有效的冷凝。

A. 压缩机　　　　B. 蒸发器　　　　C. 膨胀阀　　　　D. 冷凝器

6. 热泵型数码机组的室外机配有一调节制冷剂流程方向的装置——_____，主要就是依靠此阀来实现热泵机组的制冷、制热转换，在热泵系统中是不可或缺的切换元件。

A. 电子膨胀阀　　B. 电磁阀　　　　C. 四通阀　　　　D. 均油阀

7. _____在多联机系统中主要用于旁路控制及一些冷媒流路通断控制，像液旁通流路通断控制、气旁通流路通断控制、均油油路的通断控制等。

A. 电子膨胀阀　　B. 电磁阀　　　　C. 四通阀　　　　D. 均油阀

8. 在多联机空调系统中，回油电磁阀发生故障无法打开时，_____会发生缺油甚至烧毁。

A. 压缩机　　　　B. 蒸发器　　　　C. 膨胀阀　　　　D. 冷凝器

9. 在多联机空调系统中，当变频压缩机卸荷_____发生泄漏时，该阀出口管会明显发热，此时需要对该阀体进行更换。

A. 电子膨胀阀　　B. 电磁阀　　　　C. 四通阀　　　　D. 均油阀

10. 在多联机空调系统中，模块_____的主要作用是截断该模块的冷媒，禁止模块参与整个系统的运行。

A. 电子膨胀阀　　B. 电磁阀　　　　C. 四通阀　　　　D. 均油阀

三、判断

1. 在多联机空调系统中，制冷剂流动受阻的位置，可根据受阻点温度有明显的升高查找。（　　）

2. 在多联机空调系统中，如果每台室内机出风口的温度不稳定，原因是管道内可能有空气。（　　）

3. 多联机空调系统在保压过程中压力不能保持恒定的原因：①管道泄漏；②室内外机"内漏"。（　　）

4. 压缩机电动机卡死故障发生时，压缩机起动后，会马上出现电流保护或者压缩机内置保护器跳开现象。（　　）

5. 当发生四通阀泄漏或换向不良故障时，系统会出现压力异常，高压偏高，低压偏低。（　　）

6. 当多联机空调系统正常运行时，液旁通电磁阀处于常闭状态，当它发生泄漏时，会引起排气、回气温度偏低，排气压力偏低等现象。（　　）

四、简答

1. 简述在多联机空调系统中排气压力过高故障原因。

2. 简述导致多联机空调系统吸气压力过高的原因。

3. 简述多联机空调系统中室外机排气温度过高的原因。

4. 简述在多联机空调系统中部分房间温度忽高忽低的可能原因。

5. 分析在多联机空调系统保压测试时，采用分阶段保压方式与只采用整个系统保压方式进行保压测试的利弊。

6. 简述多联机空调系统压缩机故障的分类。

7. 简述压缩机润滑油颜色非常黑和浑浊时需进行的操作。

8. 简述压缩机润滑油颜色呈暗红色，但并不浑浊时需进行的操作。

9. 简述多联机空调系统室外机电子膨胀阀故障的排查步骤。

10. 简述志高 CMV-［V］直流变频模块式多联机系统显示 E02 代码时的故障原因和处理故障流程。

11. 简述格力 GMV-P120W/HS 机组系统显示 E1 代码时的故障原因及处理流程。

12. 简述格力 GMV-Pd140W/Na 机组系统显示 E6 代码时的故障原因。

附录

附录A　习题答案

单元一　习题答案

一、填空

1. 冷凝器；蒸发器
2. 制冷循环
3. 蒸发器
4. 冷凝器
5. 膨胀阀
6. 饱和状态
7. 饱和温度
8. 直流变频调速
9. 调节容量
10. 开启和关闭；空载/负载
11. 变速调节
12. 感应电动机
13. 无刷直流电动机
14. 冷媒配管
15. 制冷剂（冷媒）
16. 磷脱氧无缝纯铜管

二、选择

1. B　2. A　3. C　4. B　5. D　6. C　7. B　8. B　9. D　10. A　11. C　12. D　13. A、C　14. B

三、判断题

1. ×　2. √　3. √　4. √　5. ×　6. √　7. √　8. ×　9. ×　10. √　11. ×　12. ×　13. √

14. √ 15. × 16. √

四、简答题

1. 答：多联式空调系统又称变制冷剂流量直接蒸发式空调系统，是由单台或多台并联室外空气（水）源制冷或热泵机组，连接配置多台相同或不同型式、容量的直接蒸发式室内机，组成单一制冷（或制热）循环系统，并通过改变制冷循环系统中的制冷剂流量，独立控制各空调区负荷变化的直接膨胀式空气调节系统。

2. 答：通过其室内温度传感器，控制室内机制冷剂管道上电子膨胀阀内的制冷剂压力，调节室外机的制冷压缩机，进行变频调速控制或改变压缩机的运行台数、工作气缸数、节流阀开度等，使系统的制冷剂流量发生变化，调整制冷或制热负荷，从而达到随负荷变化而改变供冷量或供热量的效果。

3. 答：首先，主芯片根据各台室内机发出的请求信号，识别其地址码、容量码、要求运行的模式；然后根据其传输过来的室内环境温度、设定温度，计算出该台室内机的实际容量需求，再向该台室内机返回一个合适的电子膨胀阀初始参数。

接着，主芯片再根据环境温度和设定温度的变化来进一步调整电子膨胀阀的参数到一恰当数值，从而达到向各台室内机输送合适制冷剂流量的要求。

最后，主芯片根据计算出的各台室内机的实际容量需求总和，即室外机应需输出的容量值，来控制压缩机的实际容量输出。

4. 答：输出 5 匹的能力，即总能力的 50%，则负载时间占用控制工作周期的 50%，即负载 10s，空载 10s 即可。

输出 2 匹的能力，即总能力的 20%，则负载时间占用控制工作周期的 20%，即负载 4s，空载 16s 即可。

5. 答：根据冷媒配管长度进行的补正；根据室内、外机高差进行补正；根据设计室温进行的补正；根据设计外气温度进行的补正；根据室内机连接容量（>100%）进行的补正。

6. 答：室内机的功率（制冷、制热）= 室内机的总额定功率×按照温度条件的功率补偿系数。

7. 答：室外机的功率（制冷、制热）= 室外机的额定功率×按照室内、外机温度条件的功率补偿系数×按照配管长度的功率补偿系数×按照室内、外机高差的功率补偿系数×按照结霜的制热功率补偿系数×按照室内机的连接容量的功率补偿系数。

8. 答：等效配管长度 = 实际气管长度+回油弯个数×回油弯管等效长度+气侧分歧管（分歧集管）的数量×分歧管（分歧集管）的等效配管长度。

9. 答：2×3×2L/h+1.5×2×2L/h = 12L/h+6L/h = 18L/h

10. 答：避免室内机运行时产生的负压导致排水不畅或者把水吹出风口。

11. 答：计算如下：　　　$L_1 = L_2 = 60\text{dB}$，$L_1 - L_2 = 0$；

查询表 1-19，$\Delta(L_1 - L_2) = 3\text{dB}$；则声压和

$$L = L_1 + \Delta L = 63\text{dB}$$

所以这两个噪声源叠加后的声压和值等于 63dB，与一个噪声源相比，噪声增加了 3dB。

单元二 习题答案

一、填空

1. 连接管路
2. 回风口
3. 压缩机
4. 液旁通电磁阀
5. 均油电磁阀
6. 高压储液罐
7. 嵌顶式
8. 风的分布不佳
9. 动力电源
10. 室外机；显示板
11. 上升；下降
12. 冷凝水泵
13. 电子膨胀阀

二、选择

1. A 2. A 3. C 4. B 5. D 6. A 7. B 8. C 9. D

三、判断

1. √ 2. √ 3. √ 4. √ 5. √ 6. × 7. √ 8. √ 9. √ 10. × 11. √ 12. × 13. √ 14. √ 15. ×

四、简答

1. 答：多联机室内机型式虽然很多，但主要结构类似，主要由接水盘、换热器、盖板、风机安装板、风机、电动机、电器盒支架、电器盒、电子膨胀阀等部件组成。

2. 答：多联机空调系统的电气系统是指整个电力及控制系统，主要包括：室外机电源系统、室内机电源系统、室内外机通信系统、室外机模块之间的通信系统、室外机内部电力及控制系统、室内机内部电控系统、用户操作系统（如线控器、遥控器、集中控制器）等。

3. 答：室外交流变频机组通过二芯通信线与室内机连接。室内主机控制系统接收室内机的开关机指令、模式、设定温度、室内环境温度，确定室外机的运行模式，并根据能力计算确定合适的运行频率，通过二芯通信线发送给驱动控制系统。室外变频多联机组通过驱动控制系统，把工频交流电转换为直流电源，并把它送到功率模块；同时模块受微型计算机送来的控制信号控制，输出频率可调的交变电源，使压缩机电动机的转速随电源频率的变化做相应的变化，从而控制压缩机的排量，调节制冷量或制热量。

单元三 习题答案

一、填空

1. 监理人员（或者业主）
2. 监理人员（或业主）
3. 监理（业主）

4. 施工组织设计
5. 80%
6. 同一空间
7. 检修口
8. 水平安装
9. 防尘保护
10. 2m
11. 200mm
12. 20mm
13. 10mm
14. 45°
15. 10mm
16. 10m
17. 排水及满水试验
18. 横管；立管
19. 自然排水
20. 垂直配管
21. 脱油处理
22. 铜管割刀
23. 弯管器
24. 650~800℃
25. 氧乙炔
26. 冷桥
27. 氮气
28. 室外机
29. 120℃；100℃
30. 真空干燥
31. 电子止回阀
32. 压力表阀
33. 连接阀
34. 室内、外机通信系统的安装
35. 接地漏电断路器
36. 接地漏电断路器
37. 40%
38. 300mm
39. 接地线
40. 3相5线制
41. 2%
42. 液体

43. 电子加液器

二、选择：

1. A 2. A 3. A 4. B 5. D 6. C 7. C 8. C 9. C 10. D 11. B 12. D
13. A 14. C 15. D 16. B

三、判断

1. × 2. √ 3. √ 4. × 5. × 6. √ 7. × 8. √ 9. √ 10. × 11. × 12. √
13. × 14. √ 15. × 16. √ 17. × 18. √ 19. × 20. √ 21. √ 22. √ 23. √
24. √ 25. × 26. × 27. √ 28. √ 29. × 30. √ 31. × 32. √ 33. √ 34. √
35. √ 36. × 37. √

四、简答

1. 答：1）首先保证重力管，排水管、风管和压力管让重力管。

2）保证风管，小管让大管。

2. 答：1）压力表不同（R410A 最大量程：$40kgf/cm^2$）。

2）压力表管不同（R410A 带防止泄漏的截止阀）。

3）扩口器不同（R410A 扩口器明显标注了粉红色）。

4）真空泵不同（为防止真空泵中的机油回流，R410A 冷媒专用真空泵必须加装电子止回阀）。

3. 答：1）超过 100%匹配的系统，将不能保证全区域使用效果。

2）超过 130%匹配的系统，不仅不能保证全区域使用效果，也不能保证部分区域使用效果。

4. 答：室内机不进行防尘保护，会带来以下后果和危害。

1）灰尘进入设备，早期运行时粉尘会从风机吹出来，污染室内环境。

2）灰尘影响风机电动机的润滑效果。

3）装修产生的腐蚀性气体腐蚀机组内部元器件等。

5. 答：1）用水泵将 1000mL 的水通过通风口注入排水盘。

2）检查排水软管的透明排出端是否正常排水。

3）注意排水电动机噪声的同时，进行排水作业。

4）拔下排水塞以进行排水，排水结束后，将排水塞放回原位。拔出排水塞时，请勿使水溅出。

6. 答：干燥：保证管内无水分；清洁：保证管内无杂质、污物；气密性：保证冷媒无泄漏。

7. 答：钎焊是指用比母材熔点低的钎料和焊件一同加热，使钎料熔化（焊件不熔化）后润湿并填满母材连接的间隙，钎料与母材相互扩散形成牢固连接。

8. 答：在多联机空调系统安装过程中，管路长时采用分段吹扫方式：首先对各层水平管路进行吹扫，再对竖井垂直管路进行吹扫，最后室外机部分的管路进行吹扫。

9. 答：将压力测量仪器接在液管和气管的注入口，接上真空表将真空泵运转 2h 以上观察真空度，真空度应大于 −0.1MPa（−755mmHg 以下）；停置 1h 以真空表不上升为合格。

10. 答：额定电流(A) = 功率(kW)×1000/(220V×0.75)

所以每 1kW 产生额定电流约 6.1A。

最大电流(A)＝功率(kW)×1000/(220V×0.56)

式中，0.56为功率因子（0.75）与电动机效率（0.75）的乘积，所以每1kW产生最大电流约8.11A。

11. 答：额定电流(A)＝功率(kW)×1000/(1.73×380V×0.85)

所以每1kW产生额定电流1.8A每相。

最大电流(A)＝功率(kW)×1000/(1.73×380V×0.72)

式中，0.72为功率因子（0.85）与电动机效率（0.85）的乘积，所以每1kW最大产生约2.11A每相。

12. 答：追加制冷剂量 R＝配管冷媒追加量 A＋$\sum$每个模块冷媒追加量 B

配管冷媒追加量 A＝$\sum$液管长度×每米液管制冷剂追加量

13. 答：1）确认机组是否已经送电预热超过8h。

2）确认系统是否经过气密性试验、是否已真空干燥、是否已按标准追加制冷剂；检查截止阀是否开启到位。

3）检查室内、外机防尘罩是否全部摘除、进出风系统是否畅通。

4）检查冷凝水排水管道是否安装完好，排水口有无遮挡物堵塞。

5）检查所有接线端子是否安装牢固，检查供电电压是否与机组要求匹配。

14. 答：在多联机试运行时，需按制冷、制热两种模式试运转，且必须选择几种典型的组合进行测试，具体为：

1）所有末端设备必须同时起动运行。

2）系统最远距离的末端设备单独试运转。

3）系统最小能力的末端设备单独运转。

4）中间自由选定2种或3种组合试运转。

15. 答：组合测试时，各项指标均达到GB 50243—2002《通风与空调工程施工质量验收规范》中的要求，即可判定试运转合格，可验收。

单元四　习题答案

一、填空

1. 制冷系统故障

2. 相序错

3. 闭合

4. 烧毁

5. 击穿

6. 电子膨胀阀

7. 断路

8. 线圈损坏

9. 短路

10. 断路

11. 无法断开

12. 测量值失真

13. 压缩机液击
14. 密封性能
15. 电镀铜
16. 换热器
17. 制冷剂短路
18. 冷冻润滑油
19. 排除法
20. 短路故障
21. 开路故障
22. 液态制冷剂
23. 轻微磨损
24. 高温运行
25. 四通阀换向不良
26. 正常打开
27. 正常关闭
28. 5
29. 62Hz
30. 保护或故障
31. 关闭机组并切断电源

二、选择

1. B　2. A　3. B　4. A　5. D　6. C　7. B　8. A　9. B　10. B

三、判断

1. ×　2. √　3. √　4. √　5. ×　6. √

四、简答

1. 答：冷凝器变脏或局部堵塞；制冷回路中混入空气或其他不可凝的气体；制冷剂填充过量；冷凝风量不足或冷凝风机转速不够；冷凝环境温度过高；空气冷凝周期缩短等。

2. 答：负荷过重；过热度调节过低；室内机超配；温度传感器安装错误；压缩机不能有效工作等。

3. 答：①室内机负荷太小；②制冷剂短缺；③储液罐与冷凝器之间的脉冲电动节流阀失灵；④管道堵塞；⑤室内机过滤器堵塞。

4. 答：①管道系统缺少制冷剂；②管道系统内存留空气；③冷媒分配器失灵。

5. 答：当保压工作程序分两个阶段（①管道系统的保压；②整个空调系统的保压）时，虽然安装工作工序增加，但检查与判断管道与空调设备"内漏"时比较方便快捷；当只做整个空调系统（带空调设备）保压时，虽然简化了安装工作的程序，减少了其相应的费用，但一旦发生空调系统泄漏，其检查工作量大，要先截断所有的室内机的连接管，检查管道系统，再查找室内机的"内漏"点。

6. 答：压缩机线圈短路故障；压缩机线圈开路故障；压缩机电动机卡死故障；压缩机液击故障；压缩机磨损；直流变频压缩机退磁故障（直流变频压缩机特有）。

7. 答：如果压缩机润滑油颜色非常黑和浑浊，说明压缩机内部已经发生严重磨损，需进行如下操作：

更换压缩机，加注压缩机润滑油，更换低压储液罐，排空油分离器，对整个制冷系统进行吹扫。

8. 答：如果压缩机润滑油颜色呈暗红色，但并不浑浊，说明压缩机内部发生了轻微磨损，需进行以下操作：

更换压缩机润滑油，更换低压储液罐，排空油分离器，对整个制冷系统进行吹扫。

9. 答：分两步进行：首先对电子膨胀阀线圈的故障进行排查，在确认线圈部分正常后，再进行阀体的故障分析与处理。

10. 答：E02——直流母线电压采样异常

原因：当系统电控检测到直流母线电压采样异常时，会显示 E02 代码。引起直流母线电压异常常见的原因有室外机三相输入电压过高或过低，或者三相电源缺相等。

处理：当发生 E02 故障时，应检查电源是否正常。

11. 答：可能原因：1）高压开关误动作。

2）排气高压异常或管中管温检测有误。

故障排除步骤：

1）确认大小阀门是否处于全开状态。

2）测试系统压力是否确实到了高压保护值。

3）确认高压开关是否正常工作。

4）确认排气高压值是否正确。

12. 答：可能原因：室内外机主板不搭配、手操器地址码错误、室内外机主板损坏、通信线故障。

附录 B 焓湿图

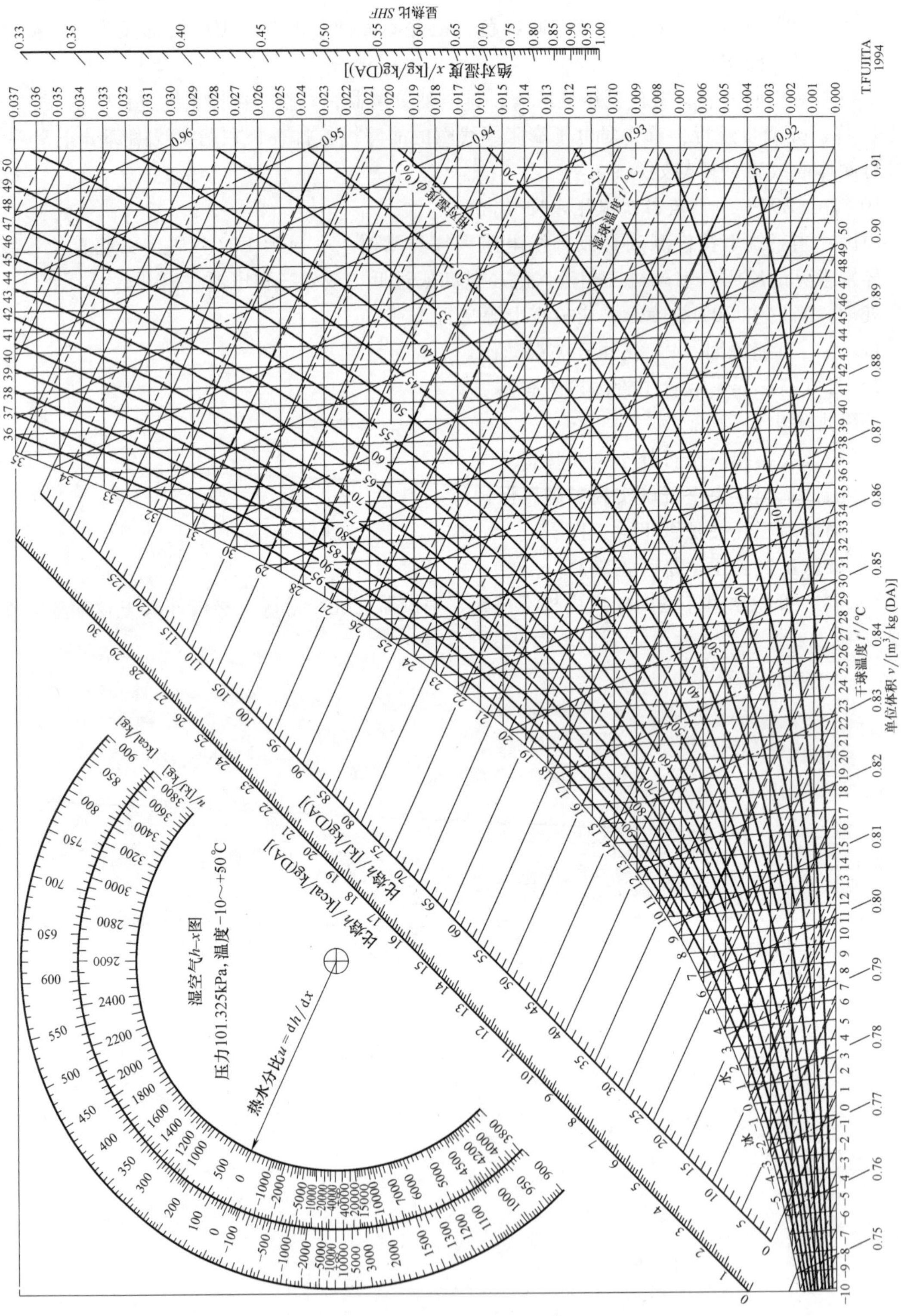
显热比 SHF
绝对湿度 x/[kg/kg(DA)]
T.FUJITA
1994
相对湿度 φ(%)
湿球温度 t′/℃
干球温度 t/℃
单位体积 v/[m³/kg(DA)]
比焓h/[kJ/kg(DA)]
比焓h/[kcal/kg(DA)]
湿空气h-x图
压力101.325kPa, 温度-10～+50℃
热水分比u=dh/dx
u/[kJ/kg]
[kcal/kg]
水
冰

图 B-1

附录 C R22 p-h 图

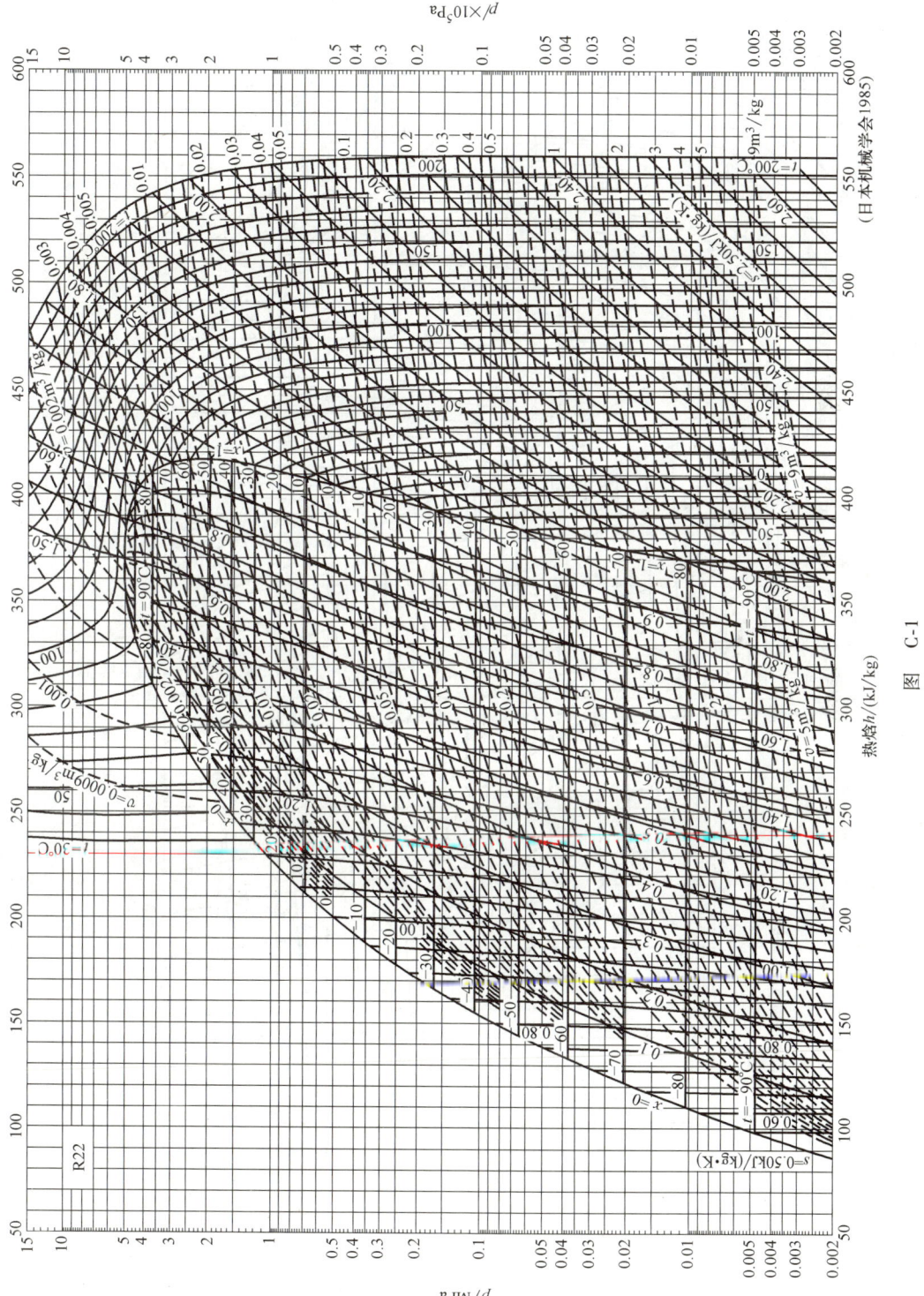

图 C-1

附录 D R407C p-h 图

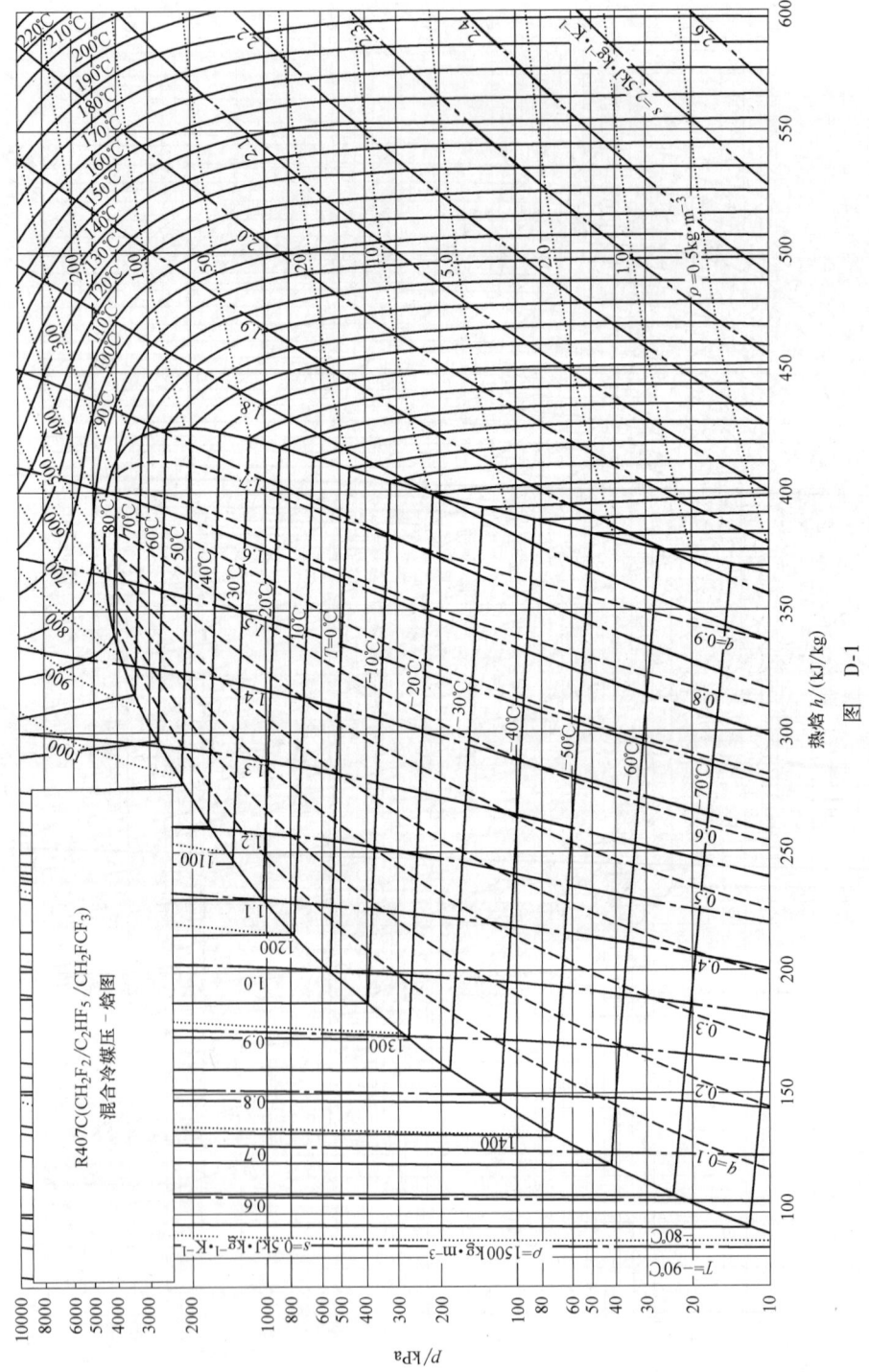

图 D-1

附录 E　R410A p-h 图

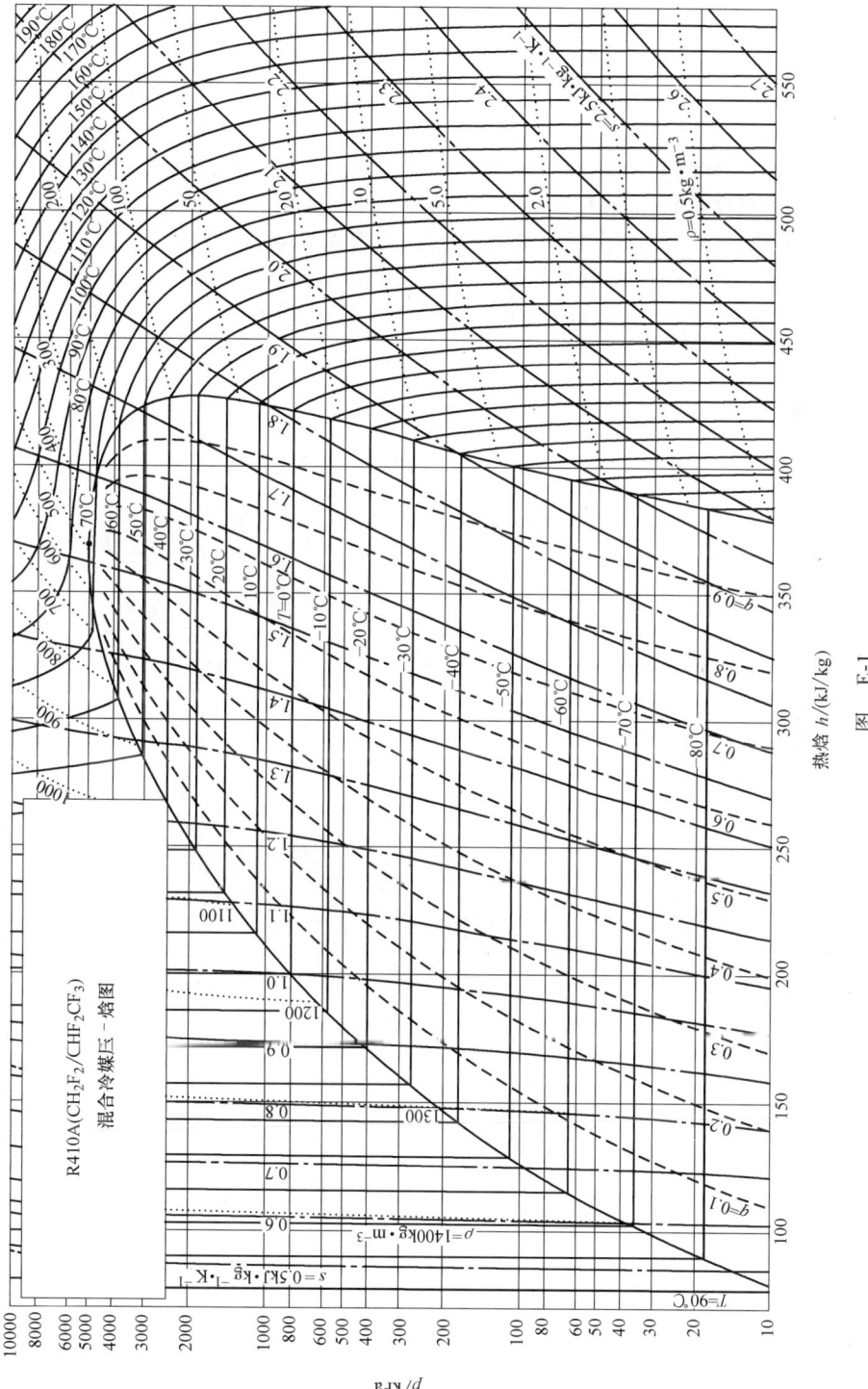

图 E-1

参 考 文 献

[1] 徐德胜，韩厚德. 制冷与空调：原理、结构、操作、维修 [M]. 上海：上海交通大学出版社，1998.
[2] 邢振禧. 空气调节技术与应用 [M]. 北京：高等教育出版社，2002.
[3] 周皞. 中央空调施工与运行管理 [M]. 北京：化学工业出版社，2007.
[4] 付小平，杨洪兴，安大伟. 中央空调系统运行管理 [M]. 北京：清华大学出版社，2008.
[5] 吴继红，李佐周. 中央空调工程设计与施工 [M]. 北京：高等教育出版上社，2009.
[6] 姜湘山. 暖通空调施工：专业技能入门与精通 [M]. 北京：机械工业出版社，2009
[7] 徐勇. 空调与制冷设备安装技术 [M]. 北京：机械工业出版社，2013.
[8] 谢晶，陈维刚. 中央空调技师手册 [M]. 上海：上海交通大学出版社，2013.
[9] 余克志. 制冷空调施工技术 [M]. 北京：机械工业出版社，2013.
[10] 赵继洪. 中央空调运行与管理技术 [M]. 北京：电子工业出版社，2013.